信盈达技术创新系列图书

嵌入式Linux实战教程

河源职业技术学院

深圳信盈达电子有限公司

周永福　李令伟　邹莉莉　陈志发　编著

U0245336

电子工业出版社

Publishing House of Electronics Industry

北京·BEIJING

内容简介

本书以信盈达 xyd2440 开发板为例，从嵌入式 Linux 系统开发必备的 Linux 知识点出发，分析并详细讲解 U‒Boot、内核、根文件系统的源码与制作过程，详细介绍 Linux 系统驱动理论，尤其花了大量的精力介绍基于嵌入式 Linux 2.6 内核下的各类驱动设备，包括 LED、按键、触摸屏、LCD 和网卡等各种外设和芯片驱动程序的开发技术与实操项目详解。此外，还介绍了基于 Qt 的 GUI 系统的移植、产品固化代码及发布的方法。

本书从基本的 Linux 系统的操作命令开始，由浅及深地讲解相关内容，使读者循序渐进地掌握嵌入式开发的方法和技巧，最终能够为嵌入式开发板配置、移植、裁剪内核，编写开发驱动程序，以及移植 GUI 系统，从而掌握整个嵌入式 Linux 系统的开发方法。

本书以实操为特色，概念清晰、阐述精辟，对于所有层次的 Linux 程序员都是一本不可或缺的参考书。同时，本书也可作为高等院校相关专业师生的教学参考书，以及各类相关培训班的教材。

图书在版编目（CIP）数据

嵌入式 Linux 实战教程／河源职业技术学院等编著 .—北京：电子工业出版社，2014.6

（信盈达技术创新系列图书）

ISBN 978‒7‒121‒22923‒7

Ⅰ.①嵌…　Ⅱ.①河…　Ⅲ.①Linux 操作系统‒程序设计‒教材　Ⅳ.①TP316.89

中国版本图书馆 CIP 数据核字（2014）第 069226 号

策划编辑：陈晓猛
责任编辑：张　慧
印　　刷：北京季蜂印刷有限公司
装　　订：北京季蜂印刷有限公司
出版发行：电子工业出版社
　　　　　北京市海淀区万寿路 173 信箱　邮编 100036
开　　本：787×1 092　1/16　印张：24.5　字数：627 千字
版　　次：2014 年 6 月第 1 版
印　　次：2016 年 11 月第 3 次印刷
定　　价：59.80 元

凡所购买电子工业出版社图书有缺损问题，请向购买书店调换。若书店售缺，请与本社发行部联系，联系及邮购电话：（010）88254888。

质量投诉请发邮件至 zlts@ phei. com. cn，盗版侵权举报请发邮件至 dbqq@ phei. com. cn。

服务热线：（010）88258888。

随着 20 世纪 80 年代末嵌入式系统的出现，嵌入式技术得到了飞速的发展。嵌入式 Linux 是嵌入式系统的重要组成部分，是嵌入式应用与开发的核心，是以 Linux 为基础的嵌入式作业系统。通过对嵌入式 Linux 操作系统进行裁剪和修改，使之能够在嵌入式计算机系统上运行，构成了嵌入式开发的重要工作内容。

嵌入式 Linux 既继承了 Internet 上无限的开放源代码资源，又具有嵌入式操作系统的特性。基于 Linux 进行嵌入式开发，不仅无须缴纳高额的版权费，而且还能获得全世界自由软件开发者提供的支持。另外，嵌入式 Linux 具有性能优异、软件移植容易、代码开放、有许多应用软件支持、应用产品开发周期短、新产品上市迅速、有许多公开的代码可供参考和移植、实时性好、稳定性好、安全性好等特点。基于以上特点和优点，嵌入式 Linux 得到了快速的发展和广泛的应用。

嵌入式 Linux 主要的应用领域有信息家电、PDA 、机顶盒、数字电话、应答机、可视电话 、数据网络、Ethernet Switches、Router、Bridge、HUB、Remote Access Servers、ATM、Frame Relay、远程通信、医疗电子、交通运输、计算机外设、工业控制、航空航天等。近年来比较热门的 Android 系统，其内核也是基于 Linux 的。

从事嵌入式软件相关工作，不仅需要有一定的硬件知识基础，而且还要有良好的软件编程思想。当进行 Linux 驱动开发时，开发人员还需具有一定的 Linux 基础知识。很多想学习嵌入式 Linux 驱动的人已经具备了一定的 ARM 知识和 C 语言编程基础，却苦于对嵌入式 Linux 不熟悉而无从下手。目前市面上绝大部分嵌入式 Linux 驱动书籍的起点都比较高，实际操作性又不是很强，大多都直接进入了对 Bootloader、内核及系统编程的理论知识讲解，这更使得部分零起点的 Linux 初学者无从下手。因此，我们专门为那些已经有较全面的计算机和 ARM 基础，又希望能够快速进入嵌入式 Linux 驱动开发相关行业的开发人员编写了此书，希望能够帮助他们快速熟悉嵌入式驱动开发。

本书的主要内容

本书以信盈达 xyd2440 开发板为例，从嵌入式 Linux 驱动开发必备的 Linux 知识点出发，分析并详细讲解 U–Boot、内核、根文件系统的源码与制作过程，详细介绍 Linux 驱动理论，尤其花了大量的精力介绍基于嵌入式 Linux 2.6 内核下的各类驱动设备，包括字符设备、网络设备的开发技术与实操项目详解。

本书主要涉及以下内容。

第一部分（第1章）：简述嵌入式操作系统，讲解 Linux 系统的安装及常用命令，以及工具的使用方法（包括 ARM – Linux 交叉编译工具的安装）。

第二部分（第2～4章）：详细讲解 U – Boot 的目录结构、源码、常用环境参数，以及 U – Boot 制作与烧写的具体过程与实际操作步骤，详细分析 Linux 内核的启动过程、源码、目录结构及内核裁剪制作的具体过程与实际操作步骤，介绍根文件系统各目录作用及根文件系统制作的详细步骤。

第三部分（第5～11章）：内容涵盖 Linux 2.6 下的两类驱动设备驱动，包括字符设备驱动、网络设备驱动。

第5章介绍 Linux 驱动的基本概念及模型，以及 Linux 中断与异常的处理体系结构概述。

第6章详细讲解字符设备驱动开发的基本概念与重要数据结构，以及高级字符驱动程序具体的函数操作方法（在配套资料中还详细讲解了单模块、多模块、传参模块的驱动模型，以及模块驱动函数的正确阅读方式）。

第7章介绍 LED 驱动开发。从讲解应用程序、库、内核、驱动程序的关系出发，分析 Linux 软件系统的层次结构，概述 Linux 驱动程序的分类与开发步骤，最后详细地提供运行于 xyd2440 开发板的 LED 驱动程序、LED 驱动程序的 Makefile 和 LED 驱动测试程序，以及如何将这些程序成功运行于 xyd2440 开发板的详细操作步骤。

第8章介绍按键驱动开发。从按键的硬件原理图出发，详细讲解按键驱动中要用到的数据结构、中断处理程序、打开与释放函数、读函数，再提供按键驱动的驱动程序源码、对应的 Makefile 及测试程序源码，最后提供如何将程序运行于 xyd2440 开发板的详细操作步骤。

第9章介绍 LCD 驱动开发。首先从介绍 FrameBuffer 原理、实现机制及相关的重要数据结构出发，然后详细讲解 LCD 驱动的源码及移植方法，最后提供一个最简单的 LCD 测试程序——在 LCD 屏中画一个矩形。同样，也提供如何将程序运行于 xyd2440 开发板的详细操作步骤。

第10章首先介绍输入子系统的组成及相关 API 的使用，然后以输入子系统下的按键驱动和触摸屏驱动为例，说明输入子系统驱动的编写过程，最后讲解 Linux 下 tslib 库的移植和应用。

第11章介绍网络驱动程序的开发。分析 TCP/IP 和 UDP 族，重点讲解 TCP/IP 网络编程的原理、协议结构等，并以 DM9000 网卡作为教学载体进行驱动的编写和移植，分析 DM9000 的驱动源码。

第四部分（第12章）：介绍嵌入式 GUI 的概念，并重点介绍 Qt 的开发优势，详细介绍 Qt 的编译及测试过程。

第五部分（第13～14章）：第13章介绍嵌入式 Linux 产品的封装、发布过程，并介绍常用文件系统镜像（包括 YAFFS、JFFS2、Cramfs 等文件系统映像）的生成和下载方法。为了给有志于继续学习 S3C6410 开发的人员提供范例，本书第 14 章介绍 S3C6410 开发环境的搭建，并用实例说明将 S3C6410 的 Bootloader 和内核烧写到 Flash 和 SD 卡的操作步骤。

本书的阅读建议

嵌入式的开发与具体的硬件环境紧密相关，作者结合实际的培训课程，以比较易学、价格也比较实惠的信盈达 xyd2440 开发板为例，提供基于信盈达 xyd2440 开发板操作的实例参考，使读者更容易学习和上手。本书以实操为特色，希望读者可以动手操作书中安排的每一个实操项目，必能获得快速的提高。

编著者

2014 年 6 月

目 录

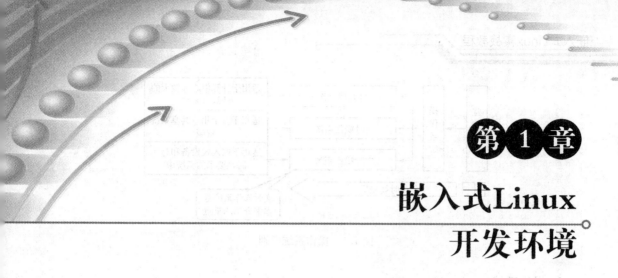

第 1 章

嵌入式Linux 开发环境

1.1 嵌入式介绍

1.1.1 嵌入式系统定义

目前，对嵌入式系统的定义多种多样，但没有一种定义是最全面的。下面给出两种比较合理的定义。

从技术的角度定义：以应用为中心，以计算机技术为基础，软件硬件可裁剪，适应应用系统对功能、可靠性、成本、体积及功耗的严格要求的专用计算机系统。

从系统的角度定义：嵌入式系统是设计完成复杂功能的硬件和软件，并使其紧密耦合在一起的计算机系统。

定义反映了这些嵌入式系统通常是更大系统中的一个完整的部分。这个更大的系统称为嵌入的系统。在嵌入的系统中可以共存多个嵌入式系统。

1.1.2 嵌入式操作系统

1. 概述

计算机系统由硬件和软件组成，在发展初期没有操作系统这个概念，用户利用监控程序来使用计算机。随着计算机技术的发展，计算机系统的硬件、软件资源也越来越丰富，监控程序已不能适应计算机应用的要求。于是，在 20 世纪 60 年代中期，监控程序又进一步发展形成为操作系统（Operating System，OS）。发展到现在，广泛使用的有三种操作系统，即多道批处理操作系统、分时操作系统及实时操作系统，如图 1.1 所示。全世界超过九成的 PC 使用的是微软（Microsoft）公司的 Windows 操作系统，还有一些颇具知名度的操作系统，如苹果（Apple）公司的 Mac OS；工作站级计算机常用的 Sun 公司的 Solaris，还有 Linux 或是 FreeBSD 等免费的操作系统。但是提到嵌入式系统中所使用的操作系统，一般用户就了解得很少了。

由于大型嵌入式系统需要完成复杂的功能，所以需要操作系统来完成各个任务之间的调度。由于桌面型操作系统的体积及实时性等特性不能满足嵌入式系统的要求，从而促进了嵌入式操作系统的发展。

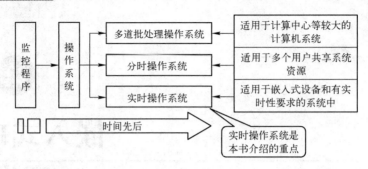

图 1.1　操作系统类别

2. 操作系统

操作系统的基本思想是隐藏底层不同硬件的差异，向在其上运行的应用程序提供一个统

图 1.2　计算机系统组成

一的调用接口。应用程序通过这一接口实现对硬件的使用和控制，不必考虑不同硬件操作方式的差异。计算机系统组成如图 1.2 所示。

很多产品厂商选择购买操作系统，并在此基础上开发自己的应用程序，最终形成产品。事实上，因为嵌入式系统是将所有程序（包括操作系统、驱动程序、应用程序）的程序代码全部烧写进 ROM 里执行，所以操作系统在这里的角色更像是一套函数库（Library）。

操作系统主要完成三项任务：内存管理、多任务管理和外围设备管理。操作系统是计算机中最基本的程序。操作系统负责计算机系统中全部软硬件资源的分配与回收、控制与协调等的并发活动；提供用户接口，使用户获得良好的工作环境；为用户扩展新的系统功能提供软件平台。

嵌入式操作系统（Embedded Operating System）负责嵌入式系统的全部软、硬件资源的分配、调度、控制、协调；必须体现其所在系统的特征，能够通过加载/卸载某些模块来达到系统所要求的功能。

嵌入式系统的操作系统核心通常要求体积要很小，因为硬件 ROM 的容量有限，除了应用程序之外，不希望操作系统占用太大的存储空间。事实上，嵌入式操作系统可以很小，只提供基本的管理功能和调度功能，10KB 到 20KB 以内的嵌入式操作系统比比皆是，相信用惯微软 Windows 系统的用户，可能会觉得不可思议。

不同的应用场合会产生不同特点的嵌入式操作系统，但都会有一个核心（Kernel）和一些系统服务（System Service）。操作系统必须提供一些系统服务供应用程序调用，包括文件系统、内存分配、I/O 存取服务、中断服务、任务（Task）服务、时间（Timer）服务等，设备驱动程序（Device Driver）则是要建立在 I/O 存取和中断服务上的。有些嵌入式操作系统也会提供多种通信协议，以及用户接口函数库等。

嵌入式操作系统的性能通常取决于核心程序，其核心的工作主要是任务管理（Task Management）、任务调度（Task Scheduling）、进程间的通信（IPC）和内存管理（Memory Management）。

1.1.3　常见的嵌入式操作系统

1. 嵌入式 Linux

Linux 操作系统是 UNIX 操作系统的一种克隆系统。它诞生于 1991 年的 10 月 5 日（这是第一次正式向外公布的时间）。此后，借助于互联网，经过全世界各地计算机爱好者的共同努力，Linux 现已成为当今世界上使用最多的一种 UNIX 类操作系统，并且使用人数还在迅猛增长。

Linux 是目前最为流行的一款开放源代码的操作系统，从 1991 年问世到现在，不仅在 PC 平台，而且还在嵌入式应用中大放光彩，逐渐形成了与其他商业 EOS 抗衡的局面。目前正在开发的嵌入式系统中，70% 以上的项目选择 Linux 作为嵌入式操作系统。Linux 操作系统界面如图 1.3 所示。

经过改造后的嵌入式 Linux 具有以下适合嵌入式系统的特点。

（1）内核精简、高性能、系统稳定。

（2）良好的多任务支持。

（3）适用于不同的 CPU 体系架构：支持多种体系架构，如 X86、ARM、MIPS、ALPHA、SPARC 等。

（4）可伸缩的结构：可伸缩的结构使 Linux 适合从简单到复杂的各种嵌入式应用。

（5）外设接口统一：以设备驱动程序的方式为应用提供统一的外设接口。

（6）开放源码，软件资源丰富：广泛的软件开发者的支持、价格低廉、结构灵活、适用面广。

（7）完整的技术文档，便于用户的二次开发。

uClinux 是一个完全符合 GNU/GPL 公约的操作系统，完全开放源代码。uClinux 从 Linux 2.0/2.4 内核派生而来，沿袭了主流 Linux 的绝大部分特性。它是专门针对没有 MMU 的 CPU 设计的，并且为嵌入式系统做了许多小型化的工作，适用于没有虚拟内存或内存管理单元（MMU）的处理器。它通常用于具有很少内存或 Flash 的嵌入式系统，保留了 Linux 的大部分优点：稳定、良好的移植性、优秀的网络功能、完备的对各种文件系统的支持及标准丰富的 API 等。

2. Windows CE

Windows CE 是微软开发的一个开放的、可升级的 32 位嵌入式操作系统，是基于掌上型计算机的电子设备操作系统，它是精简的 Windows 95，如图 1.4 所示。Windows CE 的图形用户界面相当出色。Windows CE 具有模块化、结构化、基于 Windows32 应用程序接口及与

图 1.3　Linux 操作系统界面　　　　　图 1.4　Windows CE

处理器无关等特点。Windows CE 不仅继承了传统的 Windows 图形界面，而且在 Windows CE 平台上可以使用 Windows 95/98 上的编程工具（如 Visual Basic、Visual C++等），使绝大多数的应用软件只需简单地修改和移植就可以在 Windows CE 平台上继续使用。

从多年前发表 Windows CE 开始，微软就开始涉足嵌入式操作系统领域，如今历经 Windows CE 2.0、3.0 所示，新一代的 Windows CE 呼应微软 .NET 的意愿，定名为"Windows CE. NET"（目前最新版本为 5.0）。Windows CE 主要应用于 PDA，以及智能电话（smart phone）等多媒体网络产品。微软于 2004 年推出了代号为"Macallan"的新版 Windows CE 系列的操作系统。

Windows CE. NET 的目的是让不同语言所写的程序可以在不同的硬件上执行，也就是所谓的 .NET Compact Framework。在这个 Framework 下的应用程序与硬件互相独立，而核心本身是一个支持多线程及多 CPU 的操作系统。在工作调度方面，为了提高系统的实时性，主要设置了 256 级的工作优先级及可嵌入式中断处理。

如同在 PC Desktop 环境上一样，Windows CE 系列在通信和网络的能力，以及多媒体方面都极具优势。该系统提供的协议软件非常完整，如基本的 PPP、TCP/IP、IrDA、ARP、ICMP、Wireless Tunable TCP/IP、PPTP、SNMP、HTTP 等，几乎应有尽有，甚至还提供了具有保密与验证功能的加密通信，如 PCT/SSL。而在多媒体方面，目前在 PC 上执行的 Windows Media 和 DirectX 都已经应用到 Windows CE 3.0 以上的平台，包括 Windows Media Technologies 4.1、Windows Media Player 6.4 Control、DirectDraw API、DirectSound API 和 DirectShow API，其主要功能就是对图形、影音进行编码译码，以及对多媒体信号进行处理。

3. μC/OS – Ⅱ

μC/OS – Ⅱ是 Jean J. Labrosse 在 1990 年前后编写的一个实时操作系统内核。名称 μC/OS – Ⅱ 来源于术语 Micro – Controller Operating System（微控制器操作系统）。它通常也称为 MUCOS 或者 UCOS。严格地说，μC/OS – Ⅱ 只是一个实时操作系统内核，它仅包含了任务调度、任务管理、时间管理、内存管理和任务间通信和同步等基本功能，没有提供输入/输出管理、文件管理、网络等额外的服务。但由于 μC/OS – Ⅱ 良好的可扩展性和源码开放，这些功能完全可以由用户根据需要自己实现。

μC/OS – Ⅱ 的目标是实现一个基于优先级调度的抢占式实时内核，并在这个内核之上提供最基本的系统服务，如信号量、邮箱、消息队列、内存管理和中断管理等。虽然 μC/OS – Ⅱ 并不是一个商业实时操作系统，但 μC/OS – Ⅱ 的稳定性和实用性却被数百个商业级的应用所验证，其应用领域包括便携式电话、运动控制卡、自动支付终端和交换机等。

目前，μC/OS – Ⅱ 支持 ARM、PowerPC、MIPS、68k/ColdFire 和 x86 等多种体系结构。μC/OS – Ⅱ 是一个源码公开、可移植、可固化、可裁剪、占先式的实时多任务操作系统。其绝大部分源码是用 ANSI C 编写的，只有与处理器的硬件相关的一部分代码用汇编语言编写，使其可以方便地移植并支持大多数类型的处理器。可以说，μC/OS – Ⅱ 在最初设计时就考虑到了系统的可移植性，这一点和同样源码开放的 Linux 很不一样，后者在开始的时候只是用于 x86 体系结构，后来才将和硬件相关的代码单独提取出来。μC/OS – Ⅱ 通过了联邦航空局（FAA）商用航行器认证。自 1992 年问世以来，μC/OS – Ⅱ 已经被应用到数以百计的产品中。μC/OS – Ⅱ 占用很少的系统资源，并且在高校教学使用时不需要申请许可证。

4. VxWorks

VxWorks 操作系统是美国 WIND RIVER 公司于 1983 年设计开发的一种嵌入式实时操作系统（RTOS），是嵌入式开发环境的关键组成部分。良好的持续发展能力、高性能的内核，以及友好的用户开发环境，使其在嵌入式实时操作系统领域占据了一席之地。它以良好的可靠性和卓越的实时性被广泛地应用在通信、军事、航空、航天等高精尖技术及实时性要求极高的领域中，如卫星通信、军事演习、弹道制导、飞机导航等，甚至在 1997 年 4 月登陆火星表面的火星探测器上也使用了 VxWorks。

5. eCos

eCos 是 Red Hat 公司开发的源代码开放的嵌入式 RTOS 产品，是一个可配置、可移植的嵌入式实时操作系统，设计的运行环境为 Red Hat 的 GNUPro 和 GNU 开发环境。eCOS 系统开放源代码，用户可以按照需要自由修改和添加。eCOS 的关键技术是操作系统可配置性，允许用户组合自己的实时组件、函数及实现方式，特别允许 eCOS 的开发者定制自己的面向应用的操作系统，使 eCos 能够有更广泛的应用范围。

6. uITRON

TRON 是指"实时操作系统内核（The Real – time Operating system Nucleux）"，它是在 1984 年由东京大学的 Sakamura 博士提出的，目的是为了建立一个理想的计算机体系结构。通过工业界和大学院校的合作，TRON 方案正被逐步应用到全新概念的计算机体系结构中。

uITRON 是 TRON 的一个子方案，它具有标准的实时内核，适用于任何小规模的嵌入式系统。日本国内现有很多基于该内核的产品，其中消费电器较多。目前已成为日本事实上的工业标准。TRON 明确的设计目标——内核小、启动速度快、即时性能好、适合汉字系统的开发，使其甚至比 Linux 更适合做嵌入式应用。另外，TRON 的成功还来源于如下两个重要的条件。

（1）它是免费的。

（2）它已经建立了开放的标准，形成了较完善的软硬件配套开发环境，较好地形成了产业化。

1.2　虚拟机及 Linux 系统安装

1.2.1　安装 VMware Workstation 软件

威睿工作站（VMware Workstation）是一款功能强大的桌面虚拟计算机软件，可向用户提供在单一的桌面上同时运行不同的操作系统，以及进行开发、测试 、部署新的应用程序的最佳解决方案。在 VMware Workstation 中，可以在一个窗口中加载一台虚拟机，它可以运行自己的操作系统和应用程序。使用 VMware 软件在 Windows 上运行虚拟机 Linux 系统是非常方便的开发方式。

VMware Workstation 的安装包可以在网站 http://www.vmware.com/products/workstation/上下载，安装到 Windows 系统的方法与普通 Windows 程序相同，在此不再赘述。

▶ 1.2.2 在 VMware Workstation 虚拟机安装 Red Hat Linux 系统

本书基于 Red Hat Enterprise Linux 5.3 进行开发，这是一个容易安装和使用稳定的 Linux 发行版本，其安装包可以在网上下载。接下来介绍在 Windows 系统中使用 VMware Workstation 虚拟机软件安装 Linux 系统的方法。

1. 建立虚拟机指定硬件

（1）打开虚拟机软件 VMware Workstation 启动界面，选择新建虚拟机选项，如图 1.5 所示。

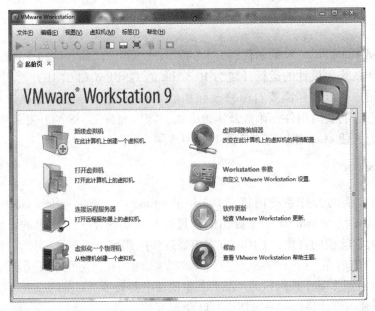

图 1.5　VMware Workstation 启动界面

（2）在弹出的对话框中依次选择自定义、默认兼容模式，如图 1.6、图 1.7 所示。

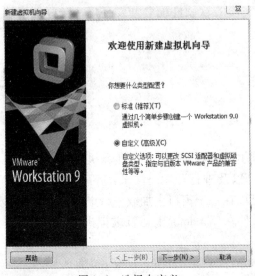

图 1.6　选择自定义

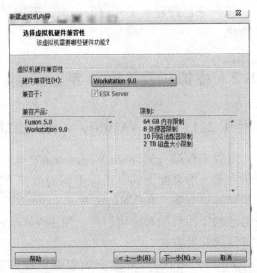

图 1.7　选择兼容性

（3）选择后再安装系统，如图 1.8 所示。

（4）选择客户机操作系统为 Linux ，版本是 Red Hat Enterprise Linux 5，如图 1.9 所示。

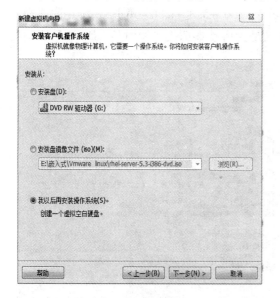

图 1.8　安装系统

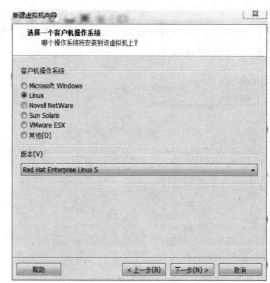

图 1.9　选择客户机操作系统

（5）选择虚拟机的名称和安装路径，如图 1.10 所示。

（6）选择处理器配置，可根据实际的 CPU 性能选择，如图 1.11 所示。

图 1.10　选择虚拟机名称和安装位置

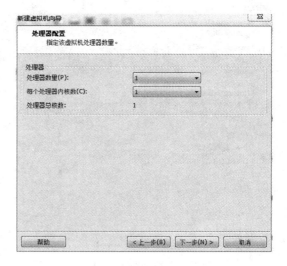

图 1.11　选择处理器配置

（7）选择分配虚拟机内存容量，如图 1.12 所示，该界面中有推荐值及取值范围。

（8）选择虚拟机的网络连接类型，一般使用桥接网络，如图 1.13 所示。

（9）选择 I/O 控制器类型、磁盘和磁盘类型等，均使用使用默认配置即可，直到出现选择磁盘容量选项，如图 1.14 所示，在该选项中可以选择磁盘空间大小，以及虚拟磁盘的存放方式。

（10）继续进入到创建虚拟机向导界面，如图 1.15 所示，选择"定制硬件"选项，在弹出的对话框中可以选择一些硬件，如声卡、光驱和软盘等的配置。单击选中 CD/DVD 选项，在右上方设备状态栏中选择"打开电源时连接"，在连接选项选择"使用 ISO 镜像文件"，单击"浏览"，在弹出的对话框中进入 rhel – server – 5.3 – i386 – dvd. iso 所在的路径并选择该文件，如图 1.16 所示。选择这种连接方式是为启动虚拟机电源时从 CD/DVD 驱动器读取镜像文件中的代码开始安装 Linux 系统。

图 1.12　分配虚拟机内存

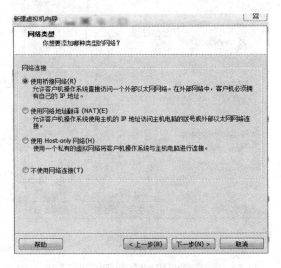

图 1.13　选择虚拟机网络连接类型

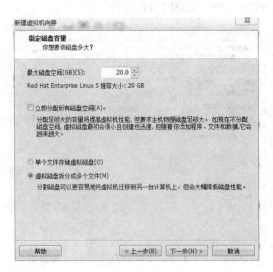

图 1.14　选择磁盘容量

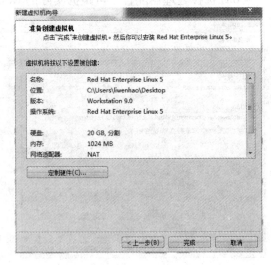

图 1.15　定制硬件

至此，已创建了一个空白的虚拟机，接下来可以给这个虚拟机安装 Red Hat linux 系统。

2. 在虚拟机上安装 Linux

（1）在 VMware Workstation 虚拟机的界面可以看到新创建的 Red Hat Linux 5，选择打开虚拟机电源，开始 Red Hat Linux 5 的安装界面，输入回车开始系统的安装。在弹出的界面选择"Skip"跳过多媒体的测试，如图 1.17 所示。

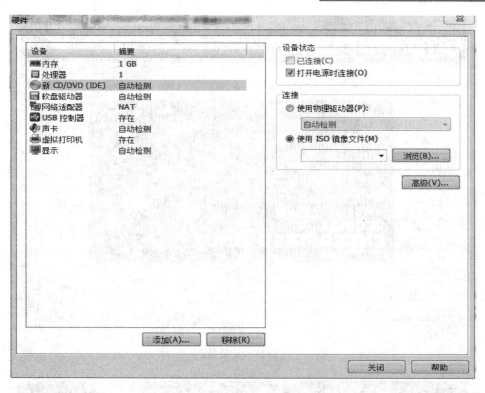

图 1.16　选择 DVD 开机连接

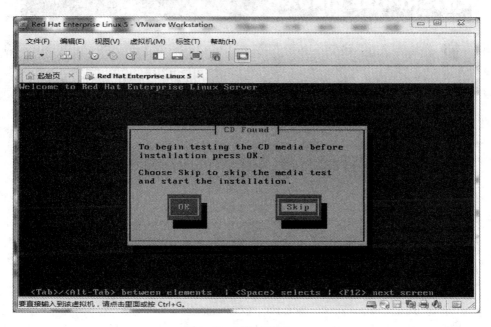

图 1.17　开始安装 Linux

（2）等待若干秒钟，进入到如图 1.18 所示 Red Hat Enterprise Linux 5 的安装界面，单击"Next"按钮。

（3）选择安装程序的语言为简体中文，如果 1.19 所示。

图 1.18　安装界面

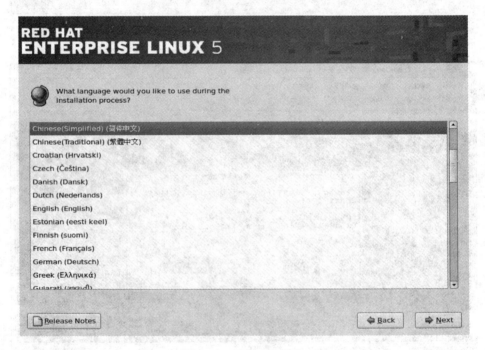

图 1.19　选择安装语言

（4）为系统选择适当的键盘为美国英语式，如图 1.20 所示。

（5）继续单击"下一步"按钮，在弹出的界面中选择跳过输入安装号码，弹出如图 1.21 所示的警告信息："您想要初始化这个驱动器并清除所有数据吗?"，请选择"是"按钮。

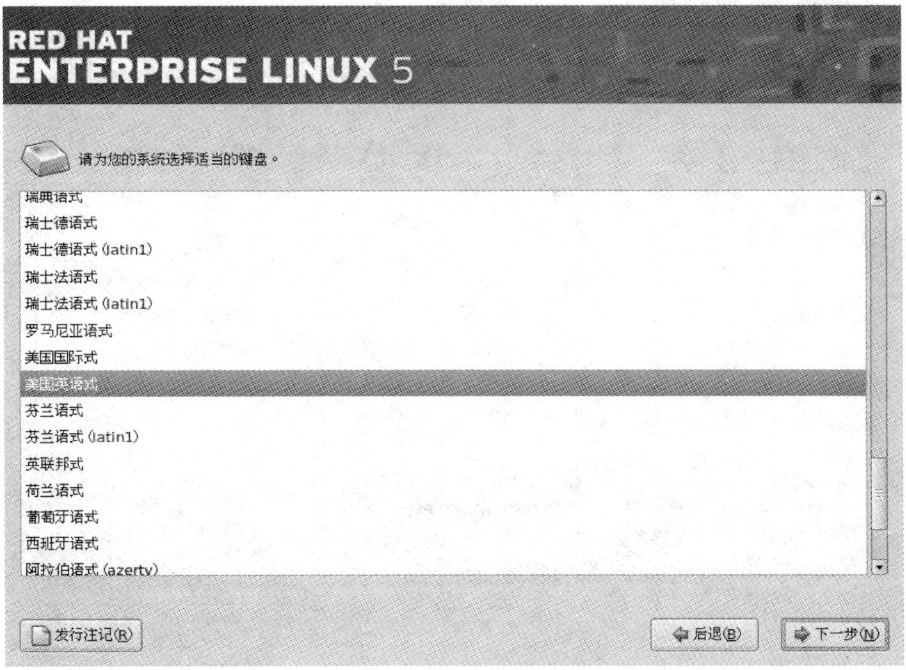

图1.20　选择键盘

图1.21　选择清除所有数据

（6）继续单击"下一步"按钮，依次选择使用默认的分区结构、网络配置和系统时间的时区。接着要输入根密码，这是 Linux 系统 Root 用户的密码。继续选择"下一步"按钮，选择现在定制安装 Linux 系统，如图1.22 所示。

在弹出的对话框左侧选择"开发"，在右侧的子菜单中将所有的选项都选中，如图1.23所示。

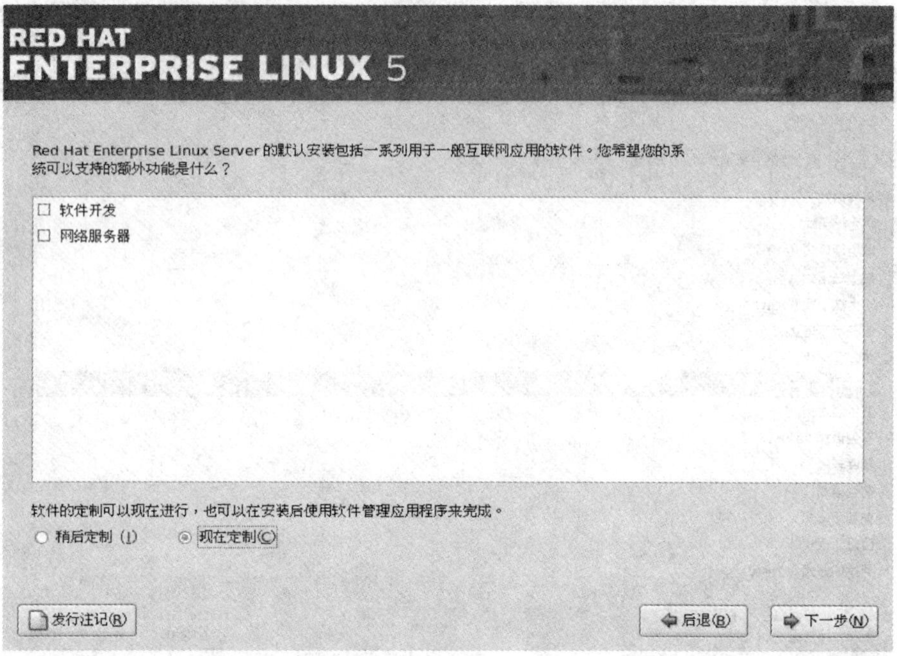

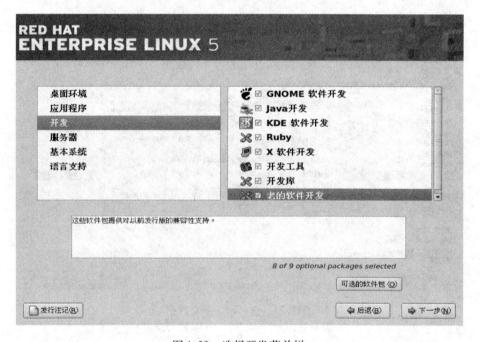

图 1.22　现在定制安装软件

图 1.23　选择开发菜单栏

在对话框左侧选择"服务器"，在右侧的子菜单中将如图 1.24 所示的几个选项都选中。

其他的选项使用默认即可，再次单击"下一步"按钮，开始 Linux 系统的安装。整个安装过程 20 ～ 30 分钟。安装完成后选择重新引导 Linux 系统。

图 1.24　选择服务器菜单栏

1.3　Linux 常用命令

　　Shell 是一种命令行解释程序（Command – Language Interpreter），负责用户和操作系统的沟通。在终端方式的 Shell 提示窗口如图 1.25 所示。

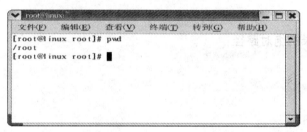

图 1.25　Linux 命令终端窗口

　　$ 是普通用户的 Shell 提示符，其后是闪烁的光标条（Root 用户的提示符是 "#"）。

　　Linux 命令行的一般格式为：

　　　　命令名[选择项][参数]

　　注意：各项之间用空格空开，空多少格都可以。

　　useradd niuedu：新建用户；

　　su niuedu：切换用户；

　　su root：切换到 Root（Root 可以不写）。然后输入密码，输入密码口令不回写（即不会显示在终端上）；

　　cd ..：返回上一目录命令。

1.3.1　系统询问命令

1. 询问当前日期和时间的 date 命令

　　date；

例如：

```
date    - s 08/01/2010    //修改日期；
date    - s 08:09:01      //修改时间。
```

2. 查询日历命令

```
cal
```

3. 浏览目录内容

```
ls 目录路径
```

若命令后面无目录名，则默认浏览当前目录。

常用选项如下所示。

－l：以详细信息方式浏览目录项；

－a：显示所有文件，包括隐藏文件（所有以 . 或者 .. 开头的文件或目录都是隐藏的）；

－A：同－a，只是不会显示“.”（当前目录）和“..”（当前目录的上一级目录）两个特殊的目录。

4. 打印当前目录的绝对路径

```
pwd
```

5. 询问当前用户

```
who
```

该命令可列出当前每一个处在系统中的用户的登录名、终端名和登录进入时间。例如：Whoami：查询当前用户的用户名。

1.3.2 文件操作命令

1. 文件及其分类

Linux 的文件通常分为普通文件、目录文件、设备文件和链接文件共四类。

为了对文件进行保护，Linux 系统提供了文件存取控制方式。把所有用户划分为三种身份，依次是文件主（user）、同组用户（group）、其他用户（other）。每种用户对每一个文件可拥有读（r）、写（w）和执行（x）的权利。用字符形式表示上述文件方式，就是“rwxr －xr－－”，这 9 个字符的顺序是固定的（其中，“－”表示对应用户不具备相应权限）。

2. 文件显示命令

```
cat
```

该命令用来连接并显示文件。它顺序阅读每一个文件，并将它们在标准输出设备上输出。如果没有指定输入文件或者只是给定一个连字符（－），则从标准输入上读取。

其语法格式如下：

cat［－u］［－s］［－v］［－t］［－e］文件名…

例如，$cat ml. c 在屏幕上显示出文件 ml. c 的内容。

3. 文件的复制、移动和删除命令

（1）cp 命令。

cp 命令的功能是复制文件。其语法格式如下：

cp［－r］source_file target_file

例如，cp niu1 niu2

常用选项说明如下。

－r：代表递归操作，将复制目录及目录中的内容，包括子目录及子目录的内容。

（2）mv 命令。

mv 命令的功能是移动或者重新命名文件和目录。其语法格式如下：

mv［－fi］source_file target_file

例如，mv niu1 niu2（niu1 移动到 niu2，同时删除 niu1）。

（3）rm 命令。

rm 命令的功能的是删除文件或目录。其语法格式如下：

rm［－rf］file…

▶ 1.3.3 目录操作命令

1. 目录结构

Linux 文件系统采用带链接的树形结构，即只有一个根目录（通常用"/"表示），其中含有下级子目录或文件的信息；子目录中又可含有下级的子目录或者文件的信息，这样一层一层地延伸下去，构成一棵倒置的树，如图 1.26 所示。

常见目录说明如下所示。

/bin ：显而易见，bin 就是二进制（binary）的英文缩写。

/boot ：在这个目录下存放的都是系统启动时要用到的程序。在使用 grub 或 lilo 引导 Linux 的时候，会用到这里的一些信息。

/dev：dev 是设备（device）的英文缩写。这个目录对所有的用户都十分重要。因为在这个目录中包含了所有 Linux 系统中使用的外部设备。但是这里存放的并不是外部设备的驱动程序。

/etc ：etc 这个目录 Linux 系统中最重要的目录之一。在这个目录下存放了系统管理时要用到的各种配置文件和子目录。通常用到的网络配置文件、文件系统、x 系统配置文件、

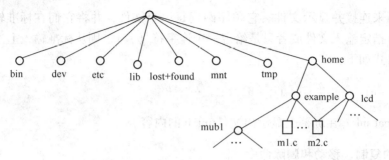

图 1.26　Linux 的目录结构

设备配置信息、设置用户信息等都在这个目录下。

/sbin：这个目录是用来存放系统管理员的系统管理程序。

/home：如果建立一个用户，用户名是"jl"，那么在/home 目录下就有一个对应的 /home/jl 路径，用来存放用户的主目录。

/lib：lib 是库（library）的英文缩写。这个目录是用来存放系统动态链接共享库的。几乎所有的应用程序都会用到这个目录下的共享库。

/mnt：这个目录在一般情况下也是空的。可以临时将其他的文件系统挂在这个目录下。

/proc：可以在这个目录下获取系统信息。这些信息是在内存中由系统自己产生的。

/root：如果用户是以超级用户的身份登录的，则/root 目录就是超级用户的主目录。

/tmp：用来存放不同程序执行时产生的临时文件。

/usr：这是 Linux 系统中占用硬盘空间最大的目录。

文件和目录的路径名可用两种方式表示：绝对路径名（又称全路径名）和相对路径名。

2. 目录的显示和改变工作目录

cd 命令的功能是改变工作目录。其语法格式如下：

cd［directory］

如果命令后无目录参数则回到当前用户目录中。

3. 创建目录

mkdir 命令用来创建指定名称的目录，并且指定的目录名不能是当前目录中已有的目录。其语法格式如下：

mkdir［选项］目录路径

如果需要嵌套创建目录（即在创建的目录里再创建目录），则要使用 – p 选项。

▶ 1.3.4　口令、权限命令

1. 修改口令

passwd 命令的功能是改变登录或 Modem（调制解调器）拨号 Shell 口令。其语法格式为：

> passwd [− m][− dluf][− n minimum] [− x expiration] [− r retries][name]
> passwd − s [− a] [name]

2. 改变存取权限

chmod 命令的功能是改变文件或目录的存取权限。其语法格式有以下两种。

1）符号方式：

> chmod [− R] [who] [+ | − | =][mode⋯] file⋯

2）绝对方式：

> chmod [− R] mode file⋯

文件和目录的权限还可用八进制数字模式来表示。三个八进制数字分别代表 ugo 的权限。执行权、写权和读权所对应的数值分别是 1、2 和 4。

若要 rwx 属性则 $4 + 2 + 1 = 7$；

若要 rw − 属性则 $4 + 2 = 6$；

若要 r − x 属性则 $4 + 1 = 5$。

▶ 1.3.5　文件压缩命令

1. 压缩文件命令

gzip 命令是在 Linux 系统中经常使用的一个对文件进行压缩和解压缩的命令，既方便又好用。gzip 命令的语法格式如下：

> gzip [选项] 压缩(解压缩)的文件名

gzip 命令常用选项及说明见表1.1。

表 1.1　gzip 命令常用选项及说明

常 用 选 项	说　　　明
− c	将输出写到标准输出设备上，并保留原有文件
− d	将压缩文件解压
− l	对每个压缩文件显示压缩文件的大小、未压缩文件的大小、压缩比、未压缩文件的名字等详细信息
− r	递归式地查找指定目录并压缩或解压其中的所有文件
− t	测试、检查压缩文件是否完整
− v	对每一个压缩或解压的文件显示文件名和压缩比

2. 文件打包命令

tar 命令可以对文件和目录进行打包。利用 tar 命令，用户既可以对某一个特定文件进行打包（一般用于备份文件），也可以在包中改变文件，或者向包中加入新的文件。

tar 命令的语法格式如下：

> tar［主选项 + 辅选项］文件或者目录

tar 命令主选项的常用选项及说明见表 1.2。

表 1.2　tar 命令主选项的常用选项

常用选项	说　　明
－ c	创建新的档案文件。如果用户要备份一个目录或一些文件，就要选择这个选项
－ x	从档案文件中释放文件
－ r	把要存档的文件追加到档案文件的末尾。例如，用户已经做好备份文件，又发现还有一个目录或一些文件忘记备份了，这时可以使用该选项，将忘记的目录或文件追加到备份文件中
－ t	列出档案文件的内容，查看已经备份了哪些文件
－ u	更新文件。也就是说，用新增的文件取代原备份文件，如果在备份文件中找不到要更新的文件，则把它追加到备份文件的最后

3. 范例

（1）将某个目录 dirA 制作为压缩包。

> tar cf dirA. tar dirA　　　//将目录 dirA 打包，注意没有压缩
> tar czf dirA. tar. gz dirA　　//将目录 dirA 压缩为文件包 dirA. tar. gz，以 gzip 方式进行压缩
> tar cjf dirA. tar. bz2 dirA　　//将目录 dirA 压缩为文件包 dirA. tar. bz2，以 bzip2 方式进行压缩

（2）将某个压缩包文件 dirA. tar. gz 解压。

> tar xf dirA. tar　　　　//将目录 dirA. tar 解压
> tar xzf dirA. tar. gz　　//在当前目录下解开 dirA. tar. gz，先使用 gzip 方式解压缩，然后解包
> tar xjf dirA. tar. bz2　//在当前目录下解开 dirA. tar. bz2，先使用 bzip2 方式解压缩，然后解包
> tar xzf dirA. tar. gz － C ＜dir＞　　　//将 dirA. tar. gz 解开到 ＜dir＞ 目录下
> tar xjf dirA. tar. bz2 － C ＜dir＞　　//将 dirA. tar. bz2 解开到 ＜dir＞ 目录下

▶ 1.3.6　网络相关命令

（1）ifconfig：显示或设置网络设备。
例如，ifconfig eth0 192. 168. 0. 101 netmask 255. 255. 255. 0
（2）service network restart：重启网卡 。
（3）ifdown eth0：关闭网卡。
（4）ifup eth0：开启网卡。

▶ 1.3.7　其他命令

（1）find：查找文件。
例如，find /etc － name xyd
功能：在/etc 目录下查找一个名字为 xyd 的文件；/etc 表示在/etc 目录下查找； － name 表示按照名字查找，这是最常用的查找方式，xyd 是文件名。

（2）gcc：Linux 下 C 语言编译器。

例如，gcc 1. c － o 1

功能说明：使用 GCC 编译 1. c 程序，生成可执行文件为 1；－ o 选项用来指定输出的可执行文件名字；如果不指定（即命令为：gcc 1. c），则默认名字为 a. out。

其他常用选项如下。

－E：只对源文件进行预处理操作，并把结果显示在标准输出设备。

－c：只生成目标文件，不进行连接操作。

－Wall：打开所有编译警告，如果不使用该选项，有些编译的警告是不会显示的。

（3）clear：清屏（快捷键为 Ctrl + l）。

（4）kill：给前台进程发送信号。

例如，kill － n pid

其中，n 用来指定信号编号；pid 为要发送的进程的 pid。

（5）lsmod：显示已载入系统的模块。

（6）insmod：载入模块。

（7）modprobe：自动处理可载入模块。

（8）rmmod：删除模块。

1.4 Linux 下的编辑工具

1.4.1 编辑器分类

Linux 系统提供了一个完整的编辑器系列，如 Ed，Ex，VIM 和 Emacs 等。其中，ED、EX 为行编译器；VIM、Emacs 为全屏编辑器。

行编辑器每次只能对一行进行操作，使用不方便，而全屏编辑器可以对整个屏幕进行编辑，用户的文件直接显示在屏幕上，克服了行编辑器的不足。

1.4.2 VIM 的使用

Vi IMproved（VIM）是 Bram Moolenaar 公司开发的 UNIX 下的通用文本编辑器，与 vi 兼容并且功能更加强大的文本编辑器。它支持语法变色、正规表达式匹配与替换、插入补全、自定义键等功能，为编辑文本尤其是编写程序提供了极大的方便。VIM 可以运行在"任何"操作系统上，包括常见的 Windows 和 UNIX/Linux。一旦掌握了 VIM，就掌握了一个跨平台编程的利器。

尽管 VIM 功能十分强大，但对于刚接触它的人，尤其是用惯类似 Windows 的 notepad 的人来说，VIM 并不易于掌握，毕竟它兼容的是 vi 而不是 notepad。本书旨在介绍 VIM 中的用法，希望有更多的人喜欢 VIM。应该指出的是，VIM 中有太多的功能和命令，有许多并不常用，因此没有记忆的必要。

1. VIM 的基本用法

VIM 的屏幕区域分为两个部分，最下面一行是命令行，一般用于提示信息或命令行输入；除此之外为正文显示区域。与 notepad 不同的是，VIM 中存在三种工作模式：普通（Normal）模式、插入（Insert）模式和底行模式。进入 VIM 后即默认为普通模式。通常，新手初次进入 VIM 后就想输入一串字符，结果发现 VIM 会出现一连串莫名其妙的反应。其实，在 VIM 的普通模式下，任何按键包括普通字符都表示某个命令，并不表示在当前光标处插入字符。常用的命令如下所示（注意区分大小写）。

ESC 键：回到普通模式下（无论现在是在什么模式下）。

在命令行模式下输入冒号 ":" 可进入底行模式。

i：进入插入模式，i 进入插入模式后，在光标当前字符前面插入。

其他进入插入模式的命令还有 I、a、A、o、O 等。

h、j、k、l 分别表示光标左移、下移、上移、右移（方向键也可以移动光标，但是一旦熟悉了这四个键，就会觉得方向键效率太低了）。

x：删除当前字符（光标所在处字符，下同）。

dw：删除当前字符到当前单词词尾的所有字符。

d$：删除当前字符到本行末尾的所有字符。

D：删除当前字符到本行末尾的所有字符。

d0：删除当前字符到本行行首的所有字符。

dd：删除一行。

ndd：从当前行开始向下删除 n 行。

J：删除本行的回车符，把下一行并入本行末尾。

r 字符：替换当前字符为新字符。

^$：分别将光标移到本行首和行末。

gg：光标移动到第一行。

数字 G：移动光标到第若干行，如果没有数字则移动到最后一行。

在普通模式中，命令以按键形式输入。而在底行模式中，命令以字符串形式输入。

下面是常用的底行命令。

:q：退出！（更确切地说应该是关闭当前文件）。

:w：文件名存盘。如果还是保存为当前文件，则不必写文件名。

:wq：存盘退出。

:new：文件名打开或新建文件（同时关闭当前文件）。如果不指定文件名或者文件名不存在，则是新建文件。

:help：帮助！看完后用 :q 关掉窗口。可以在 help 后面加某个帮助主题的名称，如:help dd 或:help help。

还有一点是，如果某个命令得到警告（拒绝执行），则要在命令的命令词后加叹号表示强制执行。例如，已修改过文件，但又想放弃存盘并退出，如果输入 :q，vi 则系统提示文件已修改，这时，只能输入:q! 退出。又如用，:w! a.txt 表示把当前文件存为 a.txt 而无论 a.txt 是否已经存在。

2. 复制和粘贴

为了便于选取文本，VIM 引入了可视（Visual）模式。若要选取一段文本，则需要首先将光标移到段首，在普通模式下按"v"键进入可视模式，然后把光标移到段末。注意：光标所在字符是包含在选区中的。这时可以对所选的文本进行一些操作，常用的（可视模式）命令如下所示。

x 或 d：剪切（即删除，同时所选的文本进入剪贴板）。

y：复制。

r 字符：所有字符替换为新字符。

u U ～：分别将所有字母变小写、变大写、反转大小写。

3. VIM 的其他命令

若要真正使用 VIM，光靠 vi 的基本命令当然不行，下面就来介绍更多的命令。以下的命令，有些是 VIM 特有的，有些在 vi 中也存在。其中，以"："开头表示该命令在命令行输入，以"i"开头表示这是插入模式下的命令，其他则是普通模式下的命令。

（1）使用帮助。

在 :help 中，遇到超链接可以按 Ctrl +] 跳转。

在 :help 中，按 Ctrl + T 往回跳转。

（2）打开多个文件。

打开新窗口最简单的命令如下所示。

:split（水平分割）或:vsplit（垂直分割）：这个命令把屏幕分解成两个窗口并把光标置于上面的窗口中。

Ctrl + W + w 命令可以用于在窗口间跳转。如果当前光标在上面的窗口，它会跳转到下面的窗口，如果当前光标在下面的窗口，它会跳转到上面的窗口。

（3）关闭窗口":close"，任何退出编辑的命令都可以关闭窗口，如":quit"和"ZZ"等。但":close"可以避免用户在剩下一个窗口的时候不小心退出 VIM。

关闭所有其他窗口"：only"，这个命令关闭除当前窗口外的所有窗口。如果要关闭的窗口中有一个没有存盘，VIM 会显示一个错误信息，并且这个窗口不会被关闭。

用分割窗口打开指定的文件(two. c)"：split two. c"。

用分割形式新建文件"：new"。

用户可以用下面的命令在窗口之间跳转。

Ctrl + W + h ：跳转到左边的窗口。

Ctrl + W + j ：跳转到下面的窗口。

Ctrl + W + k ：跳转到上面的窗口。

Ctrl + W + l：跳转到右边的窗口。

Ctrl + W + t：跳转到最顶上的窗口。

Ctrl + W + b：跳转到最底下的窗口。

这里使用同移动光标一样的命令跳转窗口。当然，使用方向键的效果也相同。

（4）移动窗口。

如果在分割多个文件时发现文件顺序不是所期望的，则可以通过如下命令来更改。

Ctrl + W + K：使当前窗口移动到上面并扩展到整屏的宽度。

Ctrl + W + H：把当前窗口移到最左边。

Ctrl + W + J：把当前窗口移到最下边。

Ctrl + W + L：把当前窗口移到最右边。

如果留心观察会发现，还是 H、J、K、L 这四个键，这里只是使用大写状态。

（5）对所有窗口执行命令。

:qall 表示"quit all"（全部退出）。如果任何一个窗口没有存盘，VIM 都不会退出。同时，光标会自动跳到那个窗口，可用":write"命令保存该文件或者":quit!"放弃修改。

:wall 表示"write all"（全部保存）。但实际上，它只会保存修改过的文件。VIM 知道保存一个没有修改过的文件是没有意义的。

vim – o one. txt two. txt three. txt 这个命令是在终端下使用的，功能是一次性打开三个文件并使用分割形式显示。

:set scrollbind 用于设置卷动绑定属性。所有设置了卷动绑定属性的窗口将一起卷动。

:set noscrollbind 用于解除绑定。

（6）撤销和恢复。

编辑过程中出现错误在所难免，不过没有关系，VIM 允许无限次地撤销所做的工作。只要没有关闭文件，就可以一直撤销下去。

u：撤销（Undo）上次所做的修改。

Ctl + r：恢复（Redo）上次撤销的内容。

（7）字符串搜索替换。

/字符串：向下搜索字符串。

? 字符串：向上搜索字符串。

*、#：分别是向下和向上搜索光标所指的字符。

n：重复上一次搜索。

:起始行,结束行 s/搜索串/替换串/g：从起始行到结束行，把所有的搜索串替换为替换串。

:set ignorecase：设置忽略字母大小写。可以用:set noignorecase 取消忽略字母大小写。

例如，/hello 从当前光标位置开始向下搜索 hello，不带字符串的命令"/"可重复上一次搜索，相当于 n。又如，":1,$s/hello/hi/g"把全文中的 hello 改为 hi，其中，"$"表示最后一行。另外，还可以首先进入可视模式选择一段文本，":"进入命令行并输入"s/hello/hi/g"，VIM 将在选区中进行替换操作。

搜索字符串用的是正规表达式（Regular expression），其中许多字符都有特殊含义。

\：取消后面所跟字符的特殊含义，"\[vim\]"匹配字符串"[vim]"。

[ ]：匹配其中之一，如"[vim]"匹配字母"v"、"i"或者"m"，[a – zA – Z] 匹配任意字母；

[^]：匹配非其中之一，如 [^vim] 匹配除字母"v"、"i"和"m"之外的所有字符；

. 匹配任意字符；

*：匹配前一字符大于等于零遍，如 vi * m 匹配"vm"、"vim"、"viim"……；

\ +：匹配前一字符大于等于一遍，如 vi \ +m 匹配"vim"、"viim"、"viiim"……；

\?：匹配前一字符零遍或者一遍，如 vi \ ? m 匹配"vm"或者"vim"；

^：匹配行首，如 /^hello 查找出现在行首的单词 hello；

　　$：匹配行末，如 /hello $ 查找出现在行末的单词 hello；

　　\(\)：括住某段正规表达式；

　　\ 数字：重复匹配前面某段括住的表达式，如\(hello\). ＊\1 匹配一个开始和末尾都是"hello"，中间是任意字符串的字符串。

　　对于替换字符串，可以用"&"代表整个搜索字符串，或者用"\ 数字"代表搜索字符串中的某段括中的表达式。

　　例如，把文中的所有字符串"abc……xyz"替换为"xyz……abc"可以有下列写法：

```
:%s/abc\(.＊\)xyz/xyz\1abc/g
:%s/\(abc\)\(.＊\)\(xyz\)/\3\2\1/g
```

　　其他关于正规表达式搜索替换的更详细准确的说明请看":help pattern"。

　　在插入模式下，为了减少重复的击键输入，VIM 提供了若干快捷键，当要输入某个上下文曾经输入过的字符串时，只要输入开头若干字符，使用快捷键，VIM 将搜索上下文，找到匹配字符串，把剩下的字符补全。这样，编程序时起多长的变量名都没关系了，而且还可以减少输入错误。VIM 提供的快捷键见表 1.3。

表 1.3　VIM 提供的快捷键

功　　能	快　捷　键
向上查找补全	Ctrl + P
向下查找补全	Ctrl + N
整行补全	Ctrl + X；Ctrl + L
根据当前文件里关键字补全	Ctrl + X；Ctrl + N
根据字典补全	Ctrl + X；Ctrl + K
根据同义词字典补全	Ctrl + X；Ctrl + T
根据头文件内关键字补全	Ctrl + X；Ctrl + I
根据标签补全	Ctrl + X；Ctrl +]
补全文件名	Ctrl + X；Ctrl + F
补全宏定义	Ctrl + X；Ctrl + D
补全 vim 命令	Ctrl + X；Ctrl + V
用户自定义补全方式	Ctrl + X；Ctrl + U
拼写建议	Ctrl + X；Ctrl + S

1.5　主机开发环境的配置

1.5.1　超级终端配置图解

　　为了通过串口连接开发板，必须使用一个模拟终端程序，几乎所有类似的软件都可以使用，其中 Windows 自带的超级终端是最常用的选择，当安装 Windows 9x 时，需要自定义选择安装该项，Windows 2000 及更高版本则已经默认安装。在此着重介绍一下 Windows 自带的超级终端程序，并以 Windows XP 为例。超级终端程序通常位于"开始→程序→附件→通讯"中，选择运行该程序，跳出如图 1.27 所示窗口，询问是否要将 HyperTerminal 作为默认 telnet 程序，此时单击"否"按钮。

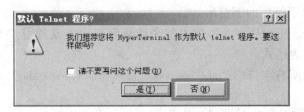

图 1.27　是否把它作为默认程序

接下来，跳出如图 1.28 所示窗口，单击"取消"按钮，此时系统提示"确认取消"，如图 1.29 所示，单击"是"按钮即可。接着单击提示窗口的"确定"按钮，进入下一步，如图 1.30 所示。超级终端会要求用户为新的连接取一个名字，如图 1.31 所示，本书取名为"ttyS0"，Windows 系统会禁止取类似"COM1"这样的名字，因为这类名字被系统占用了。当命名完成后，又会跳出一个如图 1.32 所示对话框，需要选择连接 xyd2440 的串口，本书选择了"COM1"，如图 1.32 所示。

图 1.28　不设置位置信息

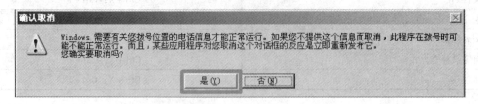

图 1.29　确认取消

图 1.30　确定

图 1.31　输入名称

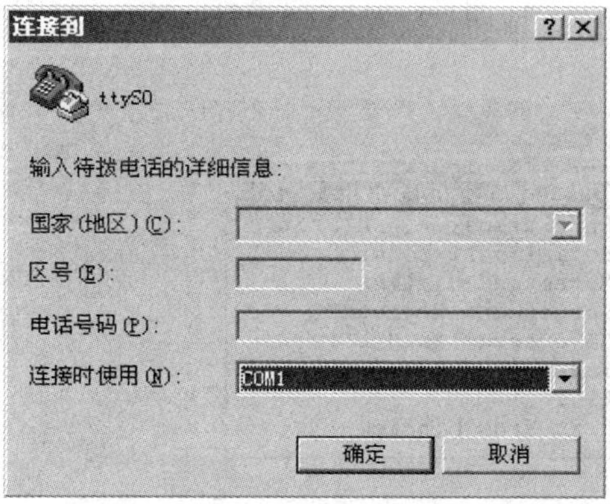

图 1.32　选择串口号

　　最后，最重要的一步是设置串口，注意必须选择无流控制，否则，只能输出而不能输入。另外，工作时的串口波特率是 115200，设置参数如图 1.33 所示。当所有的连接参数都设置好后，打开电源开关，系统会出现 BootLoader 启动界面。选择超级终端"文件"菜单下的"另存为..."，保存该连接设置，以后再次连接时不必重新执行以上设置。

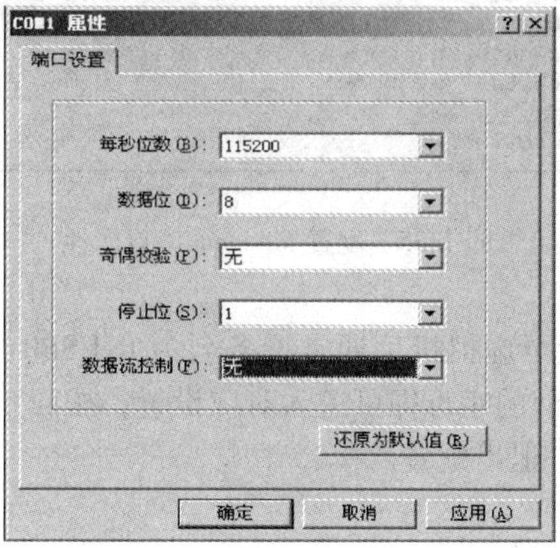

图 1.33　设置串口属性

1.5.2 Minicom 配置

Linux 下的 Minicom 的功能与 Windows 下的超级终端功能相似，可以通过串口控制外部的硬件设备，适于在 linux 通过超级终端对嵌入式设备行管理，同样也可以使用 Minicom 对外置 Modem 进行控制。

1. Minicom 的配置

执行命令：

```
minicom -s
```

出现如图 1.34 所示配置菜单。

[configuration]
Filenames and paths
File transfer protocols
Serial port setup
Modem and dialing
Screen and keyboard
Save setup as dfl
Save setup as..
Exit
Exit from Minicom

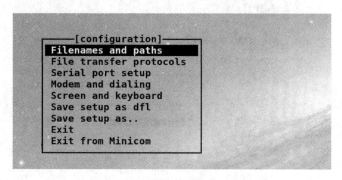

图 1.34 Minicom 配置菜单

使用上下箭头键选择“Serial port setup”，按回车键进入如图 1.35 所示配置菜单。

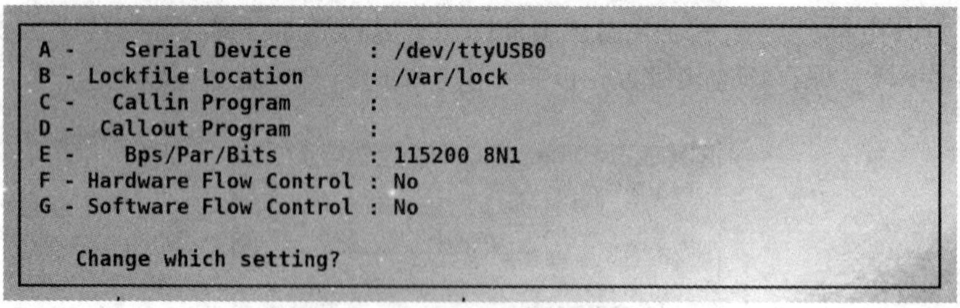

A - Serial Device : /dev/ttyUSB0
B - Lockfile Location : /var/lock
C - Callin Program :
D - Callout Program :
E - Bps/Par/Bits : 115200 8N1
F - Hardware Flow Control : No
G - Software Flow Control : No
Change which setting?

图 1.35 配置 Minicom 串口属性

将 USB 转串口设备连接至虚拟机后通常设备名为 ttyUSB0，设置各个参数如图 1.35 所示。设置方法是按下各选项前的字母即可进入对应设置，按回车键确认，最后在上一级菜单中选择“Exit from Minicom”退出配置。

2. Minicom 的使用

（1）Minicom 的执行。

在命令行执行“minicom”即可直接进入 Minicom。

命令"minicom"的功能是进入串口超级终端画面,而"minicom – s"为配置 Minicom。

(2) Minicom 的使用。

Minicom 是基于窗口的。若要弹出所需功能的窗口,则可按下"Ctrl + A"(以下 使用 C + A 来表示 Ctrl + A),然后再按各功能键(a – z 或 A – Z)。先按"C + A",再按"z",将出现一个帮助窗口,该窗口提供了所有命令的简述。配置 Minicom(– s 选项,或者 C + A、C + O)时,可以改变这个转义键。

屏幕分为两部分,上部 24 行是终端模拟器的屏幕,ANSI 或 VT100 转义序列在此窗口中被解释。若底部还剩有一行,那么状态行就放在这儿;否则,每次按"C – A"时状态行将出现,在那些有专门状态行的终端上将会使用这一行(如果 termcap 信息完整且加了" – k"标志)。

下面按字母顺序列出可用的命令。

C + A:两次按下 C + A 将发送一个 C + A 命令到远程系统。如果把"转义字符"换成了 C + A 以外的其他字符,则对该字符的工作方式也类似。

① A:切换"Add Linefeed"为 on/off。若为 on,则每个回车键在屏幕上显示之前,都要加上一个 Linefeed。

② B:提供一个回卷(scroll back)的缓冲区。可以按 u 上卷,按 d 下卷,按 b 上翻一页,按 f 下翻一页。也可用箭头键和翻页键。可用 s 或 S 键(大小写敏感)在缓冲区中查找文字串。按 N 键查找该串的下一次出现。按 c 键进入引用模式,若出现文字光标,则可以按 Enter 键指定起始行。回卷模式将会结束,带有前缀" > "的内容将被发送。

③ C:清屏。

④ D:拨一个号,或转向拨号目录。

⑤ E:切换本地回显为 on/off。

⑥ F:将 break 信号送 Modem。

⑦ G:运行脚本(Go)。运行一个登录脚本。

⑧ H:挂断。

⑨ I:切换光标键在普通和应用模式间发送的转义序列的类型。

⑩ J:跳至 Shell。返回时,整个屏幕将被刷新(redrawn)。

⑪ K:清屏,运行 kermit,返回时刷新屏幕。

⑫ L:文件捕获开关。打开时,所有到屏幕的输出也将被捕获到文件中。

⑬ M:发送 Modem 初始化串。若 online,且 DCD 线设为 on,则 Modem 被初始化前将要求进行确认。配置 Minicom,转到配置菜单。

⑭ P:通信参数。允许改变数据传输速率、奇偶校验和位数。

⑮ Q:不复位 Modem 就退出 Minicom。如果改变了 macros,而且未存盘,则提供一次保存的机会。

⑯ R:接收文件。从各种协议(外部)中进行选择。若 filename 选择窗口和下载目录提示可用,则将出现一个要求选择下载目录的窗口,否则将使用"Filenames and Paths"菜单中定义的下载目录。

⑰ S:发送文件。选择在接收命令中使用的协议。如果未使文件名选择窗口可用(在

File Transfer Protocols 菜单中设置），将只能在一个对话框窗口中写文件名。若将其设为可用，将弹出一个窗口，显示："你的上传目录中的文件名"。可用空格键为文件名加上或取消标记，用光标键、j、k 键上下移动光标，被选的文件名将高亮显示。目录名在方括号中显示，双击空格键可以在目录树中上下移动。最后，按 Enter 键发送文件，或按 ESC 键退出。

⑱ T：选择终端模拟 ANSI（彩色）或 VT100。此处还可改变退格键，打开或关闭状态行。

⑲ W：切换 Linewrap 为 on/off。

⑳ X：退出 Minicom，复位 Modem。如果改变了 macros，而且未存盘，会提供一次保存的机会。

㉑ Z：弹出 help 屏幕。

1.5.3 TFTP 服务

TFTP 协议是简单的文件传输协议，所以实现简单、使用方便，正好适合目标板 BootLoader 使用。但是文件传输是基于 UDP 协议的，而 UDP 文件传输（特别是大文件）是不可靠的。默认的情况下，把 tftpboot 目录作为输出文件的根目录。TFTP 配置文件是/etc/xinetd. d/tftp。

```
#/etc/xinetd. d/tftp
#default:off
service tftp
{
        Disable = yes
        Socket_type = dgram
        Protocol = udp
        Wait = yes
        User = root
        Server = /usr/sbin/in. tftpd
        Server_args = - s /tftpboot
        Per_source = 11
        Cps = 100 2
        Flags = ipv4
}
```

其中，disable 是指关闭或是打开 TFTP 服务。如果要打开服务，就把 YES 改为 NO。server 是制定服务程序为/usr/sbin/in. tftpd。server_args 则指定输出文件的根目录为/tftpboot，文件必须存放到/tftpboot 目录下才能被输出。

修改配置后，还需要执行下列命令使 xinetd 重新启动 TFTP 服务。

```
/etc/init. d/xinetd restart
```

查看 TFTP 服务是否正在运行如下所示。

```
[root@ shijc video1]# netstat  - a  | grep tftp *
udp    0   0 *:tftp      *:*      //tftp 服务已运行
```

▶ 1.5.4 NFS 服务

NFS 服务的主要任务是把本地的一个目录通过网络输出，其他计算机可以远程地挂接这个目录并且访问文件。如果按照本书前面章节安装 Red Hat Linux，则 NFS 相关软件都已经默认安装好了，请按照以下步骤建立和配置 NFS 服务。

1. 设置共享目录

运行命令：

```
#gedit /etc/exports
```

编辑 NFS 服务的配置文件（注意：第一次打开时该文件是空的），需要添加以下内容：

```
/opt/s3c2440/root_nfs * (rw,sync,no_root_squash)
```

其中，/opt/s3c2440/root_nfs 表示 NFS 共享目录，开发板可以通过 NFS 挂接根文件系统；
* 表示所有的客户机都可以挂接此目录；
rw 表示挂接此目录的客户机对该目录有读写的权力；
no_root_squash 表示允许挂接此目录的客户机享有该主机的 Root 身份。

2. 建立共享目录

```
mkdir  - p /opt/s3c2440/root_nfs/
```

3. 启动和停止 NFS 服务

查看添加的 NFS 共享目录是否有效。

```
[root@ localhost root_nfs]# exportfs  - av
exporting  * :/opt/s3c2440/root_nfs
```

启动 NFS 服务器。

```
[root@ localhost root_nfs]# service nfs start
```

查看 NFS 服务器运行情况。

```
[root@ localhost root_nfs]# service nfs status
rpc. svcgssd 已停
rpc. mountd（pid 2187）正在运行...
nfsd（pid 2250 2249 2248 2247 2246 2245 2244 2243）正在运行...
rpc. rquotad（pid 2183）正在运行...
```

以上三个"正在运行",表示配置 NFS 成功。

1.5.5　Telnet 服务

Telnet 协议是 TCP/IP 协议族中的一员,是 Internet 远程登录服务的标准协议和主要方式。它为用户提供了在本地计算机上完成远程主机工作的能力。在终端使用者的计算机上使用 Telnet 程序,用它连接到服务器。终端使用者可以在 Telnet 程序中输入命令,这些命令会在服务器上运行,就像直接在服务器的控制台上输入一样,在本地就能控制服务器。若要开始一个 Telnet 会话,则必须输入用户名和密码来登录服务器。Telnet 是常用的远程控制 Web 服务器的方法。它最初是由 ARPANET 开发的,但是现在它主要用于 Internet 会话。它的基本功能是允许用户登录进入远程主机系统。起初,它只是让用户的本地计算机与远程计算机连接,从而成为远程主机的一个终端。它的一些较新的版本在本地执行更多的处理,于是可以提供更好的响应,并且减少了通过链路发送到远程主机的信息数量。

编辑文件/etc/xinetd. d/telnet,找到语句 disable = yes 将其改为 disable = no?

重新启动 xinetd:

```
/etc/init. d/xinetd restart
```

1.6　Red Hat 下通过安装镜像文件使用 yum 安装软件

1.6.1　修改 yum 配置文件

以 Red Hat 5.5 为例,配置文件为 /etc/yum. repos. d/ * . repo 即该目录下任何一个以 . repo 结尾的文件都可以。假设光盘镜像被挂载到了/mnt 目录下,则添加配置如下。

```
[rhel]
name = Red
baseurl = file:///mnt/Server
enabled = 1
gpgcheck = 0
```

保存退出后,依次执行如下命令:

```
yum clean all
yum list
```

1.6.2　安装卸载软件的方法

(1) 安装软件。

例如, yum install minicom

(2) 卸载软件。

例如, yum remove minicom

1.7　Makefile 编写规则

1.7.1　Makefile 简介

要使用 make 程序，必须编写一个 Makefile 文件，这个文件描述了软件包中文件之间的关系，提供更新每个文件的命令。在一个软件包里，通常是可执行文件由目标文件来更新，目标文件由编译源文件来更新。Makefile 文件写好之后，每次改变源文件，只要执行 make 命令："# make" 将所有必要的源文件重新编译即可。make 程序利用 Makefile 中的数据和每个文件的最后修改时间来确定哪个文件需要更新，对于需要更新的文件，make 程序通过执行 Makefile 数据中指定的命令来更新。

Makefile 关系到了整个工程的编译规则。一个工程中的源文件不计数，按类型、功能、模块分别存放在若干个目录中。Makefile 定义了一系列的规则来指定哪些文件需要先编译，哪些文件需要后编译，哪些文件需要重新编译，以及进行哪些更复杂的功能操作。因为 Makefile 就像一个 Shell 脚本，也能执行操作系统的命令。Makefile 带来的好处就是 "自动化编译"，一旦写好，只需要一个 make 命令，整个工程就可以自动编译，极大地提高了软件研发的效率。make 是一个命令工具，是一个解释 Makefile 中指令的命令工具。一般来说，大多数的 IDE 都有这个命令。例如，Delphi 的 make，Visual C ++ 的 nmake，Linux 下 GNU 的 make。由此可见，Makefile 是一种在工程方面的编译方法。

1.7.2　Makefile 的基本结构

GNU make 的主要功能是读入一个文本文件 Makefile 并根据 Makefile 的内容执行一系列的工作。Makefile 的默认文件名为 GNU makefile、makefile 或 Makefile，当然也可以在 make 的命令行中指定为其他文件名。如果不特别指定，make 命令在执行时将按顺序查找默认的 Makefile 文件。多数 Linux 程序员使用第三种文件名：Makefile，因为其第一个字母是大写，所以通常被列在一个目录的文件列表的最前面。

Makefile 是一个文本形式的数据库文件，其中包含一些规则来告诉 make 处理哪些文件及如何处理这些文件。这些规则主要是描述哪些文件（即 target 目标文件，不要和编译时产生的目标文件相混淆）是从哪些其他文件（即 dependency 依赖文件）中产生的，以及用什么命令（command）来执行这个过程。一个 Makefile 文件有一系列的规则，每条规则包含以下内容。

（1）一个目标（target），即 make 最终需要创建的文件（如可执行文件和目标文件），其目标也可以是要执行的动作，如 "clean"。

（2）一个或多个依赖文件（dependency）列表，通常是编译目标文件所需的其他文件。

（3）一系列命令（command），是 make 执行的动作，通常把指定的相关文件编译成为目标文件的编译命令，每个命令占一行，且每个命令行的起始字符必须为 TAB 字符。

例如，有以下一个 Makefile 文件：

```
# 一个简单的 Makefile 的例子
# 以#开头的行为注释行
test:prog. o code. o
            gcc - o test prog. o code. o
prog. o:prog. c prog. h code. h
            gcc - c prog. c - o prog. o
code. o:code. c code. h
            gcc - c code. c - o code. o
clean:
            rm - f *. o
```

上面的 Makefile 文件中定义了四个目标，test、prog. o、code. o 和 clean。目标从每行的最左边开始写，后面跟一个冒号（:），如果存在与这个目标有依赖性的其他目标或文件，则把它们列在冒号后面，并以空格隔开。然后另起一行开始编写实现这个目标的一组命令。在 Makefile 中，可使用续行号（\）将一个单独的命令行延续成多行。但要注意在续行号（\）后面不能跟任何字符（包括空格和键）。

一般情况下，调用 make 命令可输入："# make target"。

target 是 Makefile 文件中定义的目标之一，如果省略 target，则 make 就将生成 Makefile 文件中定义的第一个目标。对于上面 Makefile 的例子，单独的一个 "make" 命令等价于："# make test"。

因为 test 是 Makefile 文件中定义的第一个目标，所以 make 首先将其读入，然后从第一行开始执行，把第一个目标 test 作为它的最终目标，所有后面目标的更新都会影响到 test 的更新。第一条规则说明只要文件 test 的时间戳比文件 prog. o 或 code. o 中的任何一个旧，下一行的编译命令就将会被执行。

但是，在检查文件 prog. o 和 code. o 的时间戳之前，make 会在下面的行中寻找以 prog. o 和 code. o 为目标的规则，在第三行中找到了关于 prog. o 的规则，该文件的依赖文件是 prog. c、prog. h 和 code. h。同样，make 会在后面的规则行中继续查找这些依赖文件的规则，如果找不到，则开始检查这些依赖文件的时间戳，如果这些文件中任何一个的时间戳比 prog. o 的新，make 将执行 "gcc - c prog. c - o prog. o" 命令，更新 prog. o 文件。

以同样的方法，接下来对文件 code. o 进行类似检查，依赖文件是 code. c 和 code. h。当 make 执行完所有这些套嵌的规则后，make 将处理最顶层的 test 规则。如果关于 prog. o 和 code. o 的两个规则中的任何一个被执行，至少其中一个 .o 目标文件就会比 test 新，那么就要执行 test 规则中的命令，则 make 执行 GCC 命令，将 prog. o 和 code. o 连接成目标文件 test。

在上面 Makefile 的例子中，还定义了一个目标 clean，它是 Makefile 中常用的一种专用目标，功能是删除所有的目标模块。现在来看一下 make 做的工作。首先 make 按顺序读取 Makefile 中的规则，然后检查该规则中的依赖文件与目标文件的时间戳哪个更新，如果目标文件的时间戳比依赖文件还早，就按规则中定义的命令更新目标文件。如果该规则中的依赖文件又是其他规则中的目标文件，那么依照规则链不断执行这个过程，直到 Makefile 文件的结束，至少可以找到一个不是规则生成的最终依赖文件，获得此文件的时间戳，然后从下到上依照规则链执行目标文件的时间戳比此文件时间戳旧的规则，直到最顶层的规则。

通过以上分析过程，可以看到 make 的优点。因为 .o 目标文件依赖 .c 源文件，源码文件里一个简单改变都会造成该文件被重新编译，并根据规则链依次由下到上执行编译过程，直到最终的可执行文件被重新连接。例如，当改变一个头文件时，由于所有的依赖关系都在 Makefile 里，因此无须记住依赖此头文件的所有源码文件，make 可以自动地重新编译所有那些因依赖这个头文件而改变了的源码文件，如果需要，可再进行重新连接。

1.7.3　Makefile 中的变量

Makefile 里的变量就像一个环境变量。事实上，环境变量在 make 中也被解释成 make 的变量。这些变量对大小写敏感，一般使用大写字母。几乎可以从任何地方引用定义的变量，变量的主要作用如下。

（1）保存文件名列表。在前面的例子里，作为依赖文件的一些目标文件名出现在可执行文件的规则中，而在这个规则的命令行里同样包含这些文件并传递给 GCC 作为命令参数。如果使用一个变量来保存所有的目标文件名，则可以方便地加入新的目标文件而且不易出错。

（2）保存可执行命令名。编译器在不同的 Linux 系统中存在着很多相似的编译器系统，这些系统在某些地方会有细微的差别。如果项目被用在一个非 GCC 的系统里，则必须将所有出现编译器名的地方改为新的编译器名。但是如果使用一个变量来代替编译器名，则只需改变该变量的值，其他所有地方的命令名就都改变了。

（3）保存编译器的参数。很多源代码编译时，GCC 需要很长的参数选项，在很多情况下，所有的编译命令使用一组相同的选项，如果把这组选项用一个变量代表，那么可以把这个变量放在所有引用编译器的地方。当要改变选项时，这个变量的内容只需改变一次即可。Makefile 中的变量是用一个文本串在 Makefile 中定义的，这个文本串就是变量的值。只要在一行的开始写下这个变量的名字，后面跟一个"＝"号及要设定这个变量的值，即可定义变量。定义变量的语法如下：

```
VARNAME = string
```

使用时，把变量用括号括起来，并在前面加上"＄"符号，就可以引用变量的值。例如：

```
${VARNAME}
```

make 解释规则时，VARNAME 在等号右端展开为定义它的字符串。变量一般都在 Makefile 的头部定义。按照惯例，所有的 Makefile 变量都应该是大写。如果变量的值发生变化，则只需在一个地方修改，从而简化了 Makefile 的维护工作。

现在利用变量把前面的 Makefile 重新写一遍，如下所示：

```
OBJS = prog. o code. o
CC = gcc
test: ${OBJS}
    ${CC} - o test ${OBJS}
```

```
prog. o:prog. c prog. h code. h
    $| CC | - c prog. c - o prog. o
code. o:code. c code. h
    $| CC | - c code. c - o code. o
clean:
    rm - f *.o
```

又例如，源程序如下：

```
sunq:kang. o yul. o
gcc kang. o bar. o - o myprog
kang. o:kang. c kang. h head. h
gcc - Wall - O - g - c kang. c - o kang. o
yul. 0:bar. c head. h
gcc - Wall - O - g - c yul. c - o yul. o
```

经过变量替换过后的 Makefile 文件如下：

```
OBJS = kang. o yul. o
CC = gcc
CFLAGS = - Wall - O - g
sunq: $ (OBJS)
        $(CC)  $(OBJS)  - o sunq
kang. o:kang. c kang. h
        $(CC)  $(CFLAGS)  - c kang. c - o kang. o
yul. o:yul. c yul. h
        $(CC)  $(CFLAGS)  - c yul. c - o yul. o
```

除用户自定义的变量外，make 还允许使用环境变量、自动变量和预定义变量。使用环境变量的方法很简单。在 make 启动时，make 读取系统当前已定义的环境变量，并且创建与之同名、同值的变量，使得用户可以像在 Shell 中一样，在 Makefile 中方便地引用环境变量。需要注意的是，如果用户在 Makefile 中定义了同名的变量，用户自定义变量将覆盖同名的环境变量。此外，Makefile 中还有一些预定义变量和自动变量，但是看起来并不像自定义变量那样直观。

▶ 1.7.4 Makefile 的隐含规则

在上面的例子中，几个产生目标文件的命令都是从 ".c" 的 C 语言源文件和相关文件通过编译产生 ".o" 目标文件，这也是一般的步骤。实际上，make 可以使工作更加自动化。也就是说，make 知道一些默认的动作，它有一些称作隐含规则的内置的规则，这些规则告诉 make 当用户没有完整地给出某些命令的时候，应该怎样执行。

例如，把生成 prog.o 和 code.o 的命令从规则中删除，make 将会首先查找隐含规则，然后找到并执行一个适当的命令。由于这些命令会使用一些变量，因此可以通过改变这些变量来定制 make。就像在前面的例子中所定义的那样，make 使用变量 CC 来定义编译器，并且传递变量 CFLAGS（编译器参数）、CPPFLAGS（C 语言预处理器参数）、TARGET_ARCH（目标机器的结构定义）给编译器，然后加上参数"－c"，后面跟变量"$<"（第一个依赖文件名），然后是参数"－o"加变量"$@"（目标文件名）。综上所述，一个 C 编译的具体命令将如下所示：

> ${CC} ${CFLAGS} ${CPPFLAGS} ${TARGET_ARCH} －c $< －o $@

在上面的例子中，利用隐含规则，可以简化为如下所示：

```
OBJS = prog.o code.o
CC = gcc
test: ${OBJS}
    ${CC} －o $@ $^
prog.o:prog.c prog.h code.h
code.o:code.c code.h
clean:
    rm－f *.o
```

1.8　交叉编译工具基础知识

由于嵌入式系统硬件上的特殊性，一般不能安装发行版的 Linux 系统。例如，Flash 存储空间很小，没有足够的安装空间；或者处理器很特殊，没有发行版的 Linux 系统可用。因此，需要专门为特定的目标板定制 Linux 操作系统，这必须要有相应的开发环境。于是人们想到了交叉开发模式。在开发主机上，可以安装开发工具，编辑、编译目标板的 Linux 引导程序、内核和文件系统，然后在目标板上运行。通常这种在主机环境下开发，在目标板上运行的开发模式称为交叉开发。嵌入式开发与 PC 开发的比较如图 1.36 所示。典型嵌入式开发如图 1.37 所示。

PC 开发：本地开发本地运行

网络
串口

主机（x86）　　　目标板（一般非 x86）

嵌入式开发：PC 编译，目标板运行

图 1.36　嵌入式开发与 PC 开发的比较

典型嵌入式开发

目标机	软件	宿主机
×	开发工具	√
×	源代码	√
√	调试器	√
√	操作系统	√
√	可执行程序	×

图 1.37　典型的嵌入式开发

1.8.1　交叉编译工具链的安装

工欲善其事，必先利其器。开发 ARM Linux 应用必备的工具首先就是 ARM – Linux 工具链（toolchain）。

可以通过网络获得交叉编译工具链。下面介绍 arm – linux – gcc – 4.3.2 版本的安装。

将 arm – linux – gcc – 4.3.2. tgz 复制到某个目录下（如/tmp/），然后进入到该目录，执行解压命令：

```
#tar xvzf arm – linux – gcc – 4.3.2. tgz – C /
```

配置编译环境路径，在控制台下输入：

```
#gedit /root/. bashrc
```

弹出文本编辑器后在文件的最后一行添加以下语句（编辑环境变量如图 1.38 所示）。

```
#export PATH = /usr/local/arm/4.3.2/bin：$PATH
```

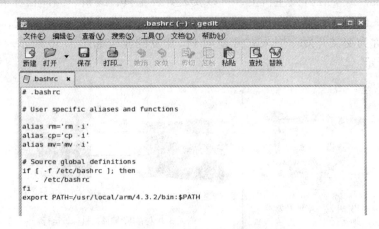

图 1.38　编辑环境变量

保存退出。重新注销登录系统，使以上设置生效，在命令行输入 " arm – linux – gcc – v"，出现如图 1.39 所示信息，说明交叉编译环境已经成功安装。

```
                    root@localhost:~
文件(F) 编辑(E) 查看(V) 终端(T) 标签(B) 帮助(H)
linux-gnueabi/libc --with-gmp=/scratch/julian/lite-respin/linux
/obj/host-libs-2008q3-72-arm-none-linux-gnueabi-i686-pc-linux-g
nu/usr --with-mpfr=/scratch/julian/lite-respin/linux/obj/host-l
ibs-2008q3-72-arm-none-linux-gnueabi-i686-pc-linux-gnu/usr --di
sable-libgomp --enable-poison-system-directories --with-build-t
ime-tools=/scratch/julian/lite-respin/linux/install/arm-none-li
nux-gnueabi/bin --with-build-time-tools=/scratch/julian/lite-re
spin/linux/install/arm-none-linux-gnueabi/bin
Thread model: posix
gcc version 4.3.2 (Sourcery G++ Lite 2008q3-72)
[root@localhost ~]#
```

图 1.39　成功安装编译环境

1.8.2　arm-linux-gcc 选项

　　Linux 系统中可执行程序的生成过程如图 1.40 所示。Linux 系统中可执行文件有两种格式。第一种格式是 a.out 格式，这种格式用于早期的 Linux 系统及 UNIX 系统的原始格式。a.out 来自于 UNIX、C 编译程序默认的可执行文件名。当使用共享库时，a.out 格式就会发生问题。把 a.out 格式调整为共享库是一种非常复杂的操作，由于这个原因，一种新的文件格式被引入 UNIX 系统的第四版本和 Solaris 系统中。它被称为可执行和连接的格式（ELF）。这种格式很容易实现共享库。ELF 格式已经被 Linux 系统作为标准的格式。GCC 编译程序产生的所有的二进制文件都是 ELF 格式的文件（即使可执行文件的默认名仍然是 a.out）。旧的 a.out 格式的程序仍然可以运行在支持 ELF 格式的系统上。GCC 常用编译选项见表 1.4。

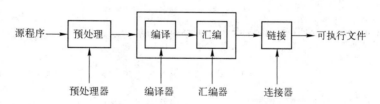

图 1.40　可执行程序的生成过程

表 1.4　GCC 常用编译选项

选　　项	功　　能
-E	预处理后就停止
-S	编译后就停止
-c	预处理，编译，汇编，但是不进行链接
-o file	输出文件为 file
-v	显示版本号

选　项	功　能
– Wall	基本打开所有需要注意的警告信息
– g	产生调试信息
– O – 01 – 02	优化选项
– llibrary	连接名为 library 的库文件
– nostartfiles	不连接系统标准启动文件，而标准库仍然正常使用启动，crt1. o、crti. o、crtend. o、crtn. o 等没有被连接
nostdlib	不连接系统标准启动文件和标准库文件
– static	阻止连接共享库
– shared	生成一个共享 OBJ 文件
– Xlinker option	把选项 option 传递给连接器
– W1 , option	把选项 option 传递给连接器
– u symbol	使连接器认为取消了 symbol 的符号定义
– Idir	在头文件的搜索路径中加入 dir 目录
– Ldir	添加 dir 目录
– Bprefix	这个选项指出在何处寻找可执行文件、库文件及编译器自己的数据文件

▶ 1.8.3　arm – linux – ld 选项

（1）直接指定代码段、数据段、BSS 段的起始地址：

– Ttest startaddr；　– Tdata startaddr；　– Tbss startaddr

例如：

arm – linux – ld – Ttext 0x0000000 – g led_on. o – o led_on_elf

（2）使用连接脚本设置地址：

arm – linux – ld – Ttimer. lds – o timer_elf $

完整的连接脚本格式如下：

SECTIONS{
…
Secname start ALING(aling) (NOLOAD) :AT(ldaddr)

```
{contents} > region : phdr = fill
…
}
```

1.8.4 arm – linux – objcopy

arm – linux – objcopy 用于复制一个目标文件的内容到另一个文件中，可用于不同源文件的之间的格式转换。例如：

```
arm – linux – objcopy – o binary – S elf_file bin_file
```

1.8.5 arm – linux – objdump

arm – linux – objdump 常用来显示二进制文件信息，常用来查看反汇编代码。例如：

```
arm – linux – objdump – D elf_file > dis_file
```

或者

```
arm – linux – objdump – D – b binary – m arm bin_file > dis_file
```

1.9 小知识

知识点 1：显示前进和后退设置。

窗口中浏览文件时，选择"编辑"→"文件管理"→"行为"→"总是在浏览器窗口中打开"，如图 1.41 所示。

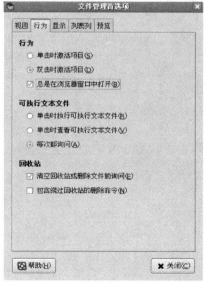

图 1.41 显示前进和后退设置

知识点2：显示行号。

用 gedit 编辑文本文件时，单击打开一个文件，然后编辑"gedit 首选项"→"查看"→"显示行号"，如图 1.42 所示。

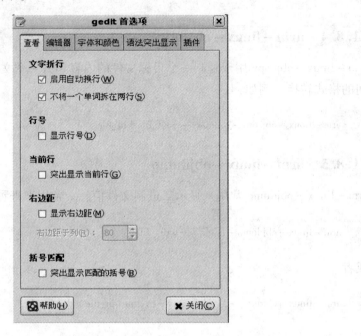

图 1.42　显示行号

第2章 BootLoader移植与开发

2.1 U-Boot 的目录结构

2.1.1 BootLoader 简介

1. BootLoader 概念

简单地说，BootLoader 就是在操作系统内核运行之前运行的一段小程序。通过这段小程序，可以初始化硬件设备、建立内存空间的映射图，从而将系统的软硬件环境设置为一个合适的状态，以便为最终调用操作系统内核准备好正确的环境。

通常，BootLoader 是严重地依赖于硬件实现的，特别是在嵌入式世界中。因此，在嵌入式世界里建立一个通用的 BootLoader 几乎是不可能的。尽管如此，仍然可以对 BootLoader 归纳出一些通用的概念，以指导用户设计与实现特定的 BootLoader。

2. BootLoader 的启动方式

CPU 上电或复位时，将从某个地址开始执行。ARM 结构的 CPU 从地址 0x0000000 开始执行。通常，这个地址处存放了 BootLoader，这样，一上电就可以执行。

从开发和用户使用角度来分析，BootLoader 可以分为以下两种操作模式（Operation Mode）。

（1）自启动模式。

这种模式下，BootLoader 从目标机上的某个固态存储设备上将操作系统加载到 RAM 中运行，整个过程并没有用户的介入。产品发布后，BootLoader 就工作在这种模式下。

（2）交互模式。

在这种模式下，开发人员可以使用各种命令，通过串口或网络连接等通信手段从主机下载文件（如内核映像、文件系统映像）到 RAM 中，并被 BootLoader 写到目标机上的固态存储介质中，或者直接进入系统的引导。

像 Blob 或 U-Boot 等这样功能强大的 BootLoader，通常同时支持这两种工作模式，而且允许用户在这两种模式之间进行切换。例如，U-Boot 在启动时处于正常的自启动模式，但是它会延时若干秒（这个时间可以设置），等待终端用户按下任意键，从而将 U-Boot 切换到交互模式；如果在指定时间内没有用户按键，则 U-Boot 继续启动 Linux 内核。

3. BootLoader 启动的两个阶段

BootLoader 的启动流程一般分为两个阶段：stage1 和 stage2。依赖于 CPU 体系结构的代码（如设备初始化代码等），通常都放在 stage1 中，而且通常都利用汇编语言来实现，以达到短小精悍的目的。而 stage2 则通常利用 C 语言来实现，这样可以实现复杂的功能，而且代码会具有更好的可读性和可移植性。下面分别介绍这两个阶段。

stage1 运行内容如下：

（1）初始化基本硬件；

（2）把 BootLoader 搬运到内存中；

（3）设置堆栈指针并将 BSS 段清零；

（4）跳转到第二阶段入口点。

stage2 运行内容如下：

（1）初始化本阶段要用到的硬件；

（2）读取环境变量；

（3）启动内容如下：

    （a）自启动模式，从 Flash 或通过网络加载内核并启动内核；

    （b）命令交互模式，接收到用户的命令后执行相应的命令。

▶ 2.1.2 常用 BootLoader 介绍

现在 BootLoader 种类繁多，如 x86 上有 LILO、GRUB 等；ARM 架构的 CPU 中有 U – Boot、vivi 等。

vivi 是 Mizi 公司针对 SAMSUNG 的 ARM 架构 CPU 专门设计的，通常可以直接使用，命令简单方便。不过其初始版本只支持串口下载，速度较慢。在网络上出现了各种改进版本，如支持网络功能、USB 功能、烧写 YAFFS 文件系统映像等。

U – BOOT 是一个开放源代码的项目，它支持大多数 CPU，可以烧写 EXT2、JFFS2 文件系统映像，支持串口下载、网络下载，并提供了大量的命令。相对于 vivi，它的使用更复杂，但是可以用于更方便地调试程序。

对于 S3C2410 和 S3C2440 开发板一般使用 U – BOOT 或 vivi。还有一些其他优秀的开放源代码的 BootLoader 及其支持的体系结构，见表 2.1。

表 2.1 开放源码的 Boot Loader 及其支持的体系结构

BootLoader	Monitor	描　　述	x86	ARM	PowerPC
LILO	否	Linux 磁盘引导程序	是	否	否
GRUB	否	GNU 的 LILO 替代程序	是	否	否
Loadlin	否	从 DOS 引导 Linux	是	否	否
ROLO	否	从 ROM 引导 Linux 而不需要 BIOS	是	否	否
Etherboot	否	通过以太网卡启动 Linux 系统的固件	是	否	否
LinuxBIOS	否	完全替代 BOIS 的 Linux 引导程序	是	否	否
BLOB	是	LART 等硬件平台的引导程序	否	是	否

续表

BootLoader	Monitor	描　　述	x86	ARM	PowerPC
U – Boot	是	通用引导程序	是	是	是
RedBoot	是	基于 eCos 的引导程序	是	是	是
vivi	是	Mizi 公司针对 SAMSUNG 的 ARM CPU 设计的引导程序	否	是	否

第2章

2.1.3　U – Boot 1.3.4 目录介绍

U – Boot 的目录可以分成三类。

- 第一类目录与处理器体系结构或者开发板硬件直接相关。
- 第二类目录是一些通用的函数或驱动程序。
- 第三类目录是 U – Boot 的应用程序、工具或者文档，如图 2.1 所示。

（1）api：接口范例程序，用于测试、提供一些应用范例，如网卡。如果要用到网卡，就必须找到一个范例，如 api_net. c 网卡测试程序。

（2）api_examples：接口范例程序（DEMON）。

（3）board：开发板、目标板配置（设置 Flash 多大、是否支持 TFT 等）、平台依赖、存放电路板相关的目录文件，每一套电路板对应一个目录。若修改目录中的 . c 文件名，则必须在相关目录下同步修改为相同名称。

（4）common：一些通用命令（添加一些命令）。通用的多功能函数实现，如环境、命令、控制台相关的函数实现。

（5）CPU：仅需要配置相关 Makefile 即可（平台依赖）。存放 CPU 相关的目录文件，每一款 CPU 对应一个目录，如 arm920t、xscale、i386 等目录 CPU 相关文件，其中的子目录都是以 U – Boot 所支持的 CPU 命名。例如，子目录 arm926ejs、mips、mpc8260 和 nios 等，每个特定的子目录中都包括 cpu. c 和 interrupt. c 和 start. S。其中，cpu. c 初始化 cpu、设置指令 cache 和数据 cache 等；interrupt. c 设置系统的各种中断和异常，如快速中断、开关中断、时钟中断、软件中断、预取中止和未定义指令等；start. S 是 U – Boot 启动时执行的第一个文件，主要用于设置系统堆栈和工作方式，为进入 C 程序奠定基础。

图 2.1　U – Boot 目录结构

（6）CVS：版本管理。

（7）disk：dos、iso、part_ mac. c、硬盘、U 盘等。

（8）doc：文档，开发、使用文档。

（9）drivers：驱动—单任务（前后台任务）、Linux 驱动有并发、阻塞等；video 公司开机 logo 等；Cfi 和 jedec，都是 NOR Flash 的一些接口标准（如时序标准等）；设备驱动程序，如各种网卡、支持 CFI 的 Flash、串口和 USB 总线等。

（10）example：程序范例，如一些独立运行的应用程序的例子。

（11）fs：支持的文件系统。支持文件系统的文件，U－Boot 现在支持 cramfs、fat、fdos、jffs2、yaffs 和 registerfs。下载内核程序时需要通过 U－Boot 支持存储器（存储程序）的文件格式，才能进行烧写。

（12）include：体系结构相关代码。通常，头文件和所有开发板的配置文件都在 configs 目录下。

（13）lib_generic：通用的库函数，ARM 的公共函数，如 printf 等。

（14）lib_arm：平台依赖，存放对 ARM 体系结构通用的文件，主要用于实现 ARM 平台通用的函数。

（15）lib_ppc：平台依赖，存放对 PowerPC 体系结构通用的文件，主要用于实现 Power-PC 平台通用的函数与 PowerPC 体系结构相关的代码。

（16）lib_i386：平台依赖，存放对 x86 体系结构通用的文件，主要用于实现 x86 平台通用的函数，与 x86 体系结构相关的代码。

（17）nand_spl：NAND Flash 启动的一些相关代码，如果要从 NAND 启动，则需要修改 Boot 里面的代码。

（18）net：网络协议，存放网络协议的程序、TFP 协议栈。

（19）onenand_ipl：速度更快（认为 NAND Flash 也可兼容 NOR Flash）。

（20）post：电源管理。电源检测相关函数。如果没有该函数，当取下计算机的 CPU 风扇时，则容易烧坏 CPU。如果有 post 函数，则可以检测是否有风扇，如果没有则不启动 CPU，即可保护 CPU。

（21）tools：创建 S－Record 格式文件和 U－Boot images 的工具，Bmp_ logo 制作 logo 工具等。

2.2 U－Boot 的制作过程

U－Boot 官方下载地址为" ftp：//ftp. denx. de/pub/U－Boot/"。

```
======================================================
#tar xf U－Boot－1. 3. 4. tar. bz2
#cd U－Boot－1. 3. 4
```

第一步，修改 Makefile，添加新的配置（以下内容假设新增加一个 xyd0000 的开发板）。

```
[root@ localhost U－Boot－1. 3. 4]# vim Makefile
```

在主 Makefile 中添加如下新的配置。

```
smdk2410_config:unconfig
@ $(MKCONFIG) $(@:_config=)r arm arm920t smdk2410 NULL s3c24x0
```

再添加如下配置。

```
xyd0000_config:unconfig
@ $(MKCONFIG) $(@:_config=) arm arm920t xyd0000 NULL s3c24x0
=====================================================
```

第二步，创建板级支持文件夹。

（1）输入如下命令。

```
cp board/smdk2410 board/xyd0000
cd board/xyd0000/
mv smdk2410.c xyd0000.c
vim Makefile
```

当前目录下，Makefile 进行如下修改。

```
#COBJS   :=smdk2410.o flash.o
COBJS   :=xyd0000.o flash.o
```

（2）输入如下命令。

```
vim xyd0000.c
```

在宏定义的最后添加如下命令。

```
#define M_MDIV      0x7F
#define M_PDIV      0x2
#define M_SDIV      0x1
#define U_M_MDIV      0x38
#define U_M_PDIV      0x2
#define U_M_SDIV      0x2
```

board_init 函数更改为如下形式。

```
/*gd->bd->bi_arch_number = MACH_TYPE_SMDK2410;*/
gd->bd->bi_arch_number = MACH_TYPE_S3C2440;
```

（3）将 nand_read.c led_control.c 放到 board/xyd0000 目录下，修改 board\xyd0000\Makefile 文件，把新添加的 nand_read.c,led_control.c 添加到编译列表中。

```
COBJS :=smdk2410.o nand_read.o led_control.o flash.o
```

（4）修改链接脚本 board \ xyd0000 \ U – Boot. lds 文件，把 start. s 使用到的代码存放在最前面。

将如下代码：

```
. text      :
{
    cpu/arm920t/start. o (. text)
    * (. text)
}
```

修改如下：

```
. text      :
{
    cpu/arm920t/start. o(. text)
    board/xyd0000/lowlevel_init. o (. text)
    board/xyd0000/nand_read. o (. text)
    board/xyd0000/led_control. o (. text)
    * (. text)
}
==================================================
```

第三步，复制并修改板级配置头文件，cp include/configs/smdk2410. h、include/configs/xyd0000. h 及 vim include/configs/xyd0000. h，添加宏定义，用于添加代码的条件编译。

```
#define CONFIG_S3C2440      1
```

网卡由 CS8900 改为 DM9000。

```
/*
 * #define CONFIG_DRIVER_CS8900      1 [ > we have a CS8900 on – board < ]
 * #define CS8900_BASE      0x19000300
 * #define CS8900_BUS16      1 [ > the Linux driver does accesses as shorts < ]
 */

#define CONFIG_DRIVER_DM9000      1
#define CONFIG_DM9000_USE_16BIT      1
#define CONFIG_DM9000_BASE      0x20000000
#define DM9000_IO      0x20000000
#define DM9000_DATA      0x20000004
```

添加如下两条宏定义。若不添加，则参数无法传递给内核。

```
#define CONFIG_CMDLINE_TAG
#define CONFIG_SETUP_MEMORY_TAGS
```

添加 NAND Flash 操作命令支持。

```
#define CONFIG_CMD_NAND
#define CFG_MAX_NAND_DEVICE      1
#define CFG_NAND_BASE        0
```

修改环境变量保存在 NAND Flash。

```
/ *
 * #define CFG_ENV_IS_IN_FLASH      1
 * #define CFG_ENV_SIZE        0x10000     [ > Total Size of Environment Sector < ]
 */
#define CFG_ENV_IS_IN_NAND       1
#define CFG_ENV_SIZE          0x20000 / *  Total Size of Environment Sector  */
#define CFG_ENV_OFFSET        (0x040000) / *  addr of environment  */

#define CONFIG_S3C2410_NAND_SKIP_BAD 1
```

添加宏定义支持命令自动补全功能。

```
#define CONFIG_CMDLINE_EDITING
#define CONFIG_AUTO_COMPLETE

======================================================
```

第四步，在 include \ S3c24x0. h 文件添加 NAND Flash 中 S3C2440 的 NAND 控制器相关代码。

```
typedef struct {
    S3C24X0_REG32 NFCONF;
    S3C24X0_REG32 NFCONT;
    S3C24X0_REG32 NFCMD;
    S3C24X0_REG32 NFADDR;
    S3C24X0_REG32 NFDATA;
    S3C24X0_REG32 NFMECCD0;
    S3C24X0_REG32 NFMECCD1;
    S3C24X0_REG32 NFSECCD;
    S3C24X0_REG32 NFSTAT;
    S3C24X0_REG32 NFESTAT0;
    S3C24X0_REG32 NFESTAT1;
    S3C24X0_REG32 NFMECC0;
    S3C24X0_REG32 NFMECC1;
```

```
        S3C24X0_REG32 NFSECC;
        S3C24X0_REG32 NFSBLK;
        S3C24X0_REG32 NFEBLK;
    } S3C2440_NAND;
    =====================================================
```

第五步，修改 cpu/arm920t/s3c24x0/nand. c 以支持 S3C2440 NAND Flash 操作。

（1）在 vim cpu/arm920t/s3c24x0/nand. c 中添加如下代码。

```
        static S3C2440_NAND  * s3c2440nand = (S3C2440_NAND  * )0x4e000000;
```

注释如下宏。

```
    /*
     * #define NF_BASE          0x4e000000
     * #define NFCONF           __REGi( NF_BASE + 0x0)
     * #define NFCMD            __REGb( NF_BASE + 0x4)
     * #define NFADDR           __REGb( NF_BASE + 0x8)
     * #define NFDATA           __REGb( NF_BASE + 0xc)
     * #define NFSTAT           __REGb( NF_BASE + 0x10)
     * #define NFECC0           __REGb( NF_BASE + 0x14)
     * #define NFECC1           __REGb( NF_BASE + 0x15)
     * #define NFECC2           __REGb( NF_BASE + 0x16)
     *
     * #define S3C2410_NFCONF_EN        (1 << 15)
     * #define S3C2410_NFCONF_512BYTE(1 << 14)
     * #define S3C2410_NFCONF_4STEP     (1 << 13)
     * #define S3C2410_NFCONF_INITECC(1 << 12)
     * #define S3C2410_NFCONF_nFCE      (1 << 11)
     * #define S3C2410_NFCONF_TACLS(x) ((x) << 8)
     * #define S3C2410_NFCONF_TWRPH0(x)     ((x) << 4)
     * #define S3C2410_NFCONF_TWRPH1(x)     ((x) << 0)
     */
```

（2）添加如下两个函数，将原来的 static int s3c2410_dev_ready(struct mtd_info * mtd) 和 static void s3c2410_hwcontrol(struct mtd_info * mtd, int cmd) 两个函数删除。

```
        static void s3c2440_hwcontrol( struct mtd_info  * mtd, int cmd)
        {
            struct nand_chip  * chip = mtd -> priv;

            DEBUGN( "hwcontrol( ) : 0x%02x: ", cmd);

            switch  ( cmd)  {
```

```
            case NAND_CTL_SETNCE:
                s3c2440nand -> NFCONT & = ~(1 << 1);
                DEBUGN("NFCONT = 0x%08x\n", s3c2440nand -> NFCONT);
                break;
            case NAND_CTL_CLRNCE:
                s3c2440nand -> NFCONT | = (1 << 1);
                DEBUGN("NFCONT = 0x%08x\n", s3c2440nand -> NFCONT);
                break;
            case NAND_CTL_SETALE:
                chip -> IO_ADDR_W = &(s3c2440nand -> NFADDR);
                DEBUGN("SETALE = 0x% x\n", chip -> IO_ADDR_W);
                break;
            case NAND_CTL_SETCLE:
                chip -> IO_ADDR_W = &(s3c2440nand -> NFCMD);
                DEBUGN("SETCLE = 0x% x\n", chip -> IO_ADDR_W);
                break;
            default:
                chip -> IO_ADDR_W = &(s3c2440nand -> NFDATA);
                DEBUGN("DEF = 0x% x\n", chip -> IO_ADDR_W);
                DEBUGN("DEF = 0x% x\n", chip -> IO_ADDR_R);
                break;
    }
    return;
}

static int s3c2440_dev_ready(struct mtd_info * mtd)
{
    DEBUGN("dev_ready\n");
    volatile unsigned char * p = (volatile unsigned char *)&s3c2440nand -> NFSTAT;
    return (*p & 1);
}
```

（3）修改 board_nand_init 函数如下。

```
int board_nand_init(struct nand_chip * nand)
{
#define TACLS 0
#define TWRPH0 3
#define TWRPH1 0

    S3C24X0_CLOCK_POWER * const clk_power = S3C24X0_GetBase_CLOCK_POWER();
    DEBUGN("board_nand_init() \n");
```

```
        clk_power -> CLKCON | = (1 << 4);


        s3c2440nand -> NFCONF = (TACLS << 12) | (TWRPH0 << 8) | (TWRPH1 << 4);
        /* 使能 NAND Flash 控制器，初始化 ECC，禁止片选 */
        s3c2440nand -> NFCONT = (1 << 4) | (1 << 1) | (1 << 0);


        /* initialize
         * nand_chip
         * data
         * structure
         * */
        nand -> IO_ADDR_R = nand -> IO_ADDR_W = &(s3c2440nand -> NFDATA);


        nand -> hwcontrol = s3c2440_hwcontrol;


        nand -> dev_ready = s3c2440_dev_ready;

#ifdef CONFIG_S3C2440_NAND_HWECC
        nand -> enable_hwecc = s3c2440_nand_enable_hwecc;
        nand -> calculate_ecc = s3c2440_nand_calculate_ecc;
        nand -> correct_data = s3c2440_nand_correct_data;
        nand -> eccmode = NAND_ECC_HW3_512;
#else
        nand -> eccmode = NAND_ECC_SOFT;
#endif

#ifdef CONFIG_S3C2440_NAND_BBT
        nand -> options = NAND_USE_FLASH_BBT;
#else
        nand -> options = 0;
#endif

        DEBUGN("end of nand_init\n");

        return 0;
}
```

（4）添加如下函数。

```
#ifdef CONFIG_S3C2440_NAND_HWECC        //debug for reset function
static void s3c2440_wait_idle(void)
```

```
    {
        int i;
        volatile unsigned char *p = (volatile unsigned char *)&s3c2440nand -> NFSTAT;
        while(!(*p & 1))
            for(i = 0; i < 10; i++);
    }


    static void s3c2440_nand_select_chip(void)
    {
        int i;
        s3c2440nand -> NFCONT &= ~(1 << 1);
        for(i = 0; i < 10; i++);
    }


    static void s3c2440_nand_deselect_chip(void)
    {
        s3c2440nand -> NFCONT |= (1 << 1);
    }


    static void s3c2440_write_cmd(int cmd)
    {
        volatile unsigned char *p = (volatile unsigned char *)&s3c2440nand -> NFCMD;
        *p = cmd;
    }


    static void s3c2440_nand_reset(void)
    {
        s3c2440_nand_select_chip();
        s3c2440_write_cmd(0xff);
        s3c2440_wait_idle();
        s3c2440_nand_deselect_chip();
    }
    #endif
```

==

第六步，修改 cpu/arm920t/start. S。

（1）删除如下两条代码（这是针对其他开发板类型的，深圳信盈达电子有限公司没有相应硬件）。

```
bl coloured_LED_init
bl red_LED_on
```

（2）删除如下的时钟分频代码。

```
/* FCLK:HCLK:PCLK = 1:2:4 */
    /* default FCLK is 120 MHz ! */
    ldr r0, = CLKDIVN
    mov r1, #3
    str r1, [r0]
```

添加如下时钟初始化代码,重新设置"FCLK:HCLK:PCLK = 1:4:8"。

```
# if defined(CONFIG_S3C2440)
#define MPLLCON        0x4C000004
#define UPLLCON        0x4C000008
        ldr r0, = CLKDIVN
        mov r1, #5
        str r1, [r0]

        ldr r0, = MPLLCON
        ldr r1, = 0x7F021
        str r1, [r0]
        ldr r0, = UPLLCON
        ldr r1, = 0x38022

        str  r1, [r0]
#endif
```

(3)找到如下代码。

```
#ifndef CONFIG_SKIP_LOWLEVEL_INIT
    bl cpu_init_crit
#endif
```

在其后面添加如下代码。

```
    //LED1 on 仅供调试使用
    ldr r1, = rGPBDAT
    ldr r2, = ((1 << 8) | (1 << 7) | (1 << 6))
    str r2, [r1]
    bl red_LED_on                 /* LED1 验证程序可以运行到这里 */


/* for nandboot */
/***********CHECK_CODE_POSITION ********************/
    adr r0, _start              /* r0 <- current position of code */
    ldr r1, _TEXT_BASE          /* test if we run from flash or RAM */
    cmp r0, r1                   /* don't reloc during debug */
    beq stack_setup
```

```
        //LED 2 on 仅供调试使用
        ldr r1, = rGPBDAT
        ldr r2, = ( (1 << 8) | (1 << 7) | (1 << 5))
        str r2, [r1]
        bl red_LED_on                    /* LED1 验证程序可以运行到这里 */


/ ************CHECK_CODE_POSITION ********************/

/ ***************CHECK_BOOT_FLASH ********************/
        ldr r1, = ( (4 << 28) | (3 << 4) | (3 << 2) )
        mov r0, #0      /* r0 = 0 */
        str r0, [r1]



        mov r1, #0x3c                    /* address of men 0x0000003C */
        ldr r0, [r1]
        cmp r0, #0
        bne relocate



        //led 3 on 仅供调试使用
        ldr r1, = rGPBDAT
        ldr r2, = ( (1 << 8) | (1 << 6) | (1 << 5))
        str r2, [r1]
        //bl red_LED_on                  /* LED1 验证程序可以运行到这里 */

        /* recovery */
        ldr r0, = (0xdeadbeef)
        ldr r1, = ( (4 << 28) | (3 << 4) | (3 << 2) )
        str r0, [r1]
/ ***********CHECK_BOOT_FLASH **************************/
/ ***********NAND_BOOT ******************************/

#define LENGTH_UBOOT 0x60000
#define NAND_CTL_BASE 0x4E000000

#ifdef CONFIG_S3C2440
/* Offset */
#define oNFCONF 0x00
#define oNFCONT 0x04
#define oNFCMD 0x08
```

```
#define oNFSTAT 0x20

    //led 3 on   //LED 1 on 仅供调试使用
    ldr r1, = rGPBDAT
    ldr r2, = ( (1 ≪ 7) | (1 ≪ 6) | (1 ≪ 5) )
    str r2, [r1]
    //bl red_LED_on    /*LED1 验证程序可以运行到这里*/

    @ reset NAND
    mov r1, #NAND_CTL_BASE
    ldr r2, = ( (7 ≪ 12) | (7 ≪ 8) | (7 ≪ 4) | (0 ≪ 0) )
    str r2, [r1, #oNFCONF]
    ldr r2, [r1, #oNFCONF]

    ldr r2, = ( (1 ≪ 4) | (0 ≪ 1) | (1 ≪ 0) ) @ Active low CE Control
    str r2, [r1, #oNFCONT]
    ldr r2, [r1, #oNFCONT]

    ldr r2, = (0x6) @ RnB Clear
    str r2, [r1, #oNFSTAT]
    ldr r2, [r1, #oNFSTAT]

    mov r2, #0xff @ RESET command
    strb r2, [r1, #oNFCMD]

    mov r3, #0 @ wait
nand1:
    add r3, r3, #0x1
    cmp r3, #0xa
    blt nand1

nand2:
    ldr r2, [r1, #oNFSTAT] @ wait ready
    tst r2, #0x4
    beq nand2

    ldr r2, [r1, #oNFCONT]
    orr r2, r2, #0x2      @ Flash Memory Chip Disable
    str r2, [r1, #oNFCONT]

    @ get ready to call C functions (for nand_read())
```

```
    ldr sp,DW_STACK_START @ setup stack pointer
    mov fp,#0 @ no previous frame,so fp = 0


    @ copy U – Boot to RAM
    ldr r0, = TEXT_BASE
    mov r1,#0x0
    mov r2,#LENGTH_UBOOT
    bl nand_read_ll
    tst r0,#0x0

    //bl red_LED_on      /* LED1 验证程序可以运行到这里 */
    beq ok_nand_read
bad_nand_read：
loop2：
    //bl green_LED_on      /* LED2 验证程序可以运行到这里 */

    b loop2 @ infinite loop

ok_nand_read：
    @ verify
    mov r0,#0
    ldr r1, = TEXT_BASE
    mov r2,#0x400 @ 4 bytes * 1024 = 4Kbytes

go_next：
    ldr r3,[r0],#4
    ldr r4,[r1],#4
    teq r3,r4
    bne notmatch
    subs r2,r2,#4
    beq stack_setup
    bne go_next

notmatch：
loop3：
    //bl yellow_LED_on      /* LED3 验证程序可以运行到这里 */
    b loop3 @ infinite loop
#endif
```

（4）找到如下代码。

```
ldr pc,_start_armboot

_start_armboot: . word start_armboot
```

在这段代码段后添加以下四行代码。

```
#define STACK_BASE 0x33f00000
#define STACK_SIZE 0x10000
    . align 2
DW_STACK_START: . word STACK_BASE + STACK_SIZE − 4
```

（5）找到如下代码段。

```
start_code:
    /*
     * set the cpu to SVC32 mode
     */
    mrs r0,cpsr
    bic r0,r0,#0x1f
    orr r0,r0,#0xd3
    msr cpsr,r0
```

在这段代码段后添加以下灭灯代码。

```
// all led trunoff
#define rGPBCON      (0x56000010)
#define rGPBDAT      (0x56000014)
    @ all led off
    ldr r1, = rGPBCON
    ldr r2, = ( (1 ≪ 16) | (1 ≪ 14) | (1 ≪ 12) | (1 ≪ 10) )
    str r2,[r1]

    ldr r1, = rGPBDAT
    ldr r2, = 0 @ ( (1 ≪ 8) | (1 ≪ 7) | (1 ≪ 6) | (1 ≪ 5) )
    str r2,[r1]

=====================================================
```

第七步，修改 cpu/arm920t/s3c24x0/speed. c。

在 get_PLLCLK 函数 return 语句之前添加如下代码段。

```
#if defined(CONFIG_S3C2440)
        if(pllreg == MPLL)
            {   //参考 S3C2440 芯片手册上的公式，PLL = (2 * m * Fin)/(p * 2s)
```

```
                    return((CONFIG_SYS_CLK_FREQ * m * 2) / (p << s));
            }

    #endif
```

在 get_HCLK 函数 return 语句之前添加如下代码段。

```
    #if defined(CONFIG_S3C2440)
            return(get_FCLK()/4);      //根据我们设定的 1:4:8 的分频比
    #endif
    ==================================================
```

第八步，烧写。

将 U-Boot. bin 通过 J-Link 烧写到开发板上，通过串口即可检测 U-Boot 运行情况。

说明：因为官方提供的 2410 的 U-Boot 中 NOR Flash，NAND Flash 的驱动是最低档的，所以一般需要根据开发板相应型号进行修改。其他一些外部功能驱动如果没有、版本太低或不兼容，也需要自己编写。因此，必须严格按照技术文档进行编写，再根据个人开发产品选用的 CPU 型号、板级选项等，自己制作 U-Boot。

总结：U-Boot 需要修改的内容如下所示。

　　　　① 中断保存（寄存器起始地址）；

　　　　② CPU 速度；

　　　　③ 修改程序是否搬移；

　　　　④ 修改程序搬移的位置，通常搬移到 S3C2440 芯片：33F80000，根据开发板而修改；

　　　　⑤ 修改 NAND Flash 驱动、NOR Flash 驱动（针对不同的芯片修改）；

　　　　⑥ 网卡；

　　　　⑦ 启动方式；

　　　　⑧ 是否添加升级程序；

　　　　⑨ 是否添加自己的命令（如升级命令、查询命令）。

2.3　U-Boot 运行过程

2.3.1　程序启动过程

（1）U-Boot 的入口代码在 cpu/arm920t/start. o 中，其源代码在 cpu/arm920t/start. s 中。

```
    ---ldr pc,_start_armboot //跳入 c 程序即可。
```

必须要用 ldr，因为 bl 跳转范围太小。

（2）在 U-Boot-1.3.4\lib_arm 下的 board. c 文件"void start_armboot(void)"中运行 485 ～ 488 行代码段。

```
    for (;;)
    {
```

```
        main_loop();  //处于接收命令死循环状态, 一直到启动内核为止后 U-Boot 就不再用了。
    }
```

2.3.2　U-Boot 的两个阶段

大多数 BootLoader 的启动顺序都分为 stage1 和 stage2 两部分，U-Boot 也不例外，也包括这两部分，如图 2.2 所示。

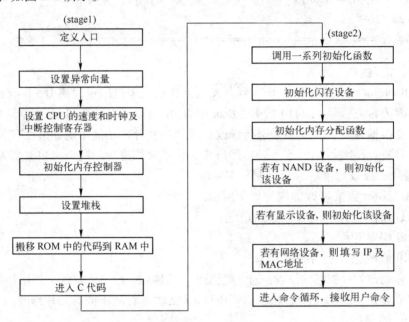

图 2.2　U-Boot 的启动顺序

依赖于 CPU 体系结构的代码（如设备初始化代码等）通常都放在 stage1 中且可以用汇编语言来实现，而 stage2 则通常由 C 语言实现，这样可以实现复杂的功能，而且有更好的可读性和移植性。

1. stage1 介绍

U-Boot 的 stage1 代码通常放在 start.S 文件中，它用汇编语言写成，其主要代码部分包括如下内容。

（1）定义入口。由于一个可执行的 Image 必须有一个入口点，并且只能有一个全局入口，通常这个入口放在 ROM（Flash）的 0x0 地址。因此，必须通知编译器使其知道这个入口，该工作可通过修改连接器脚本来完成。

（2）设置异常向量（Exception Vector）。

（3）设置 CPU 的速度、时钟频率及终端控制寄存器。

（4）初始化内存控制器。

（5）将 ROM 中的程序复制到 RAM 中。

（6）初始化堆栈。

（7）转到 RAM 中执行，该工作可使用指令"ldr pc"来完成。

2. stage2 介绍

C 语言代码部分 lib_arm/board. c 中的 start_armboot 既是 C 语言开始的函数也是整个启动代码中 C 语言的主函数，同时还是整个 U – Boot 的主函数，该函数只要完成如下操作。

（1）调用一系列的初始化函数。

（2）初始化 Flash 设备。

（3）初始化系统内存分配函数。

（4）如果目标系统拥有 NAND 设备，则初始化 NAND 设备。

（5）如果目标系统有显示设备，则初始化该类设备。

（6）初始化相关网络设备，填写 IP、MAC 地址等。

（7）进入命令循环（即整个 Boot 的工作循环），接收用户从串口输入的命令，然后进行相应的工作。

2.4　U – Boot 源码分析

1. 第一步：U – Boot – 1. 3. 4\cpu\arm920t\start. s 源码分析

```
/************************************************************/
* 信盈达
* NIU
* V1. 0 – 2011. 4. 28
* http://www. edu118. com
/************************************************************/
#include  < config. h >
#include  < version. h >
#include  < status_led. h >
/************************************************************
  * Jump vector table as in table 3. 1 in [1]
  ************************************************************/

/* 启动代码的入口，在 U – Boot – 1. 3. 4/board/smdk2410/uboot. lds 中有说明 */
. globl _start                       //声明_start 为全局变量
_start: b start_code                 //b 为跳转指令
    ldr pc,_undefined_instruction    //中断向量表地址
    ldr pc,_software_interrupt        //软件中断含义 SWI。SWI 一般系统作为进程异常
//处理。在用户模式不能通过修改 cpsr 切换，需要在异常情况下进入

    ldr pc,_prefetch_abort
    ldr pc,_data_abort
```

```
        ldr pc,_not_used
        ldr pc,_irq
        ldr pc,_fiq


_undefined_instruction:     . word undefined_instruction      //字对齐
_software_interrupt:     . word software_interrupt
_prefetch_abort:        . word prefetch_abort
_data_abort:            . word data_abort
_not_used:              . word not_used
_irq:                   . word irq
_fiq:                   . word fiq


        . balignl 16,0xdeadbeef #分隔内存符号
/******************************************************************
    * Startup Code( reset vector)
    * do important init only if we don't start from memory!
    * relocate armboot to ram
    * setup stack
    * jump to second stage
    ******************************************************************/
/*定义若干内存段,主要存放一些关键段的起始地址。后面要用到这些起始地址进行内存规
    划,代表只读段的基址*/
_TEXT_BASE:
        . word TEXT_BASE


. globl _armboot_start
_armboot_start: //armboot_start 为_start 的地址
        . word _start


/*  These are defined in the board – specific linker script. */
. globl _bss_start
_bss_start:
        . word __bss_start


. globl _bss_end
_bss_end:
        . word _end


. globl FREE_RAM_END
FREE_RAM_END:
        . word 0x0badc0de
```

```
. globl FREE_RAM_SIZE
FREE_RAM_SIZE：
    . word 0x0badc0de


. globl PreLoadedONRAM
PreLoadedONRAM：
    . word 0

#ifdef CONFIG_USE_IRQ
/ * IRQ stack memory( calculated at run – time) * /
. globl IRQ_STACK_START
IRQ_STACK_START：
    . word 0x0badc0de


/ * IRQ stack memory( calculated at run – time) * /
. globl FIQ_STACK_START
FIQ_STACK_START：
    . word 0x0badc0de
#endif


/ *代码开始 * /
start_code：
    / * set the cpu to SVC32 mode * /
    mrs r0,cpsr                 //寄存器模式
    bic r0,r0,#0x1f             // 0b0001 1111 Rd←Rn&(～operand2)
    orr r0,r0,#0xd3             // 0b1101 0011 Rd←Rn｜operand2 0b1101 0011 管理模式
    msr cpsr,r0                 // 进入管理模式、禁中断、禁块中断


#if defined( CONFIG_XYD2440_LED_DEBUG)
    / * LED 测试程序 如果条件成立即执行后面语句，一直到#endif, 否则不执行
      * debug with leds,if you have to.
      * Since my xyd2440 demo board support 4 leds. It's convient for you to debug
      * using following demo ASM code * /
    / * Clear all leds * /
    LDR     R0, = 0x56000050
    MOV     R1,#0x00005500
    STR     R1,[ R0]
    LDR     R0, = 0x56000054
    MOV     R1,#0x000000f0
    STR     R1,[ R0]
```

```
        /* LED1 on
        LDR     R0, = 0x56000050
        MOV     R1,#0x00005500
        STR     R1,[R0]
        LDR     R0, = 0x56000054
        MOV     R1,#0x00000e0
        STR     R1,[R0] */

        /* LED1 & LED2 on
        LDR     R0, = 0x56000050
        MOV     R1,#0x00005500
        STR     R1,[R0]
        LDR     R0, = 0x56000054
        MOV     R1,#0x000000c0
        STR     R1,[R0] */

        /* LED1~LED3 on
        LDR     R0, = 0x56000050
        MOV     R1,#0x00005500
        STR     R1,[R0]
        LDR     R0, = 0x56000054
        MOV     R1,#0x00000080
        STR     R1,[R0] */

        /* LED1~LED4 on
        LDR     R0, = 0x56000050
        MOV     R1,#0x00005500
        STR     R1,[R0]
        LDR     R0, = 0x56000054
        MOV     R1,#0x00000000
        STR     R1,[R0] */
#endif /* CONFIG_XYD2440_LED_DEBUG */

#if defined(CONFIG_AT91RM9200DK) || defined(CONFIG_AT91RM9200EK) || defined(CONFIG_
AT91RM9200DF) //判定是否为这些内核
        /* relocate exception table */
        ldr     r0, = _start        #获得_start 标号的地址
        ldr     r1, = 0x0           #0x0 地址放入 r1 中
        mov     r2,#16
copyex:
        subs    r2,r2,#1            //循环次数减 1
        ldr     r3,[r0],#4          //加载字数据
```

```
        str     r3,[r1],#4              //存储字数据
        bne     copyex                 //如果循环没有结束,跳转 copyex 继续。将_start 起始地址的
                                        //代码存入 0x0 地址处,并进行代码搬移
#endif

#if defined( CONFIG_S3C2400) || defined( CONFIG_S3C2410) || defined( CONFIG_S3C2440)
    /* turn off the watchdog */

# if defined( CONFIG_S3C2400)          /* 定义相关寄存器对应的物理地址 */
# define pWTCON 0x15300000
# define INTMSK 0x14400008             /* Interupt - Controller base addresses */
# define CLKDIVN 0x14800014            /* clock divisor register */
# elif defined( CONFIG_S3C2410) || defined( CONFIG_S3C2440)
# define pWTCON 0x53000000
# define INTMOD 0X4A000004
# define INTMSK 0x4A000008             /* Interupt - Controller base addresses */
# define INTSUBMSK 0x4A00001C
# define CLKDIVN 0x4C000014            /* clock divisor register */
# else
# error "register of watchdog has to be defined!"
# endif

        ldr r0, = pWTCON               //关闭看门狗
        mov r1,#0x0
        str r1,[r0]

        /* mask all IRQs by setting all bits in the INTMR - default */
        mov r1,#0xffffffff             //关闭中断
        ldr    r0, = INTMSK
        str    r1,[r0]
# if defined( CONFIG_S3C2410)&& !defined( CONFIG_S3C2440)      //关闭中断
        ldr    r1, = 0x3ff
        ldr    r0, = INTSUBMSK
        str    r1,[r0]
# endif

#if 0 //为 0 不配置,将来在 C 程序中配置。在 U - Boot - 1.3.4\board\xyd2440.c 中配置
    /* FCLK:HCLK:PCLK = 1:2:4 */
    /* default FCLK is 120 MHz ! */
        ldr    r0, = CLKDIVN
        mov    r1,#3
        str    r1,[r0]
```

```
#endif
#endif  / *  CONFIG_S3C2400 ‖ CONFIG_S3C2410 ‖ CONFIG_S3C2440 * /
```

```
/ *  we do sys – critical inits only at reboot,not when booting from ram！ * /
//首先判断如果_start 和 _TEXT_BASE 不相等（代表在 NOR Flash）就需要将程序复制到内存,
//如相等就在内存中。在 u – boot – 1.3.4\board\smdk2410 的 config. mk 中最后一行对
//TEXT_BASE = 0x33F80000 进行设置。预留 512K 字节以上用于保存 U – Boot
#ifndef CONFIG_SKIP_LOWLEVEL_INIT
    adr  r0,_start            / * r0 < – current position of code * /
    ldr  r1,_TEXT_BASE        / * test if we run from flash or RAM * /
    cmp  r0,r1                / * don't reloc during debug * /

#if defined( CONFIG_xyd2440_LED_DEBUG)
    / * LED1 on * /
    LDR     R0, = 0x56000050
    MOV     R1,#0x00005500
    STR     R1,[ R0]
    LDR     R0, = 0x56000054
    MOV     R1,#0x00000e0
    STR     R1,[ R0]
#endif / * CONFIG_XYD2440_LED_DEBUG * /
    blne    cpu_init_crit
/ * 对内存初始化, 配置 sdram cmp r0,r1 不相等跳转。在 u – boot – 1.3.4\board\xyd2440
    的 lowlevel_init. S 中, 主要是对系统总线的初始化, 初始化了连接存储器的位宽、速度、
    刷新率等参数。经过该函数的初始化, NOR Flash、SDRAM 才可以被系统使用。
    下面的代码重新定向并依赖它。初始化内存（配置内存相关 13 个寄存器）,
    如果相等则在内存中运行
* /
#endif

#ifndef CONFIG_AT91RM9200

/ * 堆栈初始化, CPU 使用之前都要首先设置堆栈段 * /
stack_setup:
    / * 代码搬移后代码起始地址, 代码存放在 u – boot – 1.3.4\board\smdk2410
        的 config. mk 中最后一行 TEXT_BASE = 0x33F80000
    * /
    ldr     r0,_TEXT_BASE

    / * 预留动态空间, malloc area 分配内存空间的大小, 实际用的空间动态可变,
        通过函数动态获得内存空间, 即从 0x33F80000 往下分配动态空间
    * /
```

```
            sub r0,r0,#CFG_MALLOC_LEN

            sub r0,r0,#CFG_GBL_DATA_SIZE /* 预留全局变量空间变量 */

#ifdef CONFIG_USE_IRQ        /* 是否启用 IRQ，如果启用就要预留相应内存空间 */
            sub r0,r0,#( CONFIG_STACKSIZE_IRQ + CONFIG_STACKSIZE_FIQ )
#endif
            sub sp,r0,#12 /* leave 3 words for abort – stack */

#if defined( CONFIG_XYD2440_LED_DEBUG)
            /* LED1、LED2 on */
            LDR      R0, = 0x56000050
            MOV      R1,#0x00005500
            STR      R1,[ R0 ]
            LDR      R0, = 0x56000054
            MOV      R1,#0x000000c0
            STR      R1,[ R0 ]
#endif /* CONFIG_XYD2440_LED_DEBUG */


#ifndef CONFIG_SKIP_LOWLEVEL_INIT
            bl clock_init        //时钟初始化函数，在 u – boot – 1.3.4\board\xyd2440\xyd2440. c 中初始
                                 //化时钟、GPIO 等

#endif


#ifndef CONFIG_SKIP_RELOCATE_UBOOT        //从 NOR Flash 复制到内存
relocate:                         /* relocate U – Boot to RAM */
            adr r0,_start             /* r0 <– current position of code 程序目前运行的开始地址 */
            ldr r1,_TEXT_BASE         /* 程序在内存中的运行地址 */
            cmp r0,r1                 /* don't reloc during debug */
            beq clear_bss             /* 如相等则执行该语句；如不等则执行下面语句 */

            ldr r2,_armboot_start     /* 代码开始地址，与_start 相同。*/
            ldr r3,_bss_start         /* 代码结束地址，bss 段起始地址 */
            sub r2,r3,r2              /* r2 <– size of armboot, r2 = r3 – r2 判断代码长度 */

#if 1/* using Nand boot */
/* 调用 copy 函数将 Flash 中的代码复制到内存。在 u – boot – 1.3.4\board\xyd2440 的 boot_
    init. c。该函数还有判断功能，如果程序在 NOR Flash 中就不需要在 NAND Flash 搬移程序，
    而直接从 NOR Flash 搬移程序。
    */
    bl CopyCode2Ram /* r0: source,r1: dest,r2: size */
#if defined( CONFIG_XYD2440_LED_DEBUG)
```

```
        /* LED1～LED3 on */
        LDR     R0, = 0x56000050
        MOV     R1, #0x00005500
        STR     R1, [R0]
        LDR     R0, = 0x56000054
        MOV     R1, #0x00000080
        STR     R1, [R0]
#endif /* CONFIG_XYD2440_LED_DEBUG */
#else
        add r2, r0, r2              /* r2 <- source end address r2 是长度, ro 程序开始位置 */

copy_loop:                         /* 将 NOR Flash 数据复制到 sdram。 */
        ldmia r0!, {r3 – r10}      /* 将_start 的代码复制到 r3 – ri0 中 */
        stmia r1!, {r3 – r10}      /* copy to target address [r1] */
        cmp r0, r2                 /* until source end addreee [r2] */
        ble copy_loop
#endif


#endif          /* CONFIG_SKIP_RELOCATE_UBOOT */
#endif          /* CONFIG_AT91RM9200                  */
```

/* 清除 bss 段。bss 为全局变量, 并初始化为 0。程序运行之前必须清 bss 段。
用户的数据段。变量初始化一个值
*/

```
clear_bss:
        ldr r0, _bss_start         /* find start of bss segment */
        ldr r1, _bss_end           /* stop here GCC 规定的 – bss_end 结束地址 */
        mov r2, #0x00000000        /* 清零 */


clbss_l:
        str r2, [r0]               /* clear loop... */
        add r0, r0, #4             /* 地址加 4, 因为选择的是 32 位 CPU */
        cmp r0, r1
```

/* 如果在一个代码中定义很多全局变量, 且没有对其进行初始化, 则将这些变量分配
一段内存放置到 bss 段 (bss 段就是一段内存), 相当于裸机的 zi 段 (即//未初始化段)。
如果 r0 小于或等于 r1 循环, 否则跳出
*/

```
        ble clbss_l
SetLoadFlag: //识别代码是否为使用工具直接下载到内存中运行的, 一般没有用
        /* Set a global flag */
        adr r0, _start             /* r0 <- current position of code 当前代码运行首地址 */
        ldr r1, _TEXT_BASE         /* 当前期望程序存放地址
```

```
        cmp r0,r1        /* don't reloc during debug */
        ldr r2, = PreLoadedONRAM
        mov r3,#1
        streq r3,[r2]    /* 如果 r0 和 r1 相等,则将 r3 的值送入 r2 指向地址中,如 r0 和 r1 不相等,
                            则 r2 送 1,为了后续初始化用改标志为判断内存是否进行初始化 */

#if defined(CONFIG_XYD2440_LED_DEBUG)
    /* LED1,2,3,4 on */
    LDR     R0, = 0x56000050
    MOV     R1,#0x00005500
    STR     R1,[R0]
    LDR     R0, = 0x56000054
    MOV     R1,#0x00000000
    STR     R1,[R0]
#endif /* CONFIG_XYD2440_LED_DEBUG */


        ldr pc,_start_armboot //跳入 c 程序即可。必须要用 ldr,因为 bl 跳转范围太小


/* 跳入内存代码中,Start_armboot 是程序搬到内存的开始地址 33F80000
    (从这个位置开始运行 U - Boot),然后运行一段代码(开发板初始化,U - Boot 初始化,
    然后再跳到 void main_loop(void)函数执行 U - Boot 相关功能(在 common - man. c 中)。
    然后在主函数里面调用 board -- xyd2440 -- xyd2440. c(初始化时钟频率,初始化 I/O 端口等)
*/
_start_armboot: . word start_armboot


/* *********************************************************************
*  CPU_init_critical registers
*  setup important registers
*  setup memory timing
*  ********************************************************************/

#ifndef CONFIG_SKIP_LOWLEVEL_INIT
cpu_init_crit:      //对内存初始化
    /* flush v4 I/D caches 关闭 cache */
    mov r0,#0
    mcr p15,0,r0,c7,c7,0     /* flush v3/v4 cache */
    mcr p15,0,r0,c8,c7,0     /* flush v4 TLB */

    /* disable MMU stuff and caches 关闭 MMU */
    mrc p15,0,r0,c1,c0,0
    bic r0,r0,#0x00002300    @ clear bits 13,9:8( -- V - --RS) //@注释
    bic r0,r0,#0x00000087    @ clear bits 7,2:0(B ---- CAM)
```

```
        orr r0,r0,#0x00000002    @ set bit 2(A)Align
        orr r0,r0,#0x00001000    @ set bit 12(I)I－Cache
        mcr p15,0,r0,c1,c0,0

        /* before relocating,we have to setup RAM timing
         * because memory timing is board－dependend,you will
         * find a lowlevel_init.S in your board directory. */
        mov ip,lr                              //因为要进入下一个子程序,所以保存r14中的值
#if defined(CONFIG_AT91RM9200DK)‖defined(CONFIG_AT91RM9200EK)‖
defined(CONFIG_AT91RM9200DF)         //加#提前预编译

#else
        bl lowlevel_init      //内存配置函数,用于完成芯片存储器的初始化,执行完成后返回
#endif
        mov lr,ip                              //将r12暂存的值送入lr中,子程序返回
        mov pc,lr                              //子程序返回
#endif /* CONFIG_SKIP_LOWLEVEL_INIT */


/************************************************************
 * Interrupt handling 该段代码不进行解释,主要是中断相关代码,但U－Boot基本不使用中
 * 断,所以无须考虑
 ************************************************************/

@
@ IRQ stack frame.
@
#define S_FRAME_SIZE 72

#define S_OLD_R0        68
#define S_PSR           64
#define S_PC            60
#define S_LR            56
#define S_SP            52

#define S_IP            48
#define S_FP            44
#define S_R10           40
#define S_R9            36
#define S_R8            32
#define S_R7            28
#define S_R6            24
#define S_R5            20
```

```
#define S_R4      16
#define S_R3      12
#define S_R2      8
#define S_R1      4
#define S_R0      0

#define MODE_SVC 0x13
#define I_BIT    0x80

/ * use bad_save_user_regs for abort/prefetch/undef/swi ...
 * use irq_save_user_regs/irq_restore_user_regs for IRQ/FIQ handling * /

    . macro bad_save_user_regs
    sub sp,sp,#S_FRAME_SIZE
    stmia sp,{r0 - r12}                        @ Calling r0 - r12
    ldr r2,_armboot_start
    sub r2,r2,#(CONFIG_STACKSIZE + CFG_MALLOC_LEN)
    sub r2,r2,#(CFG_GBL_DATA_SIZE + 8)         @ set base 2 words into abort stack
    ldmia r2,{r2 - r3}                         @ get pc,cpsr
    add r0,sp,#S_FRAME_SIZE                    @ restore sp_SVC

    add r5,sp,#S_SP
    mov r1,lr
    stmia r5,{r0 - r3}                         @ save sp_SVC,lr_SVC,pc,cpsr
    mov r0,sp
    . endm

    . macro irq_save_user_regs
    sub sp,sp,#S_FRAME_SIZE
    stmia sp,{r0 - r12}                        @ Calling r0 - r12
    add r7,sp,#S_PC
    stmdb r7,{sp,lr}^                          @ Calling SP,LR
    str lr,[r7,#0]                             @ Save calling PC
    mrs r6,spsr
    str r6,[r7,#4]                             @ Save CPSR
    str r0,[r7,#8]                             @ Save OLD_R0
    mov r0,sp
    . endm

    . macro irq_restore_user_regs
    ldmia sp,{r0 - lr}^                        @ Calling r0 - lr
    mov r0,r0
```

```
        ldr lr,[sp,#S_PC]                              @ Get PC
        add sp,sp,#S_FRAME_SIZE
        subs pc,lr,#4                                  @ return & move spsr_svc into cpsr
        . endm


        . macro get_bad_stack
        ldr r13,_armboot_start                         @ setup our mode stack
        sub r13,r13,#(CONFIG_STACKSIZE + CFG_MALLOC_LEN)
        sub r13,r13,#(CFG_GBL_DATA_SIZE + 8)           @ reserved a couple spots in abort stack

        str lr,[r13]                                   @ save caller lr / spsr
        mrs lr,spsr
        str lr,[r13,#4]

        mov r13,#MODE_SVC                              @ prepare SVC - Mode
        @ msr spsr_c,r13
        msr spsr,r13
        mov lr,pc
        movs pc,lr
        . endm


        . macro get_irq_stack                          @ setup IRQ stack
        ldr sp,IRQ_STACK_START
        . endm


        . macro get_fiq_stack                          @ setup FIQ stack
        ldr sp,FIQ_STACK_START
        . endm

/* exception handlers */
        . align 5
undefined_instruction:
        get_bad_stack
        bad_save_user_regs
        bl do_undefined_instruction

        . align 5
software_interrupt:
        get_bad_stack
        bad_save_user_regs
        bl do_software_interrupt
```

```
        . align 5
prefetch_abort：
        get_bad_stack
        bad_save_user_regs
        bl do_prefetch_abort

        . align 5
data_abort：
        get_bad_stack
        bad_save_user_regs
        bl do_data_abort

        . align 5
not_used：
        get_bad_stack
        bad_save_user_regs
        bl do_not_used

#ifdef CONFIG_USE_IRQ                    //如果打开中断

        . align 5
irq：
        get_irq_stack                    //设置 irq 堆栈段。获取堆栈段函数
        irq_save_user_regs               //保存中断寄存器函数
        bl do_irq                        //执行中断
        irq_restore_user_regs            //恢复中断

        . align 5
fiq：
        get_fiq_stack
        / * someone ought to write a more efficion fiq_save_user_regs * /
        irq_save_user_regs
        bl do_fiq
        irq_restore_user_regs

#else

        . align 5
irq：
        get_bad_stack
        bad_save_user_regs
        bl do_irq
```

```
        . align 5
fiq:
        get_bad_stack
        bad_save_user_regs
        bl do_fiq

#endif
```

2. 第二步：u – boot – 1. 3. 4\lib_arm\board. c 源码分析

```
#include  < common. h >
#include  < command. h >
#include  < malloc. h >
#include  < devices. h >
#include  < version. h >
#include  < net. h >
#include  < serial. h >
#include  < nand. h >
#include  < onenand_uboot. h >

#ifdef CONFIG_DRIVER_SMC91111
#include "../drivers/net/smc91111. h"
#endif
#ifdef CONFIG_DRIVER_LAN91C96
#include "../drivers/net/lan91c96. h"
#endif

DECLARE_GLOBAL_DATA_PTR;

ulong monitor_flash_len;

#ifdef CONFIG_HAS_DATAFLASH
extern int AT91F_DataflashInit( void);
extern void dataflash_print_info( void);
#endif

#ifndef CONFIG_IDENT_STRING
#define CONFIG_IDENT_STRING " "
#endif
```

```
const char version_string[ ] =
    U_BOOT_VERSION" ( " __DATE__ " - " __TIME__ " ) " CONFIG_IDENT_STRING;


#ifdef CONFIG_DRIVER_CS8900
extern void cs8900_get_enetaddr( uchar * addr);
#endif


#ifdef CONFIG_DRIVER_RTL8019
extern void rtl8019_get_enetaddr( uchar * addr);
#endif


#if defined( CONFIG_HARD_I2C) || \
    defined( CONFIG_SOFT_I2C)
#include < i2c. h >
#endif


/ *
  * Begin and End of memory area for malloc( ) ,and current " brk"
  * /
static ulong mem_malloc_start = 0;
static ulong mem_malloc_end = 0;
static ulong mem_malloc_brk = 0;


static
void mem_malloc_init( ulong dest_addr)
{
    mem_malloc_start = dest_addr;
    mem_malloc_end = dest_addr + CFG_MALLOC_LEN;
    mem_malloc_brk = mem_malloc_start;

    memset( ( void * ) mem_malloc_start,0,
        mem_malloc_end - mem_malloc_start);
}

void * sbrk( ptrdiff_t increment)
{
    ulong old = mem_malloc_brk;
    ulong new = old + increment;

    if( ( new < mem_malloc_start) || ( new > mem_malloc_end) ) {
        return( NULL);
    }
```

```
            mem_malloc_brk = new;

            return( ( void  * ) old) ;
}


char  * strmhz( char  * buf , long hz)
{
        long l,n;
        long m;

        n = hz/1000000L;
        l = sprintf( buf ,"% ld" ,n) ;
        m = ( hz  %  1000000L)/1000L;
        if( m  !  = 0)
             sprintf( buf + l ," . % 03ld" ,m) ;
        return( buf) ;
}



/ **********************************************************
 * Coloured LED functionality
 **********************************************************
 * May be supplied by boards if desired
 */
void inline __coloured_LED_init( void) { }
void inline coloured_LED_init( void) __attribute__( ( weak , alias( " __coloured_LED_init" ) ) ) ;
void inline __red_LED_on( void) { }
void inline red_LED_on( void) __attribute__( ( weak , alias( " __red_LED_on" ) ) ) ;
void inline __red_LED_off( void) { }
void inline red_LED_off( void) __attribute__( ( weak , alias( " __red_LED_off" ) ) ) ;
void inline __green_LED_on( void) { }
void inline green_LED_on( void) __attribute__( ( weak , alias( " __green_LED_on" ) ) ) ;
void inline __green_LED_off( void) { }
void inline green_LED_off( void) __attribute__( ( weak , alias( " __green_LED_off" ) ) ) ;
void inline __yellow_LED_on( void) { }
void inline yellow_LED_on( void) __attribute__( ( weak , alias( " __yellow_LED_on" ) ) ) ;
void inline __yellow_LED_off( void) { }
void inline yellow_LED_off( void) __attribute__( ( weak , alias( " __yellow_LED_off" ) ) ) ;


/ **********************************************************
  * Init Utilities    *
  **********************************************************
```

```
 * Some of this code should be moved into the core functions,
 * or dropped completely,
 * but let's get it working(again)first. . .
 */

static int init_baudrate(void)
{
    char tmp[64];/* long enough for environment variables */
    int i = getenv_r("baudrate",tmp,sizeof(tmp));
    gd -> bd -> bi_baudrate = gd -> baudrate = (i > 0)
        ?(int)simple_strtoul(tmp,NULL,10)
        : CONFIG_BAUDRATE;

    return(0);
}


static int display_banner(void)
{
    printf("\n\n%s\n\n",version_string);
    debug("U - Boot code: %08lX -> %08lX BSS: -> %08lX\n",
        _armboot_start,_bss_start,_bss_end);
#ifdef CONFIG_MODEM_SUPPORT
    debug("Modem Support enabled\n");
#endif
#ifdef CONFIG_USE_IRQ
    debug("IRQ Stack: %08lx\n",IRQ_STACK_START);
    debug("FIQ Stack: %08lx\n",FIQ_STACK_START);
#endif

    return(0);
}

/*
 * WARNING: this code looks "cleaner" than the PowerPC version,but
 * has the disadvantage that you either get nothing,or everything.
 * On PowerPC,you might see "DRAM: " before the system hangs - which
 * gives a simple yet clear indication which part of the
 * initialization if failing.
 */
static int display_dram_config(void)
{
    int i;
```

```
#ifdef DEBUG
    puts("RAM Configuration:\n");

    for(i = 0;i < CONFIG_NR_DRAM_BANKS;i ++){
        printf("Bank #%d: %08lx ",i,gd -> bd -> bi_dram[i]. start);
        print_size(gd -> bd -> bi_dram[i]. size,"\n");
    }
#else
    ulong size = 0;

    for(i = 0;i < CONFIG_NR_DRAM_BANKS;i ++){
        size += gd -> bd -> bi_dram[i]. size;
    }
    puts("DRAM: ");
    print_size(size,"\n");
#endif

    return(0);
}


#ifndef CFG_NO_FLASH
static void display_flash_config(ulong size)
{
    puts("Flash: ");
    print_size(size,"\n");
}
#endif / * CFG_NO_FLASH */

#if defined(CONFIG_HARD_I2C) || defined(CONFIG_SOFT_I2C)
static int init_func_i2c(void)
{
    puts("I2C: ");
    i2c_init(CFG_I2C_SPEED,CFG_I2C_SLAVE);
    puts("ready\n");
    return(0);
}
#endif

#ifdef CONFIG_SKIP_RELOCATE_UBOOT
/ *
  * This routine sets the relocation done flag,because even if
```

```
     * relocation is skipped, the flag is used by other generic code.
     */
static int reloc_init(void)
{
    gd -> flags | = GD_FLG_RELOC;
    return 0;
}
#endif
// **************************************************************//
typedef int(init_fnc_t)(void);

int print_cpuinfo(void);/* test - only */

init_fnc_t * init_sequence[ ] = {
    cpu_init,            /* basic cpu dependent setup */
#if defined(CONFIG_SKIP_RELOCATE_UBOOT)
    reloc_init,          /* Set the relocation done flag, must
                            do this AFTER cpu_init( ), but as soon
                            as possible */
#endif
    board_init,          /* basic board dependent setup */
    interrupt_init,      /* set up exceptions */
    env_init,            /* initialize environment */
    init_baudrate,       /* initialze baudrate settings */
    serial_init,         /* serial communications setup */
    console_init_f,      /* stage 1 init of console */
    display_banner,      /* say that we are here */
#if defined(CONFIG_DISPLAY_CPUINFO)
    print_cpuinfo,       /* display cpu info(and speed) */
#endif
#if defined(CONFIG_DISPLAY_BOARDINFO)
    checkboard,          /* display board info */
#endif
#if defined(CONFIG_HARD_I2C) || defined(CONFIG_SOFT_I2C)
    init_func_i2c,
#endif
    dram_init,           /* configure available RAM banks */
    display_dram_config,
    NULL,
};


//从 start. s 跳转到此处
```

```
void start_armboot( void)
{
    init_fnc_t * * init_fnc_ptr;//双重指针
    char * s;
#if !defined( CFG_NO_FLASH) || defined( CONFIG_VFD) || defined( CONFIG_LCD)
    ulong size;
#endif
#if defined( CONFIG_VFD) || defined( CONFIG_LCD)
    unsigned long addr;
#endif

    / * Pointer is writable since we allocated a register for it */
    gd = ( gd_t * )(_armboot_start - CFG_MALLOC_LEN - sizeof( gd_t) );// 内存强制转换, gd
为全局环境变量

    / * compiler optimization barrier needed for GCC > =3.4 */
    __asm__ __volatile__( "": : :"memory") ;        //不需要对下面的代码进行优化, 主要目的
                                                    //是防止读取不正确的数据

    memset( ( void * ) gd,0,sizeof( gd_t) );
    gd -> bd = ( bd_t * )( ( char * ) gd - sizeof( bd_t) );//相当于从 gd 开始的一段空间拿出来给
gd -> bd
    memset( gd -> bd,0,sizeof( bd_t) );

    monitor_flash_len = _bss_start - _armboot_start;

    / *调用一函数指针（初始化 CPU、board、中断、时钟、NOR Flash、NAND Flash 等,
     *这里面规定一个地址进行 Boot 和内核的信息交换）, 初始化完成进入 hang()处于
     *死循环即完成 U - Boot 使命
     */
    for( init_fnc_ptr = init_sequence; * init_fnc_ptr; ++ init_fnc_ptr) { //将 init_sequence 数组送给
init_fnc_ptr, 相当于 init_fnc_ptr 指向 init_sequence
        if( ( * init_fnc_ptr)( ) != =0) { //相当于调用指针中一个函数, 如果不为 0 就表示死机
            hang( );
        }
    }

#ifndef CFG_NO_FLASH
    / * configure available FLASH banks */
    size = flash_init( );
    display_flash_config( size) ;
```

```
#endif / * CFG_NO_FLASH * /

#ifdef CONFIG_VFD
#   ifndef PAGE_SIZE
#     define PAGE_SIZE 4096
#   endif

    /*
     * reserve memory for VFD display( always full pages )
     */
    /* bss_end is defined in the board - specific linker script */
    addr = ( _bss_end + ( PAGE_SIZE - 1 ) ) & ~ ( PAGE_SIZE - 1 ) ;
    size = vfd_setmem( addr ) ;
    gd -> fb_base = addr ;
#endif / * CONFIG_VFD * /

#ifdef CONFIG_LCD
    /* board init may have inited fb_base */
    if( !gd -> fb_base ) {
#     ifndef PAGE_SIZE
#     define PAGE_SIZE 4096
#     endif
    /*
     * reserve memory for LCD display( always full pages )
     */
    /* bss_end is defined in the board - specific linker script */
    addr = ( _bss_end + ( PAGE_SIZE - 1 ) ) & ~ ( PAGE_SIZE - 1 ) ;
    size = lcd_setmem( addr ) ;
    gd -> fb_base = addr ;
    }
#endif / * CONFIG_LCD * /

    /* armboot_start is defined in the board - specific linker script */
    mem_malloc_init( _armboot_start - CFG_MALLOC_LEN ) ;#动态申请内存

#if defined( CONFIG_CMD_NAND )
    puts( "NAND: " ) ;
    nand_init( ) ; / * NAND Flash 初始化 * /
#endif

#if defined( CONFIG_CMD_ONENAND )
    onenand_init( ) ;
```

```
#endif

#ifdef CONFIG_HAS_DATAFLASH
    AT91F_DataflashInit();
    dataflash_print_info();
#endif

    /* initialize environment */
    env_relocate();

#ifdef CONFIG_VFD
    /* must do this after the framebuffer is allocated */
    drv_vfd_init();
#endif /* CONFIG_VFD */

#ifdef CONFIG_SERIAL_MULTI
    serial_initialize();
#endif

    /* IP Address */
    gd->bd->bi_ip_addr = getenv_IPaddr("ipaddr");

    /* MAC Address */
    {
        int i;
        ulong reg;
        char *s, *e;
        char tmp[64];

        i = getenv_r("ethaddr", tmp, sizeof(tmp));
        s = (i>0)?tmp : NULL;

        for(reg = 0; reg < 6; ++reg) {
            gd->bd->bi_enetaddr[reg] = s?simple_strtoul(s,&e,16):0;
            if(s)
                s = (*e)?e+1:e;
        }

#ifdef CONFIG_HAS_ETH1
        i = getenv_r("eth1addr", tmp, sizeof(tmp));
        s = (i>0)?tmp:NULL;
```

```
        for( reg = 0 ; reg < 6 ; + + reg) {
            gd -> bd -> bi_enet1 addr[ reg] = s?simple_strtoul( s,&e,16) :0;
            if(s)
                s = ( * e) ?e + 1 :e;
        }
#endif
    }


    devices_init( ) ;      / * get the devices list going.  * /

#ifdef CONFIG_CMC_PU2
    load_sernum_ethaddr( ) ;
#endif / *  CONFIG_CMC_PU2  * /


    jumptable_init( ) ;#将相关函数备份


    console_init_r( ) ;      / * fully init console as a device * /


#if defined( CONFIG_MISC_INIT_R)
    / * miscellaneous platform dependent initialisations * /
    misc_init_r( ) ;
#endif


    / * enable exceptions * /
    enable_interrupts( ) ;


    / * Perform network card initialisation if necessary * /
#ifdef CONFIG_DRIVER_TI_EMAC
extern void dm644x_eth_set_mac_addr( const u_int8_t  * addr) ;
    if( getenv( " ethaddr" ) ) {
        dm644x_eth_set_mac_addr( gd -> bd -> bi_enetaddr) ;
    }
#endif


#ifdef CONFIG_DRIVER_CS8900
    cs8900_get_enetaddr( gd -> bd -> bi_enetaddr) ;
#endif


#if defined( CONFIG_DRIVER_SMC91111) || defined( CONFIG_DRIVER_LAN91C96)
    if( getenv( " ethaddr" ) ) {
        smc_set_mac_addr( gd -> bd -> bi_enetaddr) ;
    }
```

```
#endif /*  CONFIG_DRIVER_SMC91111 ‖ CONFIG_DRIVER_LAN91C96  */

        /*  Initialize from environment  */
        if( ( s = getenv( "loadaddr" ) )! = NULL) {
            load_addr = simple_strtoul( s , NULL , 16 ) ;
        }
#if defined( CONFIG_CMD_NET)
        if( ( s = getenv( "bootfile" ) )! = NULL) {
            copy_filename( BootFile , s , sizeof( BootFile ) ) ;
        }
#endif

#ifdef BOARD_LATE_INIT
        board_late_init( ) ;
#endif
#if defined( CONFIG_CMD_NET)
#if defined( CONFIG_NET_MULTI)
        puts( "Net: " ) ;
#endif
        eth_initialize( gd -> bd) ;
#if defined( CONFIG_RESET_PHY_R)
        debug( "Reset Ethernet PHY\n" ) ;
        reset_phy( ) ;         # 复位物理网卡芯片
#endif
#endif

        /*  main_loop( ) can return to retry autoboot , if so just run it again.  */
        for( ; ; ) {
            /* 执行这里就进入倒计时, 如果倒计时时间结束,就会判定是否进入内核复制、
                内核启动或执行指定命令。如果倒计时未结束就检测到串口有一个命令,则执行
                相应命令 */
            main_loop( ) ;
        }

        /*  NOTREACHED – no way out of command loop except booting  */
}

void hang( void)
{
    puts( "### ERROR ### Please RESET the board ###\n" ) ;
    for( ; ; ) ;      //死循环
}
```

```c
#ifdef CONFIG_MODEM_SUPPORT
static inline void mdm_readline(char * buf,int bufsiz);

/ * called from main loop(common/main. c) */
extern void dbg(const char * fmt,...);
int mdm_init(void)
{
    char env_str[16];
    char * init_str;
    int i;
    extern char console_buffer[];
    extern void enable_putc(void);
    extern int hwflow_onoff(int);

    enable_putc();/ * enable serial_putc() */

#ifdef CONFIG_HWFLOW
    init_str = getenv("mdm_flow_control");
    if(init_str &&(strcmp(init_str,"rts/cts") ==0))
        hwflow_onoff(1);
    else
        hwflow_onoff(-1);
#endif

    for(i=1;;i++){
        sprintf(env_str,"mdm_init% d",i);
        if((init_str = getenv(env_str))! = NULL){
            serial_puts(init_str);
            serial_puts("\n");
            for(;;){
                mdm_readline(console_buffer,CFG_CBSIZE);
                dbg("ini% d:[% s]",i,console_buffer);

                if((strcmp(console_buffer,"OK") ==0) ||
                    (strcmp(console_buffer,"ERROR") ==0)){
                    dbg("ini% d:cmd done",i);
                    break;
                } else / * in case we are originating call ... */
                    if(strncmp(console_buffer,"CONNECT",7) ==0){
                        dbg("ini% d:connect",i);
                        return 0;
```

```
                    }
                }
            } else
                break; /* no init string - stop modem init */


            udelay(100000);
        }


        udelay(100000);

        /* final stage - wait for connect */
        for( ;i > 1; ) { /* if 'i' > 1 - wait for connection
                    message from modem */
            mdm_readline(console_buffer,CFG_CBSIZE);
            dbg("ini_f:[%s]",console_buffer);
            if( strncmp(console_buffer,"CONNECT",7) == 0) {
                dbg("ini_f:connected");
                return 0;
            }
        }


        return 0;
    }


/* 'inline' - We have to do it fast */
static inline void mdm_readline(char *buf,int bufsiz)
{
    char c;
    char *p;
    int n;


    n = 0;
    p = buf;
    for( ;; ) {
        c = serial_getc();

        /*          dbg("(%c)",c); */

        switch(c) {
        case '\r':
            break;
        case '\n':
```

```
               * p = '\0';
               return;

       default:
           if( n + + > bufsiz) {
               * p = '\0';
               return;/ *  sanity check  * /
           }
           * p = c;
           p + + ;
           break;
       }
   }
}
#endif    / *  CONFIG_MODEM_SUPPORT  * /
```

3. 第三步：在第一步和第二步调用的同时执行以下函数

初始化代码——对 board 板级初始化。

```
/ * (初始化时钟频率,初始化 I/O 端口等) * (C)Copyright 2002
  * Sysgo Real – Time Solutions,GmbH  < www. elinos. com >
  *  Marius Groeger  < mgroeger@ sysgo. de >  *  MA 02111 – 1307 USA
  * /
#include  < common. h >
#include  < s3c2410. h >
DECLARE_GLOBAL_DATA_PTR;        // 宏定义

/ * S3C2440:MPLL = (2 * m * Fin)/( p * 2^s),UPLL = ( m * Fin)/( p * 2^s)
  * m = M(the value for divider M) + 8,p = P(the value for divider P) + 2
  * /
#define S3C2440_MPLL_400MHZ ((0x5c << 12) │ (0x01 << 4) │ (0x01)) //m、p、s
#define S3C2440_UPLL_48MHZ((0x38 << 12) │ (0x02 << 4) │ (0x02))    //设置 USB 频率
#define S3C2440_CLKDIV 0x05 / *  FCLK: HCLK: PCLK = 1:4:8 时钟分频比例 * /

/ * S3C2410:Mpll,Upll = ( m * Fin)/( p * 2^s)
  * m = M(the value for divider M) + 8;p = P(the value for divider P) + 2
  * /
#define S3C2410_MPLL_200MHZ        ((0x5c << 12) │ (0x04 << 4) │ (0x00))
#define S3C2410_UPLL_48MHZ         ((0x28 << 12) │ (0x01 << 4) │ (0x02))
#define S3C2410_CLKDIV        0x03            / *  FCLK: HCLK: PCLK = 1:2:4 * /
```

```
static inline void delay(unsigned long loops)          //延时函数
{
    __asm__ volatile("1:\n"                              //\n 表示换行
    "subs %0,%1,#1\n"
    "bne 1b":"=r"(loops):"0"(loops));
}


/* Miscellaneous platform dependent initialisations */
int board_init(void)     //板级初始化函数
{   //获得时钟频率
    S3C24X0_CLOCK_POWER * const clk_power = S3C24X0_GetBase_CLOCK_POWER();
    S3C24X0_GPIO * const gpio = S3C24X0_GetBase_GPIO();

    /* I/O 端口初始化 */
    gpio->GPACON = 0x007FFFFF;  //GPA 仅为输出端口
    gpio->GPBCON = 0x00044555;
    gpio->GPBUP = 0x000007FF;
    gpio->GPCCON = 0xAAAAAAAA;
    gpio->GPCUP = 0x0000FFFF;
    gpio->GPDCON = 0xAAAAAAAA;
    gpio->GPDUP = 0x0000FFFF;
    gpio->GPECON = 0xAAAAAAAA;
    gpio->GPEUP = 0x0000FFFF;
    gpio->GPFCON = 0x000055AA;
    gpio->GPFUP = 0x000000FF;
    gpio->GPGCON = 0xFF95FFBA;
    gpio->GPGUP = 0x0000FFFF;
    gpio->GPHCON = 0x002AFAAA;
    gpio->GPHUP = 0x000007FF;


    /* 支持 S3C2410 和 S3C2440,并判断是什么型号芯片 */
    if((gpio->GSTATUS1 == 0x32410000) || (gpio->GSTATUS1 == 0x32410002))
    {  //2410 或 2400 芯片
        /* FCLK:HCLK:PCLK = 1:2:4 */
        clk_power->CLKDIVN = S3C2410_CLKDIV;     //设置时钟比例

        /* 切换模式 */
        __asm__(    "mrc p15,0,r1,c1,c0,0\n"         /* read ctrl register */
                    "orr r1,r1,#0xc0000000\n"        /* Asynchronous */
                    "mcr p15,0,r1,c1,c0,0\n"         /* write ctrl register */
                    :::"r1"
                    );//关闭 P15,即关闭 mmu
```

```c
/* to reduce PLL lock time,adjust the LOCKTIME register */
clk_power -> LOCKTIME = 0xFFFFFF;                           //打开倍频时钟电源

/* configure MPLL */
clk_power -> MPLLCON = S3C2410_MPLL_200MHZ;                 //总线速度不能太快

/* some delay between MPLL and UPLL */
delay(4000);

/* configure UPLL */
clk_power -> UPLLCON = S3C2410_UPLL_48MHZ;                  //USB 速度

/* some delay between MPLL and UPLL */
delay(8000);
/* arch number of SMDK2410 - Board */
gd -> bd -> bi_arch_number = MACH_TYPE_SMDK2410;           //Linux 开发板型号
}
else
{
    /* FCLK:HCLK:PCLK = 1:4:8 */
    clk_power -> CLKDIVN = S3C2440_CLKDIV;

    /* change to asynchronous bus mod */
    __asm__( "mrc p15,0,r1,c1,c0,0\n"       /* read Ctrl register */
            "orr r1,r1,#0xc0000000\n"       /* Asynchronous */
            "mcr p15,0,r1,c1,c0,0\n"        /* write Ctrl register */
            :::"r1"
            );

    /* to reduce PLL lock time,adjust the LOCKTIME register */
    clk_power -> LOCKTIME = 0xFFFFFF;

    /* configure MPLL */
    clk_power -> MPLLCON = S3C2440_MPLL_400MHZ;

    /* some delay between MPLL and UPLL */
    delay(4000);

    /* configure UPLL */
    clk_power -> UPLLCON = S3C2440_UPLL_48MHZ;
```

```
        /* some delay between MPLL and UPLL */
        delay(8000);

        /* arch number of SMDK2440 - Board */
        gd -> bd -> bi_arch_number = MACH_TYPE_S3C2440;
    }
    /* adress of boot parameters */
    gd -> bd -> bi_boot_params = 0x30000100;        //U - Boot 存放 Linux 运行参数地址

    icache_enable();                                //开启指令 Cache 初始化
    dcache_enable();                                //开启数据 Cache 初始化
    return 0;
}


int dram_init(void)                                 //设置内存起始地址和内存大小
{
    gd -> bd -> bi_dram[0].start = PHYS_SDRAM_1;
    gd -> bd -> bi_dram[0].size = PHYS_SDRAM_1_SIZE;
    return 0;
}
```

4. 其他：初始化函数序列 init_sequence[]

init_sequence[]数组保存基本的初始化函数指针，这些函数名称和实现的程序文件在下列注释中。

```
    init_fnc_t * init_sequence[] = {
        cpu_init,           /* 基本的处理器相关配置——cpu/arm920t/cpu.c */
        board_init,         /* 基本的板级相关配置——board/smdk2410/smdk2410.c */
        interrupt_init,     /* 初始化例外处理——cpu/arm920t/s3c24x0/interrupt.c */
        env_init,           /* 初始化环境变量——common/env_flash.c */
        init_baudrate,      /* 初始化波特率设置——lib_arm/board.c */
        serial_init,        /* 串口通信设置——cpu/arm920t/s3c24x0/serial.c */
        console_init_f,     /* 控制台初始化阶段1——common/console.c */
        display_banner,     /* 打印 U - Boot 信息——lib_arm/board.c */
        dram_init,          /* 配置可用的 RAM——board/smdk2410/smdk2410.c */
        display_dram_config, /* 显示 RAM 的配置大小——lib_arm/board.c */
        NULL,
    };
```

start_armboot 是 U - Boot 执行的第一个 C 语言函数，用于完成系统初始化工作、进入主循环、处理用户输入的命令。以下简要列出主要执行的函数流程。

```
void start_armboot(void)                    //开发板时钟，初始化 U - Boot 相关配置
{
    //全局数据变量指针 gd 占用 r8
    DECLARE_GLOBAL_DATA_PTR;

    /* 给全局数据变量 gd 安排空间 */
    gd = (gd_t * )(_armboot_start - CFG_MALLOC_LEN - sizeof(gd_t));
    memset((void * )gd,0,sizeof(gd_t));

    /* 给电路板数据变量 gd -> bd 安排空间 */
    gd -> bd = (bd_t * )((char * )gd - sizeof(bd_t));
    memset(gd -> bd,0,sizeof(bd_t));
    monitor_flash_len = _bss_start - _armboot_start;//获取 U - Boot 的长度

    /* 顺序执行 init_sequence 数组中的初始化函数 */
    for(init_fnc_ptr = init_sequence; * init_fnc_ptr; ++ init_fnc_ptr){
        if((* init_fnc_ptr)()! = 0){
            hang();
        }
    }

    /* 配置可用的 Flash */
    size = flash_init();
    …
    /* 初始化堆空间 */
    mem_malloc_init(_armboot_start - CFG_MALLOC_LEN);

    /* 重新定位环境变量 */
    env_relocate();

    /* 从环境变量中获取 IP 地址 */
    gd -> bd -> bi_ip_addr = getenv_IPaddr("ipaddr");

    /* 以太网接口 MAC 地址 */
    …
    devices_init();          /* 设备初始化 */
    jumptable_init();        /* 跳转表初始化 */
    console_init_r();        /* 完整地初始化控制台设备 */
    enable_interrupts();     /* 使能中断处理 */

    /* 通过环境变量初始化 */
    if((s = getenv("loadaddr"))! = NULL){
        load_addr = simple_strtoul(s,NULL,16);
    }

    /* main_loop()循环不断执行 */
```

```
        for(;;){
                main_loop();/* 主循环函数处理执行用户命令——common/main.c */
        }
    }
```

2.5 U-Boot 应用：主要用于启动内核进行准备工作

2.5.1 U-Boot 的应用

使用 JTAG 烧写程序到 NAND Flash 的烧写过程十分缓慢。如果使用 U-Boot 烧写 NAND Flash，效率会高很多。烧写二进制文件到 NAND Flash 中所使用的命令与烧写内核映像文件 ulmage 的过程类似，只是不需要将二进制文件制作成 U-Boot 格式。

另外，可以将程序下载到内存中，然后使用 go 命令执行它。假设有一个程序的二进制可执行文件 test.bin，连接地址为 0x30000000，首先将它放在主机上的 tftp 或 nfs 目录下，确保已经开启 TFTP 或 NFS 服务，然后将它下载到内存 0x30000000 处，最后使用 go 命令执行它，执行步骤如下。

（1）首先执行如下命令。

```
tftp 0x30000000 test.bin
```

或

```
nfs 0x30000000 192.168.0.101:/work/nfs_root/test.bin
```

（2）然后执行 go 命令。

```
go 0x30000000
```

2.5.2 BootLoader 与内核的交互

BootLoader 与内核的交互是单向的，BootLoader 将各类参数传给内核。由于它们不能同时运行（U-Boot 和内核），传递办法只有一个：BootLoader 将参数放在某个约定的地方之后，再启动内核，内核启动后从这个地方获得参数。

除了约定好参数存放的地址外，还要规定参数的结构。Linux 2.4x 以后版本的内核都期望以标记列表（tagged list）的形式来传递启动参数。标记，就是一种数据结构；标记列表，就是顺序存放的多个标记列表，由 Tag_header 结构和一个联合（union）组成。Tag_header 结构表示标记的类型及长度，如表示内存或表示命令行参数等。对于不同类型的标记使用不同的联合（union），如表示内存时使用 tag_mem32（内存大小），表示命令行时使用 tag_cmdline。数据结构 tag 和 tag.header 定义保存在 Linux 内核源码的 include/asm/setup.h 头文件中。

2.6 U-Boot 的重要数据结构

U-Boot 主要是用于引导 OS 的，但是本身也提供许多强大的功能，可以通过输入命令行来完成许多操作，所以它本身也是一个很完整的系统。U – Boot 的大部分操作都是围绕它自身的数据结构进行的，这些数据结构是通用的，但是不同的电路板初始化这些数据的结果不同，所以 U – Boot 的通用代码是依赖于这些重要的数据结构的。这里所说的数据结构其实就是一些全局变量。

▶ 2.6.1　gd 全局数据变量指针

gd 全局数据变量指针用于保存 U – Boot 运行时所需的全局数据，类型定义如下。

```
typedef struct global_data {
    bd_t * bd;                      //board data pointor 电路板数据指针
    unsigned long flags;            //指示标志，如设备已经初始化标志等
    unsigned long baudrate;         //串口波特率
    unsigned long have_console;     /* 串口初始化标志 */
    unsigned long reloc_off;        /* 重新定位偏移，就是实际定向的位置与编译连接时指定的
                                       位置之差，一般为 0 */
    unsigned long env_addr;         /* 环境参数地址 */
    unsigned long env_valid;        /* 环境参数 CRC 检验有效标志 */
    unsigned long fb_base;          /* base address of frame buffer */
#ifdef CONFIG_VFD
    unsigned char vfd_type;         /* display type */
#endif
    void  * * jt;                   /* 跳转表 */
} gd_t;
```

▶ 2.6.2　bd 电路板数据指针

bd 电路板指针用于保存电路板中很多重要的参数。类型定义如下。

```
typedef struct bd_info
{
    int bi_baudrate;                        /* 串口波特率 */
    unsigned long bi_ip_addr;               /* IP 地址 */
    unsigned char bi_enetaddr[6];           /* MAC 地址 */
    struct environment_s      * bi_env;
    ulong         bi_arch_number;           /* unique id for this board */
    ulong         bi_boot_params;           /* 启动参数 */
    struct                                  /* RAM 配置 */
    {
        ulong start;
        ulong size;
    } bi_dram[CONFIG_NR_DRAM_BANKS];
} bd_t;
```

2.6.3 环境变量指针

> env_t * env_ptr = (env_t *)(&environment[0]);(common/env_flash.c)

env_ptr 指向环境参数区，系统启动时默认的环境参数为 environment[]，其定义在 common/environment.c 中。

参数解释如下。

bootdelay：定义执行自动启动的等候秒数。

baudrate：定义串口控制台的波特率。

netmask：定义以太网接口的掩码。

ethaddr：定义以太网接口的 MAC 地址。

bootfile：定义默认的下载文件。

bootargs：定义传递给 Linux 内核的命令行参数。

bootcmd：定义自动启动时执行的几条命令。

serverip：定义 TFTP 服务器端的 IP 地址。

ipaddr：定义本地的 IP 地址。

stdin：定义标准输入设备，一般是串口。

stdout：定义标准输出设备，一般是串口。

stderr：定义标准出错信息输出设备，一般是串口。

2.6.4 设备相关设置

标准 I/O 设备数组定义格式如下：

> device_t * stdio_devices[] = {NULL,NULL,NULL};

设备列表定义格式如下：

> list_t   devlist = 0;

device_t 的定义在 include/devices.h 中。

```
typedef struct
{
    int flags;                       /* Device flags:input/output/system */
    int ext;                         /* Supported extensions */
    char name[16];                   /* Device name */
    /* GENERAL functions */
    int( * start)(void);             /* To start the device */
    int( * stop)(void);              /* To stop the device */
    /* 输出函数 */
    void( * putc)(const char c);     /* To put a char */
    void( * puts)(const char * s);   /* To put a string(accelerator) */
    /* 输入函数 */
```

```
        int( * tstc)(void);                    /* To test if a char is ready... */
        int( * getc)(void);                    /* To get that char */
        /* Other functions */
        void * priv;                           /* Private extensions */
    } device_t;
```

U – Boot 把可以用作控制台输入/输出的设备添加到设备列表 devlist 中，并把当前用作标准 I/O 的设备指针加入 stdio_devices 数组中。在调用标准 I/O 函数（如 printf( )）时，将调用 stdio_devices 数组对应设备的 I/O 函数，如 putc( )。

▶ 2.6.5 命令结构体类型定义

命令结构体类型的定义在 command. h 中。

```
    struct cmd_tbl_s {
        char  * name;                          /* 命令名 */
        int maxargs;                           /* 最大参数个数 */
        int   repeatable;                      /* autorepeat allowed? */
                                               /* 命令执行函数 */
        int( * cmd)(struct cmd_tbl_s * ,int,int,char * [ ]);
        char * usage;                          /* Usage message(short) */
    #ifdef CFG_LONGHELP
        char * help;                           /* Help message(long) */
    #endif
    #ifdef CONFIG_AUTO_COMPLETE                /* do auto completion on the arguments */
        int( * complete)(int argc,char * argv[ ],char last_char,int maxv,char * cmdv[ ]);
    #endif
    };

    typedef struct cmd_tbl_s cmd_tbl_t;
```

定义 section 属性的结构体后，编译时会单独生成一个名为 . u_boot_cmd 的 section 段。

```
    define Struct_Section __attribute__(( unused,section(". u_boot_cmd")))
```

定义命令结构体变量，代码如下。

```
    U_BOOT_CMD(
        dcache, 2, 1,      do_dcache,
        "dcache   - enable or disable data cache\n",
        "[on,off]\n"
        "     - enable or disable data(writethrough)cache\n"
        );
```

定义命令结构体变量就是定义了一个 cmd_tbl_t 类型的结构体变量，这个结构体变量名为_u_boot_cmd_dcache。其中，变量的五个域初始化为括号中的内容，分别指明了命令名、参数个数、重复数、执行命令的函数、命令提示。每个命令都对应这个变量。同时，这个结构体变量的 section 属性为 . u_boot_cmd。也就是说，每个变量编译结束时，在目标文件中都会有一个 . u_boot_cmd 的 section，一个 section 就是链接时的一个输入段，如 . text，. bss，. data 等都是 section。

最后由链接程序把所有的 . u_boot_cmd 段链接在一起，这样就组成了一个命令结构体数组。

u－boot. lds 中相应脚本如下。

```
. = . ;
__u_boot_cmd_start = . ;
. u_boot_cmd : { * ( . u_boot_cmd ) }
__u_boot_cmd_end = . ;
```

可以看到，所有的命令结构体变量集中在_u_boot_cmd_start 开始到_u_boot_cmd_end 结束的连续地址范围内，这样形成一个 cmd_tbl_t 类型的数组，run_command 函数就是在这个数组中查找命令的。

第 3 章

Linux内核裁剪

3.1 嵌入式 Linux 内核启动过程

▶ 3.1.1 Linux 版本及特点

Linux 内核的版本号可以从源代码的顶层目录下的 Makefile 中查到，如下面几行构成了 Linux 的版本号：2.6.32.2。

```
VERSION = 2
PATCHLEVEL = 6
SUBLEVEL = 32
EXTRAVERSION = . 2
```

其中，VERSION 和 PATCHLEVEL 组成主版本号，如 2.6、2.4 等，稳定版本的主版本号用偶数表示，每隔 2~3 年会出现一个稳定版本。开发中的版本号用奇数表示，它是下一个稳定版本的前身。紧接着是次版本号，如 2.6.22、2.6.29、2.6.32 等。次版本号不分奇偶数，顺序递增，每隔 1~2 个月发布一个稳定版本。然后是升级版本号，如 2.6.18.2、2.6.32.2。升级版本号不分奇偶数，顺序递增。每周几次发布升级版本号，修正最新的稳定版本的问题。

Linux 是一个一体化内核系统，设备驱动可以完全访问硬件。Linux 内核的设备驱动程序可以方便地以模块化的形式设置，并在系统运行期间可直接装载或卸载。

Linux 内核的最初版本在 1991 年发布，这是 Linus Torvalds 为他的 386 开发的一个类似 Minix 的操作系统。正式的 Linux 1.0 发行于 1994 年 3 月，这几乎是一种正式的独立宣言，从那时起，Linux 系统的核心开发团队也建立起来了。

Linux 2.6 于 2003 年 12 月发布，该系统的内核支持更多的平台，从小规模的嵌入式系统升级到服务器级的 64 位系统；使用了新的调度器，进程的切换更高效；内核可被抢占，使得用户的操作可以得到更快速的响应；I/O 子系统也经历很大的修改，使得它在各种工作负荷下都更具响应性；模块子系统、文件系统都做了大量的改进。另外，以前使用 Linux 的变种 uClinux 来支持没有 MMU 的处理器，现在 2.6 版本的 Linux 中已经融入了 uClinux 的功能，并可以支持没有 MMU 的处理器。

Linux 内核本身并不是操作系统，它是一个完整操作系统的组成部分。Red Hat、Ubuntu

和 Fedora 等 Linux 发行商都采用 Linux 内核，并加入更多的工具、库和应用程序来构建一个完整的操作系统。

3.1.2 内核代码初始化分析

系统初始化的主干线是：start_kernel( )→setup_arch( )→reset_init( )→ kernel_thread（init···）→ init( )→ do_basic_setup( )→driver_init( )→ do_initcall( )。

start_kernel( )函数负责初始化内核的各个子系统，它通过调用 reset_init( )，启动一个 init 的内核线程，继续初始化。start_kernel( )函数在 init/main. c 中实现。

```
asmlinkage void __init start_kernel(void)
{
    char * command_line;
    extern struct kernel_param __start___param[ ],__stop___param[ ];
    smp_setup_processor_id( );
    /*
     * Need to run as early as possible,to initialize the
     * lockdep hash
     */
    lockdep_init( );
    local_irq_disable( );
    early_boot_irqs_off( );
    early_init_irq_lock_class( );

    /* Interrupts are still disabled. Do necessary setups,then enable them */
    lock_kernel( );
    boot_cpu_init( );
    page_address_init( );
    printk(KERN_NOTICE);
    printk(linux_banner);
    setup_arch(&command_line);
    //setup processor and machine and destinate some pointers for do_initcalls( )functions
    // for example init_machine pointer is initialized with smdk_machine_init( )function ,and //init_
    machine( )function is called by customize_machine( ),and the function is processed by //arch_initcall
    (fn). Therefore smdk_machine_init( )is issured. by edwin
    setup_per_cpu_areas( );
    smp_prepare_boot_cpu( );                    /* arch - specific boot - cpu hooks */
    /*
     * Set up the scheduler prior starting any interrupts(such as the
     * timer interrupt). Full topology setup happens at smp_init( )
     * time - but meanwhile we still have a functioning scheduler
     */
    sched_init( );
    /*
```

```
 * Disable preemption – early bootup scheduling is extremely
 * fragile until we cpu_idle( ) for the first time
 */
preempt_disable( );
build_all_zonelists( );
page_alloc_init( );
printk( KERN_NOTICE "Kernel command line: % s\n", saved_command_line);
parse_early_param( );
parse_args( "Booting kernel", command_line, __start___param,
    __stop___param - __start___param,
    &unknown_bootoption);
sort_main_extable( );
unwind_init( );
trap_init( );
rcu_init( );
init_IRQ( );
pidhash_init( );
init_timers( );
hrtimers_init( );
softirq_init( );
timekeeping_init( );
time_init( );
profile_init( );
if( !irqs_disabled( ))
    printk( "start_kernel( ): bug: interrupts were enabled early\n");
early_boot_irqs_on( );
local_irq_enable( );

/*
 * HACK ALERT! This is early. We're enabling the console before
 * we've done PCI setups etc, and console_init( ) must be aware of
 * this. But we do want output early, in case something goes wrong
 */
console_init( );
if( panic_later)
    panic( panic_later, panic_param);
lockdep_info( );
/*
 * Need to run this when irqs are enabled, because it wants
 * to self – test [ hard/soft ] – irqs on/off lock inversion bugs
 * too
 */
```

```
            locking_selftest( ) ;

#ifdef CONFIG_BLK_DEV_INITRD
    if( initrd_start && ! initrd_below_start_ok &&
            initrd_start < min_low_pfn << PAGE_SHIFT) {
        printk( KERN_CRIT " initrd overwritten( 0x%08lx < 0x%08lx) - "
            " disabling it. \n" , initrd_start , min_low_pfn << PAGE_SHIFT) ;
        initrd_start = 0 ;
    }
#endif
    vfs_caches_init_early( ) ;
    cpuset_init_early( ) ;
    mem_init( ) ;
    kmem_cache_init( ) ;
    setup_per_cpu_pageset( ) ;
    numa_policy_init( ) ;
    if( late_time_init)
        late_time_init( ) ;
    calibrate_delay( ) ;
    pidmap_init( ) ;
    pgtable_cache_init( ) ;
    prio_tree_init( ) ;
    anon_vma_init( ) ;
#ifdef CONFIG_X86
    if( efi_enabled)
        efi_enter_virtual_mode( ) ;
#endif
    fork_init( num_physpages) ;
    proc_caches_init( ) ;
    buffer_init( ) ;
    unnamed_dev_init( ) ;
    key_init( ) ;
    security_init( ) ;
    vfs_caches_init( num_physpages) ;
    radix_tree_init( ) ;
    signals_init( ) ;
    / * rootfs populating might need page - writeback */
    page_writeback_init( ) ;
#ifdef CONFIG_PROC_FS
    proc_root_init( ) ;
#endif
    cpuset_init( ) ;
```

```
        taskstats_init_early();
        delayacct_init();

        check_bugs();

        acpi_early_init();            /* before LAPIC and SMP init */

        /* Do the rest non-_init'ed,we're now alive */
        rest_init();
    }
```

在 start_kernel() 源码中，setup_arch() 和 reset_init() 是两个比较关键的函数。下面将具体分析这两个函数。

▶ 3.1.3　setup_arch() 函数分析

setup_arch() 函数主要工作是安装 CPU 和 MACHINE，并为 start_kernel() 后面的初始化函数指针指定值。

其中，setup_processor() 函数调用 linux/arch/arm/kernel/head_common. S 中的 lookup_processor_type 函数查询处理器的型号并安装。

setup_machine() 函数调用 inux/arch/arm/kernel/head_common. S 中的 lookup_machine_type（_machine_arch_type）函数，并根据体系结构号_machine_arch_type，在_arch_info_begin 和_arch_info_end 段空间查询体系结构。问题是_machine_arch_type 是在什么时候赋的初值？_arch_info_begin 和_arch_info_end 段空间到底放的是什么内容？

_machine_arch_type 是一个全局变量，在 linux/boot/decompress/misc. c 的解压缩函数中得以赋值。

```
        decompress_kernel(ulg output_start,
                          ulg free_mem_ptr_p,
                          ulg free_mem_ptr_end_p,
                          int arch_id)
        {
            __machine_arch_type = arch_id;
        }
```

_arch_info_begin 和_arch_info_end 段空间存放的内容由链接器决定，此处存放是. arch. info. init 段的内容。这个段是通过段属性_attribute_指定的。

在 linux/include/asm-arm/mach/arch. h 中找到 MACHINE_START 宏定义如下所示。

```
        __attribute__((__section__(". arch. info. init"))) = {
        #define MACHINE_START(_type,_name)                \
        static const struct machine_desc __mach_desc_##_type        \
```

```
        __attribute_used__                                          \
        __attribute__((( __section__(". arch. info. init")))) = {   \
            . nr = MACH_TYPE_##_type,                               \
            . name = _name,

#define MACHINE_END                                                 \
};
```

在 linux/arch/arm/mach – s3c2410/mach – smdk2410. c 中对 . arch. info. init 段的初始化代码如下。

```
MACHINE_START( SMDK2410, "SMDK2410" )      /* @ TODO: request a new identifier and switch
                * to SMDK2410 */
        /* Maintainer: Jonas Dietsche */
        . phys_io = S3C2410_PA_UART,
        . io_pg_offst = ((( u32) S3C24XX_VA_UART) >> 18) & 0xfffc,
        . boot_params = S3C2410_SDRAM_PA + 0x100,
        . map_io = smdk2410_map_io,
        . init_irq = s3c24xx_init_irq,
        . init_machine = smdk_machine_init,
        . timer = &s3c24xx_timer,
MACHINE_END
```

由此可见，在 . arch. info. init 段内存放了_desc_mach_desc_SMDK2410 结构体，初始化了相应的初始化函数指针。但是，这些初始化指针函数被调用的时间不同。

例如，s3c24xx_init_irq() 函数是通过 start_kernel() 里的 init_IRQ() 函数调用 init_arch_irq() 实现的。因为在 MACHINE_START 结构体中 . init_irq = s3c24xx_init_irq，而在 setup_arch() 函数中 init_arch_irq = mdesc -> init_irq，所以调用 init_arch_irq() 就相当于调用了 s3c24xx_init_irq()。

又如，smdk_machine_init() 函数的初始化。在 MACHINE_START 结构体中，函数指针赋值，. init_machine = smdk_machine_init。而 init_machine() 函数被 linux/arch/arm/kernel/setup. c 文件中的 customize_machine() 函数调用并被 arch_initcall(Fn) 宏处理：arch_initcall(customize_machine)。被 arch_initcall(Fn) 宏处理后，函数将调用 linux/init/main. c do_initcalls() 函数。具体参看如下代码。

```
void __init setup_arch( char * * cmdline_p)
{
        struct tag * tags = ( struct tag * )&init_tags;
        struct machine_desc * mdesc;
        char * from = default_command_line;

        setup_processor();
        mdesc = setup_machine( machine_arch_type) ;//machine_arch_type = SMDK2410 by edwin
```

```
        machine_name = mdesc -> name;

        if( mdesc -> soft_reboot)
            reboot_setup("s");

        if( mdesc -> boot_params)
            tags = phys_to_virt( mdesc -> boot_params);

        / * If we have the old style parameters,convert them to a tag list * /
        if( tags -> hdr. tag ! = ATAG_CORE)
            convert_to_tag_list( tags);
        if( tags -> hdr. tag ! = ATAG_CORE)
            tags = ( struct tag  * )&init_tags;

        if( mdesc -> fixup)
            mdesc -> fixup( mdesc, tags,&from,&meminfo);

        if( tags -> hdr. tag == ATAG_CORE) {
            if( meminfo. nr_banks ! = 0)
                squash_mem_tags( tags);
            parse_tags( tags);
        }
        init_mm. start_code = ( unsigned long)&_text;
        init_mm. end_code = ( unsigned long)&_etext;
        init_mm. end_data = ( unsigned long)&_edata;
        init_mm. brk = ( unsigned long)&_end;

        memcpy( saved_command_line, from, COMMAND_LINE_SIZE);
        saved_command_line[ COMMAND_LINE_SIZE - 1] = '\0';
        parse_cmdline( cmdline_p, from);
        paging_init(&meminfo, mdesc);
        request_standard_resources(&meminfo, mdesc);

#ifdef CONFIG_SMP
        smp_init_cpus();
#endif
        cpu_init();
        / * Set up various architecture - specific pointers * /
        init_arch_irq = mdesc -> init_irq;
        system_timer = mdesc -> timer;
        init_machine = mdesc -> init_machine;
```

```
#ifdef CONFIG_VT
#if defined(CONFIG_VGA_CONSOLE)
    conswitchp = &vga_con;
#elif defined(CONFIG_DUMMY_CONSOLE)
    conswitchp = &dummy_con;
#endif
#endif
}
```

▶ 3.1.4   rest_init()函数分析

Start_kernel()函数负责初始化内核各子系统，并通过调用 reset_init()，启动 init 内核线程，继续初始化。在 init 内核线程中，将执行 init()函数。init()函数负责完成根文件系统的挂接、初始化设备驱动程序和启动用户空间的 init 进程等重要工作。

```
static void noinline rest_init(void)
  __releases(kernel_lock)
{
    kernel_thread(init,NULL,CLONE_FS | CLONE_SIGHAND);
    numa_default_policy();
    unlock_kernel();

    /* The boot idle thread must execute schedule() at least one to get things moving */
    preempt_enable_no_resched();
    schedule();
    preempt_disable();

    /* Call into cpu_idle with preempt disabled */
    cpu_idle();
}
static int init(void * unused)
{
    lock_kernel();
    /*
     * init can run on any cpu
     */
    set_cpus_allowed(current,CPU_MASK_ALL);
    /*
     * Tell the world that we're going to be the grim
     * reaper of innocent orphaned children.
     * We don't want people to have to make incorrect
     * assumptions about where in the task array this
     * can be found
     */
```

```
child_reaper = current;

smp_prepare_cpus(max_cpus);

do_pre_smp_initcalls();

smp_init();
sched_init_smp();
cpuset_init_smp();
/* Do this before initcalls, because some drivers want to access firmware files */
populate_rootfs();          //挂接根文件系统
do_basic_setup();           //初始化设备驱动程序

/* check if there is an early userspace init. If yes, let it do all
 * the work */
//启动用户空间的 init 进程
if(!ramdisk_execute_command)
    ramdisk_execute_command = "/init";

if(sys_access((const char __user *)ramdisk_execute_command,0)! = 0){

    ramdisk_execute_command = NULL;
    prepare_namespace();
}
/* Ok, we have completed the initial bootup, and
 * we're essentially up and running. Get rid of the
 * initmem segments and start the user-mode stuff */
free_initmem();
unlock_kernel();
mark_rodata_ro();
system_state = SYSTEM_RUNNING;
numa_default_policy();

if(sys_open((const char __user *)"/dev/console",O_RDWR,0) <0)
    printk(KERN_WARNING "Warning: unable to open an initial console. \n");

(void)sys_dup(0);
(void)sys_dup(0);

if(ramdisk_execute_command){
    run_init_process(ramdisk_execute_command);
    printk(KERN_WARNING "Failed to execute %s\n",
        ramdisk_execute_command);
```

```
        }
        / *  We try each of these until one succeeds.
         *  The Bourne shell can be used instead of init if we are
         *  trying to recover a really broken machine */
        if( execute_command) {
            run_init_process( execute_command) ;
            printk( KERN_WARNING "Failed to execute % s.  Attempting "
                        "defaults...\n" , execute_command) ;
        }
        run_init_process( "/sbin/init" ) ;
        run_init_process( "/etc/init" ) ;
        run_init_process( "/bin/init" ) ;
        run_init_process( "/bin/sh" ) ;


        panic( "No init found.  Try passing init = option to kernel. " ) ;
    }
```

▶ 3.1.5 挂接根文件系统

挂接根文件系统文件为 linux/init/ramfs.c，代码如下。

```
    void __init populate_rootfs( void)
    {
            char  * err = unpack_to_rootfs( __initramfs_start,
                __initramfs_end – __initramfs_start,0) ;
            if( err)
                panic( err) ;
    #ifdef CONFIG_BLK_DEV_INITRD
        if( initrd_start) {
    #ifdef CONFIG_BLK_DEV_RAM
            int fd;
            printk( KERN_INFO "checking if image is initramfs..." ) ;
            err = unpack_to_rootfs( ( char  * ) initrd_start,
                initrd_end – initrd_start,1) ;
            if( !err) {
                printk( " it is\n" ) ;
                unpack_to_rootfs( ( char  * ) initrd_start,
                    initrd_end – initrd_start,0) ;
                free_initrd( ) ;
                return;
            }
            printk( "it isn 't( % s) ;looks like an initrd\n" ,err) ;
```

```
        fd = sys_open("/initrd. image",O_WRONLY | O_CREAT,0700);
        if(fd > = 0){
            sys_write(fd,(char * )initrd_start,
                initrd_end - initrd_start);
            sys_close(fd);
            free_initrd();
    }
#else
    printk(KERN_INFO "Unpacking initramfs...");
    err = unpack_to_rootfs((char * )initrd_start,
        initrd_end - initrd_start,0);
    if(err)
        panic(err);
    printk(" done\n");
    free_initrd();
#endif
    }
#endif
}
```

▶ ### 3.1.6　初始化设备驱动程序

初始化设备驱动程序为 linux/init/main. c，代码如下。

```
static void __init do_basic_setup(void)
{
        /* drivers will send hotplug events */
        init_workqueues();
        usermodehelper_init();
        driver_init();       /* 初始化驱动程序模型。调用驱动初始化函数初始化子系统 */

        #ifdef CONFIG_SYSCTL
            sysctl_init();
        #endif
            do_initcalls();
        }
        linux/init/main. c
        extern initcall_t __initcall_start[ ],__initcall_end[ ];
        static void __init do_initcalls(void)
        {
            initcall_t * call;
            int count = preempt_count();
```

```
                    for( call = __initcall_start;call < __initcall_end;call ++ ) {
                        char  * msg = NULL;
                        char msgbuf[ 40 ];
                        int result;

                        if( initcall_debug) {
                            printk( "Calling initcall 0x% p" , * call) ;
                            print_fn_descriptor_symbol( " : % s( ) " ,
                                ( unsigned long) * call) ;
                            printk( " \n" ) ;
                        }

                        result = ( * call) ( ) ;
                        …
                …
                …
                    }
                    / *  Make sure there is no pending stuff from the initcall sequence  * /
                    flush_scheduled_work( ) ;
            }
```

　　分析上面一段代码可以看出，设备的初始化是通过 do_basic_setup( ) 函数调用 do_init-calls( ) 函数，实现_initcall_start, _initcall_end 段之间的指针函数执行的。但是，到底是哪些驱动函数怎么会被集中到这个段内呢？系统内存空间的分配是由链接器 ld 读取链接脚本文件决定的。链接器将同样属性的文件组织到相同的段里面去，如所有的 .text 段都被放在一起。在链接脚本里可以获得某块内存空间的具体地址。例如，linux - 2.6.18.8\arch\arm\kernel\vmlinux.lds.S 文件，由于该文件过长，本书只列出与_initcall_start、_initcall_end 相关的部分。

```
        _initcall_start =.;
                * (. initcall1. init)
                * (. initcall2. init)
                * (. initcall3. init)
                * (. initcall4. init)
                * (. initcall5. init)
                * (. initcall6. init)
                * (. initcall7. init)
        _initcall_end =.;
```

　　从脚本文件中可以看出，在_initcall_start 和_initcall_end 之间放置的是属性为 .initcall *.init 的函数数据。在 linux/include/linux/init.h 文件中可以得知，.initcall *.init 属性是由

_define_initcall(level,fn) 宏设定的。

```
#define __define_initcall(level,fn) \
static initcall_t __initcall_##fn __attribute_used__ \
__attribute__(((__section__(".initcall" level ".init")))) = fn

#define core_initcall(fn)        __define_initcall("1",fn)
#define postcore_initcall(fn)    __define_initcall("2",fn)
#define arch_initcall(fn)        __define_initcall("3",fn)
#define subsys_initcall(fn)      __define_initcall("4",fn)
#define fs_initcall(fn)          __define_initcall("5",fn)
#define device_initcall(fn)      __define_initcall("6",fn)
#define late_initcall(fn)        __define_initcall("7",fn)
#define __initcall(fn)           device_initcall(fn)
```

由此可以判断，所有的设备驱动函数都必然通过 * _initcall(fn) 宏的处理。以此为入口，可以查询所有的设备驱动。

```
core_initcall(fn)
static int __init consistent_init(void)        linux/arch/arm/mm/consistent.c
static int __init v6_userpage_init(void)        linux/arch/arm/mm/copypage - v6.c
static int __init init_dma(void)               linux/arch/arm/kernel/dma.c
static int __init s3c2410_core_init(void)       linux/arch/arm/mach - s3c2410/s3c2410.c

postcore_initcall(fn)
static int ecard_bus_init(void)                linux/arch/arm/kernel/ecard.c

arch_initcall(fn)
static __init int bast_irq_init(void)          linux/arch/arm/mach - s3c2410/bast - irq.c
static int __init s3c_arch_init(void)          linux/arch/arm/mach - s3c2410/cpu.c
static __init int pm_simtec_init(void)         linux/arch/arm/mach - s3c2410/pm - simtec.c
static int __init customize_machine(void)      linux/arch/arm/kernel/setup.c

subsys_initcall(fn)
static int __init ecard_init(void)             linux/arch/arm/kernel/ecard.c
int __init scoop_init(void)                    linux/arch/arm/common/scoop.c
static int __init topology_init(void)          linux/arch/arm/kernel/setup.c

fs_initcall(fn)
static int __init alignment_init(void)         linux/arch/arm/mm/alignment.c
```

```
device_initcall( fn)
static int __init leds_init( void)                          linux/arch/arm/kernel/time. c
static int __init timer_init_sysfs( void)                   linux/arch/arm/kernel/time. c

late_initcall( fn)
static int __init crunch_init( void)                        arch/arm/kernel/crunch. c
static int __init arm_mrc_hook_init( void)                  linux/arch/arm/kernel/traps. c
```

Linux 内核的启动流程图如图 3.1 所示。

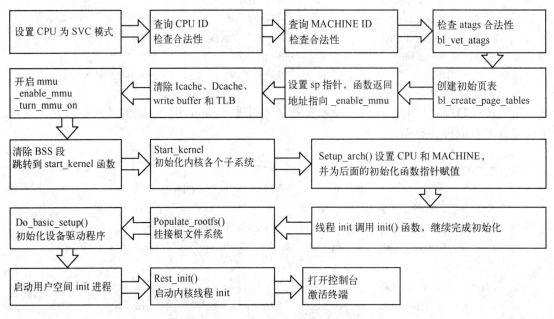

图 3.1　Linux 内核启动流程

3.2　Linux 内核源码目录介绍

Linux 源码顶层目录结构如图 3.2 所示。

Linux 内核源码目录中，各目录及文件保存内容如下所示。

arch：体系结构相关的代码，对于每个架构的 CPU，在 arch 目录下有一个对应的子目录，如 arch/arm/、arch/i386/等，类似于 U – Boot 的 CPU 目录。支持的芯片架构如 ARM、x86、MIPS、AVR32、PowerPC、M68k。

block：块设备的通用函数。

crypto：常用加密和散列算法（如 AES、SHA 等），以及一些压缩和 CRC 校验算法。

Documentation：这里存放内核的所有开发文档，其中的文件随版本的演变发生变化，通过阅读这里的文件，可以获得内核最新的开发资料。

drivers：所有的设备驱动程序，该目录中的每一个子目录对应一类驱动程序，如drivers/

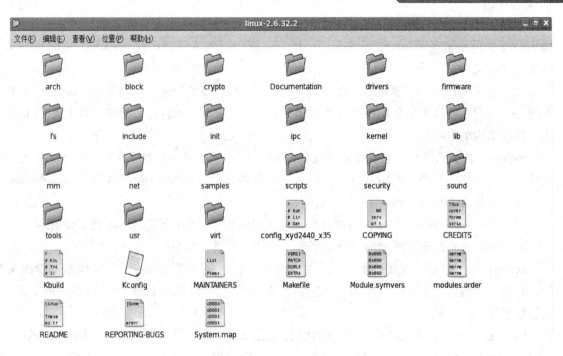

图 3.2　Linux 源码顶层目录结构

block/为块设备驱动程序，drivers/char/为字符设备驱动程序，drivers/mtd/为 NOR Flash、NAND Flash 等存储设备的驱动程序。drivers 目录是内核中最大的源代码存放处，大约占整个内核的一多半。其中，经常用到的目录如下所述。

drivers/char：字符设备是 drivers 目录中最为常用，也是最为重要的目录，其中包含了大量与驱动程序无关的代码。通用的 tty 层在这里实现，console. c 定义了 Linux 终端类型；vt. c 中定义了虚拟控制台；keyboard. c 实现高级键盘处理，它导出 handle_scancode 函数，以便其他与平台相关的键盘驱动使用。本书的大部分实验也是放在这个目录下。

driver/block：存放所有的块设备驱动程序，也保存了一些与设备无关的代码。例如，rd. c 实现了 RAM 磁盘；nbd. c 实现了网络块设备；loop. c 实现了回环块设备。

drives/id：专门存放针对 IDE 设备的驱动。

drivers/scsi：存放 SCSI 设备的驱动程序，当前的 CD 刻录机、扫描仪、U 盘等设备都依赖这个 SCSI 的通用设备。

drivers/net：存放网络接口适配器的驱动程序，还包括一些线路规程的实现，但不实现实际的通信协议，这部分在顶层目录的 net 目录中实现。

drivers/video：保存所有帧缓冲区视频设备的驱动程序，整个目录实现一个单独的字符设备驱动。/dev/fb 设备的入口点在 fbmem. c 文件中，该文件注册主设备号并维护一个该设备的清单，其中记录了哪一个帧缓冲区设备负责哪个设备号。

drivers/media：存放的代码主要针对无线电和视频输入设备，如目前流行的 USB 摄像头。

firmware：原厂提供的固件库。

fs：Linux 支持的文件系统的代码，每个子目录对应一种文件系统，如 fs/jffs2/、fs/

ext2/、fs/ext3/。文件系统是 Linux 中非常重要的子系统，这里实现了许多重要的系统调用，如 exec.c 文件中实现了 execve 系统调用；用于文件访问的系统调用在 open.c、read_write.c 等文件中定义。

文件系统的挂装、卸载和用于临时根文件系统的 initrd 在 super.c 中实现；devices.c 中实现了字符设备和块设备驱动程序的注册函数；file.c、inode.c 实现了管理文件和索引节点内部数据结构的组织。

include：内核头文件，包括基本头文件（存放在 include/linux/ 目录下）、各种驱动或功能部件的头文件、各类体系相关的头文件。当配置内核后，include/asm/ 是每个 include/asm – xxx/（如 include/asm – asm/）的链接。

init：Linux 的 main.c 程序，通过这个比较简单的程序，可以理解 Linux 的启动流程。

ipc：system V 的进程间通信的原语实现，包括信号量、共享内存。

kernel：这个目录下存放的是除网络、文件系统、内存管理之外的所有其他基础设施文件，其中至少包括进程调度 sched.c、进程建立 fork.c、定时器的管理 timer.c、中断处理、信号处理等。

mm：这个目录包含实现内存管理的代码，包括所有与内存管理相关的数据结构，其中，在驱动中需要使用的 kmalloc 和 kfree 函数在 slab.c 中实现；mmap 在 mmap.c 中的 do_mmap_pgoff 函数中定义；将文件映射到内存的实现在 filemap.c 中；mprotect 在 mprotect.c 中实现；remap 在 remap.c 中实现；vmscan.c 中实现了 kswapd 内核线程，它用于将未使用和老化的页面释放到交换空间，这个文件对系统的性能起着关键的影响。

net：网络支持代码。

samples：一般不用。

scripts：用于配置、编译内核的脚本文件。

lib：内核用到的一些库函数代码，如 crc32.c、string.c，与处理器相关的库函数代码位于 arch/ * /lib/ 目录下，包括一些通用支持函数，类似于标准 C 的库函数。其中，包括了最重要的 vsprintf 函数的实现，它是 printk 和 sprintf 函数的核心；以及将字符串转换为长整形数的 simple_atol 函数。

security：安全、密钥相关的代码。

sound：音频设备的驱动程序。

3.3 Linux 内核配置系统分析

Linux 内核源代码支持二十多种体系结构的处理器，以及各种驱动程序。因此，在编译内核之前必须根据程序运行的平台配置内核源代码。Linux 内核源代码提供了一套配置系统，方便用户使用可视化的菜单配置内核选项，配置系统主要包括 Makefile、Kconfig 和配置工具等。常用的配置方式有 make menuconfig 和 make xconfig，分别如图 3.3 和图 3.4 所示。

make xconfig 生成的配置界面是基于 X – Windows 图形窗口的，要求开发环境安装 Qt。

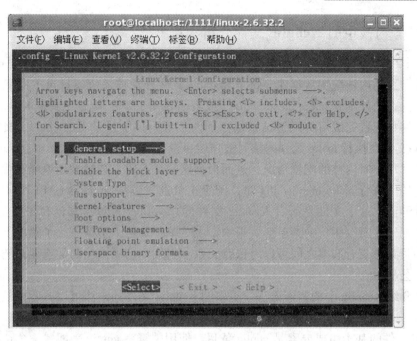

图 3. 3　make menuconfig 配置界面

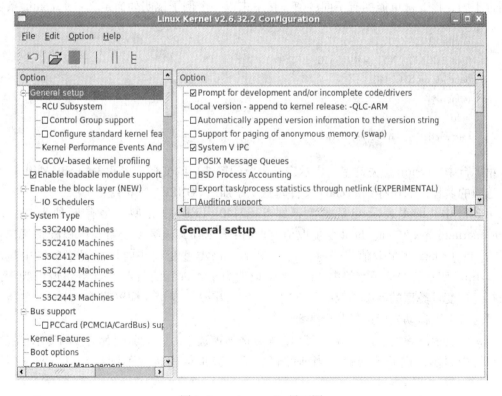

图 3. 4　make xconfig 界面图

3.3.1　内核中的 Kconfig 文件介绍

在 Linux 2.6 内核的源码树目录下的 Kconfig 文件分布在各目录下，这些 Kconfig 文件构成了一个分布式的内核配置数据库。每个 Kconfig 文件分别描述所属目录下源文件相关的内核配置菜单。在内核配置 make menuconfig（或 xconfig 等）时，配置工具从 Kconfig 中读出配置菜单，当用户配置完成后将配置结果保存到内核源码顶层目录下的 .config 文件。这个隐藏的 .config 文件在执行 make 编译内核时被顶层目录下的 Makefile 调用，根据 .config 文件中的宏定义了解用户对内核的配置情况，进而根据这些个宏定义选择性地编译源代码。

当在终端下执行 make menuconfig 时，配置工具通过读取 arch/ $ (ARCH)/Kconfig 文件来生成配置界面，这个文件是所有 Kconfig 文件的总入口，它包含其他目录下的 Kconfig 文件。内核的配置界面以树状的菜单形式组织，主菜单下有若干子菜单，子菜单下又有菜单或选项。这些子菜单或者选项之间可以有依赖关系，当某个选项依赖的父选项被选中时，该选项的菜单才会显示。

接下来介绍 Kconfig 中的基本语法，更多的 Kconfig 文件的语法可以参考内核提供的说明文档。

Kconfig 文件的基本组成要素是 config 条目，使用关键字 config 来配置一个选项可生成一个变量，这个变量在配置阶段被赋值，并在完成配置后保存到 .config 文件中。根据定义时的属性不同，该变量可能拥有不同的值。接下来以一个例子说明如何定义一个 config 条目。

```
config S3C2440_LED
bool "CONFIG XYD2440BOARD LEDS"
depends on S3C2440
default y
help
this config can choice led device build kernel
```

第 1 行中，config 是关键字，表示定义一个配置选项的变量，紧跟着的 S3C2440_LED 是这个选项的名称，当保存到 .config 文件时默认添加 "CONFIG_" 前缀。

第 2 行中，bool 表示变量类型，即 S3C2440_LED 的类型。共有五种类型：bool、tristate、string、hex 和 int。bool 变量取值有两种：y 和 n，该类型变量在内核配置菜单栏中显示为 [ ]；tirstate 变量取值有三种：y、n 和 m，该类型变量在内核配置菜单栏中显示为 < >；string 变量的取值是字符串；hex 变量取值为十六进制的数据；int 变量取值为十进制的数据。在变量类型的后面用双引号括起来的字符串是该变量在配置菜单栏中显示的提示信息，可通过上下移动光标选择某个变量。

第 3 行表示依赖关系，只有 S3C2440 配置选项被选中时，当前配置选项的提示信息才会在菜单栏中显示，进而才能设置当前配置选项。如果依赖条件不满足，则当前选项取默认值。

第 4 行表示默认值为 y。

第 5 行表示下面的内容是帮助信息。

在内核源码顶层目录下使用 make menuconfig 命令进入到菜单栏形式的配置界面，若要修改内核配置选项，则要首先在子菜单中找到该选项，配置选项名字后有"→"表示它是一个子菜单，首先用上下键选中它，然后按回车键进入。若在子菜单中找到要配置的选项，则使用方向键高亮选择它，若按下 Y 键选择将它编译进内核，就会在 .config 中生成一个 CONFIG_XXXX = y 的配置；若按下 M 键选择将它编译成模块，则会在 .config 中生成一个 CONFIG_XXXX = m 的配置；若按下 N 键则将不使用它。也可以通过空格键循环选择。

3.3.2　Linux 内核源码 Makefile 文件分析

Makefile 的作用是根据配置的情况，构造出需要编译的源文件列表，然后分别编译，并把目标代码链接到一起，最终形成 Linux 内核二进制文件。

由于 Linux 内核源代码是按照树形结构组织的，所以 Makefile 也被分布在目录树中。Linux 内核中的 Makefile 及与 Makefile 直接相关的文件如下所示。

（1）Makefile：顶层 Makefile，是整个内核配置、编译的总体控制文件。

（2）.config：内核配置文件，包含由用户选择的配置选项，用来存放内核配置后的结果（如 make config）。

（3）arch/＊/Makefile：位于各种 CPU 体系目录下的 Makefile，如 arch/arm/Makefile，是针对特定平台的 Makefile。

（4）各个子目录下的 Makefile：如 drivers/Makefile，负责所在子目录下源代码的管理。

（5）Rules.make：规则文件，被所有的 Makefile 使用。

用户通过 make menuconfig 配置后，产生 .config。顶层 Makefile 读入 .config 中的配置选择。顶层 Makefile 的主要的任务是产生 vmlinux 文件和内核模块（module）。为了达到此目的，顶层 Makefile 递归进入到内核的各个子目录中，分别调用位于这些子目录中的 Makefile。至于到底进入哪些子目录，则取决于内核的配置。在顶层 Makefile 中，有一条语句："include arch/ ＄(ARCH)/Makefile"，该语句包含了特定 CPU 体系结构下的 Makefile，这个 Makefile 中包含了平台相关的信息。

位于各个子目录下的 Makefile 同样也根据 .config 给出的配置信息，构造出当前配置下需要的源文件列表，并在文件的最后有一条语句："include ＄(TOPDIR)/Rules. make"。因为有很多子目录下都有同样的要求，所以就需要在各自的 Makefile 中包含此编译规则，这样比较麻烦。因此，Linux 内核中把此类编译规则统一放置到 Rules. make 中，并在各自的 Makefile 中包含了 Rules. make，这样就避免了在多个 Makefile 中重复同样的规则。

1. Makefile 文件的变量

顶层 Makefile 定义并向环境中输出了许多变量，为各个子目录下的 Makefile 传递一些信息。有些变量，如 SUBDIRS，不仅在顶层 Makefile 中定义并且赋初值，而且在还在 arch/＊/Makefile 中进行了扩充。

常用的变量有以下几类。

（1）版本信息。

版本信息有 VERSION、PATCHLEVEL、SUBLEVEL、EXTRAVERSION 和 KERNELRELEASE。版本信息定义了当前内核的版本，如 VERSION =2、PATCHLEVEL =6、SUBLEVEL =32 等。

（2）CPU 体系结构：ARCH。

在顶层 Makefile 的开头，用 ARCH 定义目标 CPU 的体系结构，如 ARCH:= arm 等。许多子目录的 Makefile 中，还要根据 ARCH 的定义选择编译源文件的列表。

（3）路径信息：TOPDIR、SUBDIRS。

TOPDIR 定义了 Linux 内核源代码所在的根目录。例如，各个子目录下的 Makefile 通过 $(TOPDIR)/Rules.make 就可以找到 Rules.make 的位置。SUBDIRS 定义了一个目录列表，在编译内核或模块时，顶层 Makefile 根据 SUBDIRS 决定进入哪些子目录。SUBDIRS 的值取决于内核的配置，在顶层 Makefile 中 SUBDIRS 赋值为 kernel drivers mm fs net ipc lib，根据内核的配置情况，在 arch/*/Makefile 中扩充了 SUBDIRS 的值。

（4）内核组成信息：HEAD、CORE_FILES、NETWORKS、DRIVERS、LIBS。

vmlinux 是由 HEAD、main.o、version.o、CORE_FILES、DRIVERS、NETWORKS 和 LIBS 组成的。这些变量（如 HEAD）都是用来定义链接生成 vmlinux 的目标文件和库文件列表。其中，HEAD 在 arch/*/Makefile 中定义，用来确定被最先链接进 vmlinux 的文件列表。PROCESSOR 为 armv 或 armo，取决于目标 CPU。CORE_FILES，NETWORK，DRIVERS 和 LIBS 在顶层 Makefile 中定义，并且由 arch/*/Makefile 根据需要进行扩充。CORE_FILES 对应内核的核心文件，由 kernel/kernel.o、mm/mm.o、fs/fs.o、ipc/ipc.o 组成。可以看出，这些是组成内核最为重要的文件。

（5）编译信息：CPP、CC、AS、LD、AR、CFLAGS、LINKFLAGS。

在 Rules.make 中定义的是编译的通用规则，具体到特定的场合，则需要明确给出编译环境，编译环境就是在以上的变量中定义的。针对交叉编译的要求，定义了 CROSS_COMPILE。例如：

```
CROSS_COMPILE    = arm – linux –
CC               = $(CROSS_COMPILE)gcc
LD               = $(CROSS_COMPILE)ld
```

CROSS_COMPILE 定义了交叉编译器前缀 arm – linux –，表明所有的交叉编译工具都是以 arm – linux – 开头的，所以在各个交叉编译器工具之前，都加入了 $(CROSS_COMPILE)，以组成一个完整的交叉编译工具文件名，如 arm – linux – gcc。

CFLAGS 定义了传递给 C 编译器的参数。

LINKFLAGS 是链接生成 vmlinux 时，由链接器使用的参数。

（6）配置变量 CONFIG_*。

.config 文件中有许多的配置变量等式，用于说明用户配置的结果，如 CONFIG_MODU-LES = y 表明用户选择了 Linux 内核的模块功能。.config 被顶层 Makefile 包含后，就形成了许多的配置变量，每个配置变量具有确定的值：y 表示该编译选项对应的内核代码被静态编译进 Linux 内核；m 表示该编译选项对应的内核代码被编译成模块；n 表示不选择该编译选项；如果根本就没有选择，那么配置变量的值为空。

2. Rules. make 变量

前面讲过，Rules.make 是编译规则文件，所有的 Makefile 中都会包括 Rules.make。Rules.make 文件定义了许多变量，最为重要是那些编译、链接列表变量。

（1）O_OBJS、L_OBJS、OX_OBJS、LX_OBJS：该目录下需要编译进 Linux 内核 vmlinux 的目标文件列表。其中，OX_OBJS 和 LX_OBJS 中的"X"表明目标文件使用了 EXPORT_SYMBOL 输出符号。

（2）M_OBJS，MX_OBJS：该目录下需要被编译成可装载模块的目标文件列表。同样，MX_OBJS 中的"X"表明目标文件使用了 EXPORT_SYMBOL 输出符号。

（3）O_TARGET，L_TARGET：每个子目录下都有一个 O_TARGET 或 L_TARGET，Rules. make 首先从源代码编译生成 O_OBJS 和 OX_OBJS 中所有的目标文件，然后使用 $(LD)－r 把它们链接成一个 O_TARGET 或 L_TARGET。O_TARGET 以 . o 结尾，而 L_TARGET 以 . a 结尾。

3.4　针对 S3C2440 开发板移植内核的过程

1. 将 Linux 2. 6. 32. 2 内核源码放到 Linux 下，并解压

```
#tar xvjf linux2. 6. 32. 2. tar. bz2  – C /root/workspace/
```

一定要将源码包解压到 Linux 文件系统下，不要解压到共享文件中，因为 Windows 的 FAT/NTFS 分区不支持 Linux 系统的链接文件。

```
[ root@ localhost linux – 2. 6. 32. 2 ]# make zImage
scripts/kconfig/conf – s arch/arm/Kconfig
CHK        include/linux/version. h
UPD        include/linux/version. h
Generating include/asm – arm/mach – types. h
CHK        include/linux/utsrelease. h
UPD        include/linux/utsrelease. h
SYMLINK    include/asm –> include/asm – arm
```

如果将源码包解压到共享目录，则执行到上面代码最后一行时将出现下述错误。

ln：创建符号链接；

"include/asm"：不支持的操作；

make：＊＊＊［include/asm］错误 1。

2. 修改源码目录下的 Makefile 文件

```
ARCH            = arm
CROSS_COMPILE   = arm – none – linux – gnueabi –
```

3. 修改内核的晶振频率

在内核源码目录下打开 arch/arm/mach – s3c2440/mach – smdk2440. c。

```
static void __init smdk2440_map_io( void)
{
        s3c24xx_init_io( smdk2440_iodesc,ARRAY_SIZE( smdk2440_iodesc) ) ;
        s3c24xx_init_clocks( 12000000) ;          //修改此处,将其改为与实际硬件相同
        s3c24xx_init_uarts( smdk2440_uartcfgs,ARRAY_SIZE( smdk2440_uartcfgs) ) ;
}
```

4. 修改 MTD 分区情况

arch/arm/plat – s3c24xx/common – smdk. c 修改为五个分区。

```
static struct mtd_partition smdk_default_nand_part[ ] = {
    [0] = {
            . name = "boot" ,              //用来存放 uboot,大小为1M
            . size = 0x00100000 ,
            . offset = 0 ,
    },
    [1] = {
            . name = "Kernel" ,            //存放内核,从1M 开始,大小为5M
            . offset = 0x00100000 ,
            . size = 0x00500000 ,
    },
    [2] = {
            . name = "root_fs" ,           //存放根文件,从6M 开始,大小为48M
            . offset = 0x00600000 ,
            . size = 0x03000000 ,
    },
    [3] = {
            . name = "usr_fs" ,            //存放用户文件,从54M 开始,大小为73M
            . offset = 0x03600000 ,
            . size = 0x04900000 ,
    },
    [4] = {
            . name = "usr_data" ,          //存放用户数据,从128M 开始,大小为128M
            . offset = 0x08000000 ,
            . size = 0x08000000 ,
    }
}
```

5. 增加 yaffs2 的代码

下载 yaffs2. tar. gz 包,解压到一起。

```
#cd yaffs2
```

为 Linux 内核打补丁。

```
#. /patch - ker. sh c . /linux - 2. 6. 32. 2/
```

注意：要下载最新的 yaffs2 包，否则可能与内核版本不兼容。

6. 配置内核选项

第一步：导入配置文件范例。

从终端进入 Linux 内核源码目录，输入 make menuconfig，显示如图 3.5 所示 Linux 内核配置菜单。

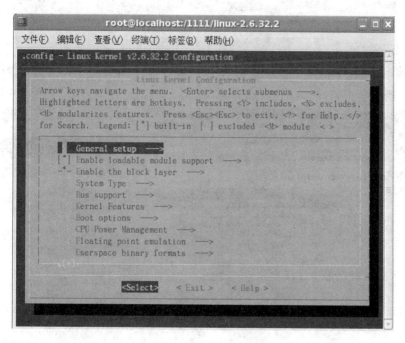

图 3.5　内核配置主菜单

将配置文件范例加载到配置菜单中，单击 "load an Alternate Configuration File"，进入后输入 "config_xyd2440_x35" 将针对开发板的 Linux 配置范例导入，在其基础上新建 Linux 配置，如图 3.6 所示。

第二步：版本配置。

单击 General setup 目录下 Local version 选项，自定义内核配置版本号如图 3.7 所示。

xyd118 是自己定义的版本号，如果使用其他内核编译的驱动，则不能加载到该版本内核中。驱动的编译必须依赖于内核。自己定义的版本号是指在 Linux 内核的版本号后加了一个自己定义的版本号，是 Linux 内核版本的子集。

第三步：设备驱动程序配置。

单击 Device Drivers 后按回车键进入菜单。

Enter the name of the configuration file you wish
to load. Accept the name shown to restore the
configuration you last retrieved. Leave blank to
abort.

config_xyd2440_x35█

< Ok >   < Help >

图 3.6 加载配置文件范例

Local version append to kernel release
Please enter a string value. Use the <TAB> key to move from the input
field to the buttons below it.

xyd118

< Ok >   < Help >

图 3.7 自定义内核配置版本号

（1）配置 Network device support。根据开发板支持的网络而选择（配置网卡）。注意：不可以全选，否则会报错。

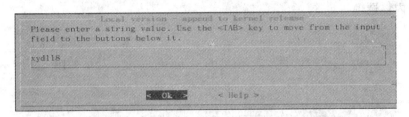

（2）配置 input device support。

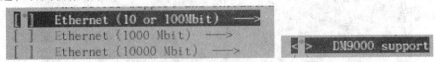

① 配置 LCD 屏的像素（即点阵类型）如下所示。

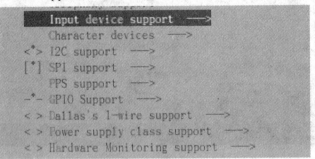

② 键盘配置：选中 keyboards 后进入选择 AT keyboard（标准键盘）。

③ 鼠标底层驱动配置：选择 <*> PS/2 mouse (NEW)，即选择鼠标底层驱动，支持标准 PS/2 鼠标。

④ 触摸屏配置：选择 <*> Samsung S3C2410 touchscreen input driver。

⑤ 鼠标上层协议配置：[*] Miscellaneous devices ——>，选中鼠标上层协议。

一定要选中 input 子系统 <*> Event interface，相当于为所有输入型驱动提供了统一的接口。例如，输入一个键值，就可以调用统一接口将该键值报告给内核。至于在内核中怎么处理，则不用管，这些是由系统来完成的。

（3）配置 IIC 驱动。

选择 `<*> I2C device interface`，配置 IIC 上层协议（相当于一个 IIC 的内核，它主要实现 IIC 总线协议）。`I2C Hardware Bus support ——>` → `<*> S3C2410 I2C Driver`，配置 IIC 驱动（是针对某一款设备的驱动，它依赖于 IIC 上层协议）。

（4）配置 SPI 驱动。

选择 `-*- Utilities for Bitbanging SPI masters`，配置 SPI 主的上层协议。

选择 `<*> Samsung S3C24XX series SPI`，配置 SPI 底层驱动。

第四步：配置文件系统——File systems。

（1）在文件系统里面选择 NFS 文件系统（如果通过网络挂载文件系统就需要选中）。

在 `[*] Network File Systems ——>` 里，选择网络 `<*> NFS client support` 支持 NFS 客户端协议；选择 `[*] Root file system on NFS` 支持从 NFS 启动根文件。

（2）文件系统。

在 `[*] Miscellaneous filesystems ——>` 里选择 `<*> YAFFS2 file system support` 和 `<*> Journalling Flash File System v2 (JFFS2) support`。

（3）其他：略。

第五步：保存备份。

输入名字并备份，以便下一次出现类似情况时，可以直接在备份基础上进行配置，以减少工作量，然后保存退出即可，如图 3.8 所示。备份时，名字可以随便写，但如果需要编译，则必须保存为 .config。

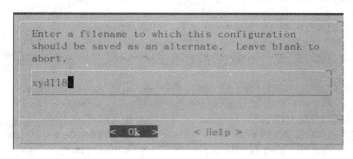

图 3.8　保存备份

第六步：生成镜像文件并烧写。

若输入 make all 命令，则可将配置好的内核编译成 zImage，根据计算机系统的不同，一般需要 10 ～ 30 分钟。如果编译通过，就会在内核源码顶层目录下生成 vmlinux 文件（二进制代码），并在内核源码目录/arch/arm/boot 目录下生成 zImage。将开发板使用的 U - Boot 的源码目录下/tools/mkImage 工具复制到宿主机 Linux 系统存放命令的目录 usr/bin 下。若输入 make uImage 命令就会在内核源码目录/arch/arm/boot 下生成 U - Boot，也能引导的内核镜像 uImage。将该 uImage 复制一份到宿主机 TFTP 服务器的管理目录下。启动开发板，进入 U - Boot 的命令模式，使用 TFTP 传输命令将内核镜像下载到开发板的内存中，并使用 NAND 操作命令将内核镜像存放到 NAND Flash 中，方便重新上电引导。

3.5 添加驱动程序到内核源码

此处以 LED 灯驱动程序源码 xyd2440_leds.c 为例,介绍把该驱动编译入内核的方法。

(1)把驱动程序源码复制到内核源码目录/root/workspace/linux – 2.6.32.2/drivers/char 目录下,并将该目录下的 Kconfig 打开,添加菜单栏选项,代码如下所示。

```
config LEDS_XYD2440                                    //定义配置变量
    tristate "LED Support for S3C2440 GPIO LEDs "      //定义类型和信息提示栏
    depends on MACH_XYD2440                            //依赖于 MACH_XYD2440 选项
    default y if MACH_XYD2440                          //只有选中了 MACH_XYD2440 才能编译入内核
    help                                               //帮助信息
        This option enables support for LEDS connected to GPIO lines
        on xyd2440 boards
```

添加以上代码后保存。

(2)修改驱动程序所在目录的 Makefile,添加如图 3.9 示语句。

```
63 obj-$(CONFIG_HVCS)              += hvcs.o
64 obj-$(CONFIG_IBM_BSR)           += bsr.o
65 obj-$(CONFIG_SGI_MBCS)          += mbcs.o
66 obj-$(CONFIG_BRIQ_PANEL)        += briq_panel.o
67 obj-$(CONFIG_BFIN_OTP)          += bfin-otp.o
68
69 obj-$(CONFIG_PRINTER)           += lp.o
70
71 obj-$(CONFIG_LEDS_XYD2440)      += xyd2440_leds.o
72
73 obj-$(CONFIG_APM_EMULATION)     += apm-emulation.o
74
75 obj-$(CONFIG_DTLK)              += dtlk.o
76 obj-$(CONFIG_R3964)             += n_r3964.o
77 obj-$(CONFIG_APPLICOM)          += applicom.o
```

图 3.9　修改后的 Makefile 内容

说明:新添加的语句"obj – $(CONFIG_LEDS_XYD2440)+= xyd2440_leds.o",引用了变量 CONFIG_LEDS_XYD2440 来决定 xyd2440_leds.o 的编译方式(编译成模块、编译入内核或不编译),该变量在顶层目录的 .config 文件中生成。

(3)返回到内核源码顶层目录,在终端下输入 make menuconfig,进入配置菜单栏,下移光标选择进入 Device Driver 子菜单,下移光标选择进入 Character devices 子菜单,即可看到新添加的 LED 配置选项,若要将驱动程序编译入内核,则将该选项选择为"< * >",如图 3.10 所示。

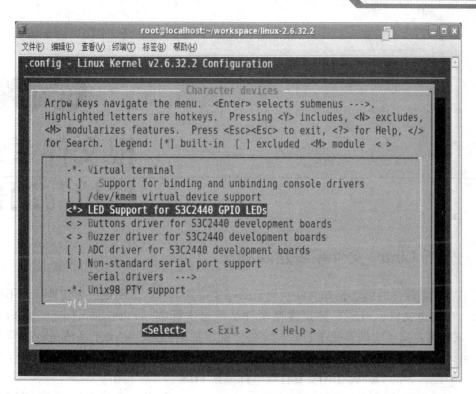

图 3.10　新增加的 LED 配置项

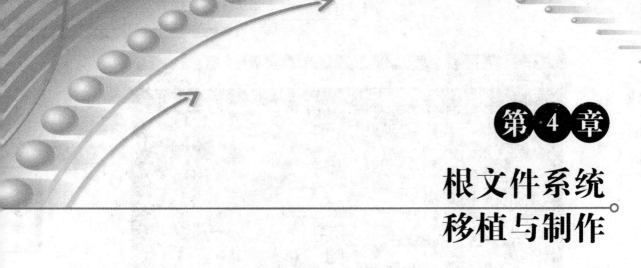

第 4 章 根文件系统移植与制作

4.1 分析 Linux 文件系统层次标准

为了在安装软件时能够预知文件、目录的存放位置，并为了使用户方便地找到不同类型的文件，在构造文件系统时，建议遵循文件系统层次标准（Filesystem Hierarchy Standard，FHS）。该标准定义了文件系统中目录、文件分类存放的原则，定义了系统运行所需的最小文件、目录的集合，并列举了不遵循这些原则的例外情况及其原因。FHS 并不是一个强制性的标准，但是大多的 Linux、UNIX 发行版本都遵循 FHS。

FHS 文档可以从网站 http://www.pathname.com/fhs/下载。Linux 根文件系统结构如下所示。

```
/
···/bin
···/sbin
···/dev
···/etc
···/lib
···/home
···/root
···/usr
···/var
···/proc
···/mnt
···/tmp
```

4.2 根文件系统各目录作用

1. /bin 目录

该目录下存放所有用户（包括系统管理员和一般用户）都可使用的基本的命令，这些命令在挂接其他文件系统之前就可以使用，所以/bin 目录必须和根文件系统在同一个分区中。

122

/bin 目录下常用的命令有 cd、cat、grep、rm、chmod、cp、ls、du、kill、mount、umount、mkdir、mknod 等。

2. /sbin 目录

该目录下存放系统命令，即只有管理员能够使用的命令，系统命令还可以存放在/usr/sbin、/usr/local/sbin 目录下。

/sbin 目录中存放的是基本的系统命令，它们用于启动系统、修复系统等。与/bin 目录相似，在挂接其他文件系统之前就可以使用/sbin，所以/sbin 目录必须和根文件系统在同一个分区中。

/sbin 目录下常用的命令有 shutdown、reboot、fdisk、fsck 等。

3. /dev 目录

该目录下存放的是设备文件。设备文件是 Linux 中特有的文件类型。在 Linux 系统中，以文件的方式访问各种外设，即通过读写某个设备文件操作某个具体硬件。例如，通过/dev/ttySAC0 文件可以操作串口 0；通过/dev/mtdblock1 文件可以访问 MTD 设备（NAND Flash、NOR Flash 等）的第 2 个分区。设备文件有两种：字符设备文件和块设备文件。

4. /etc 目录

该目录下存放各种配置文件。

5. /lib 目录

该目录下存放共享库和可加载模块（即驱动程序），共享库用于启动系统、运行根文件系统中的可执行程序，如/bin、/sbin 目录下的程序。

6. /home 目录

该目录是用户目录，是可选的。

7. /root 目录

该目录是根用户的目录。

4.3　移植 Busybox 开源代码、构造根文件系统

Busybox 是构建内存有限的嵌入式系统和基于软盘系统的一个优秀工具。Busybox 通过将很多必需的工具放入一个可执行程序（如 cat、echo、grep、find、mount 及 telnet 等），并让它们可以共享代码中相同的部分，从而对它们的大小进行很大程度的缩减。BusyBox 对于嵌入式系统来说是一个非常有用的工具，因此值得花一些时间进行探索。

4.3.1　Busybox 的诞生

Busybox 最初是由 Bruce Perens 在 1996 年为 Debian GNU/Linux 安装盘编写的。其目标

是在一张软盘上创建一个可引导的 GNU/Linux 系统，以用作安装盘和急救盘。一张软盘可以保存大约 1.4 ～ 1.7MB 的内容，因此这里没有多少空间可供 Linux 内核及相关的用户应用程序使用。

4.3.2 Busybox 许可证

Busybox 是按照 GNU General Public License（GPL）许可证发行的。这就意味着，如果在一个项目中使用 Busybox，就必须遵守这个许可证。可在 Busybox Web 站点上查找到这个许可证的内容。Busybox 团队似乎正忙于监视违反这个许可证的情况。实际上，他们维护了一个 "Hall of Shame" 页面来说明违反者的情况。

Busybox 揭露了这样一个事实：很多标准 Linux 工具都可以共享很多共同的元素。例如，很多基于文件的工具（如 grep 和 find）都需要在目录中搜索文件的代码。当这些工具被合并到一个可执行程序中时，就可以共享这些相同的元素，这样可以产生更小的可执行程序。实际上，Busybox 可以将大约 3.5MB 的工具包封装成大约 200KB 大小。这就为可引导的磁盘和使用 Linux 的嵌入式设备提供了更多功能。人们可以对 2.4 和 2.6 版本的 Linux 内核使用 Busybox。

4.3.3 POSIX 环境

尽管 Busybox 的目标是提供一个相当完整的 POSIX（可移植操作系统接口）环境，这是一个期望，而不是一种需求。这些工具虽然并不完整，但是它们提供了人们期望的主要功能。

例如，Linux 系统 C 文件中定义的 main 函数如下所示。

```
int main(int argc,char * argv[])
```

在这个定义中，argc 表示传递进来的参数的个数（参数数量），而 argv 是一个字符串数组，代表从命令行传递进来的参数（参数向量）。argv 的索引 0 是指从命令行调用程序名。

下面给出一个简单 C 程序，展示 Busybox 的调用，它的功能是简单地打印 argv 向量的内容。

```
//test. c
#include < stdio. h >
int main(int argc,char * argv[])
{
    int i;
    for(i = 0 ;i < argc ;i ++){
    printf("argv[%d] = %s\n",i,argv[i]);
    }
    return 0;
}
```

调用这个程序时，显示所调用的第一个参数是该程序的名字。若对这个可执行程序重新进行命名，则再次调用就会得到该程序的新名字。另外，可以创建一个可执行程序的符号链接，在执行这个符号链接时，就可以看到这个符号链接的名字。

```
    $ gcc – Wall – o test test. c        //编译得到可执行文件 test
    $ ./test arg1 arg2                   //在终端执行该程序 传递两个参数
    argv[0] = ./test
    argv[1] = arg1
    argv[2] = arg2
    $ mv test newtest                    //重命名可执行文件
    $ ./newtest arg1                     //再次执行这个可执行文件
    argv[0] = ./newtest
    argv[1] = arg1
    $ ln – s newtest linktest            //创建名为 linktest 的符号链接
    $ ./linktest arg                     //执行链接就是执行这个可执行文件
    argv[0] = ./linktest
    argv[1] = arg
```

Busybox 使用了符号链接以便使一个可执行程序看起来像很多程序一样。Busybox 中包含的每个工具都会创建这样一个符号链接，这样就可以使用这些符号链接来调用 Busybox。Busybox 通过 argv[0] 参数，调用内部集成的工具。

4.4　制作 Linux 根文件系统

制作 Linux 根文件系统（根文件系统主要存放应用程序）的步骤如下所示。

（1）制作 Linux 下面的命令：Busybox 包。

（2）复制动态库（从 arm – gcc 中复制到 lib 目录）。

（3）构建 etc 目录。

（4）构建 dev 目录。

（5）构建其他目录。

（6）通过网络挂载方式测试根文件系统。

（7）如果测试通过则可以进行代码烧写。

4.4.1　下载并配置安装 Busybox

（1）第一步：获得源码并解压移植。

从 http://busybox. net/downloads/下载 busybox – 1. 16. 2. tar. bz2。

使用如下命令解压，得到 busybox – 1. 16. 2 源码树。

```
[root@ localhost /]# tar xvjf busybox – 1. 16. 2. tar. bz2
[root@ localhost /]# cd busybox – 1. 16. 2
```

修改 busybox – 1. 16. 2 目录下的 Makefile（目的是修改交叉编译器，将应用程序编译成 arm – linux 可执行的文件）。

164　#CROSS_COMPILE ？ = 修改为:CROSS_COMPILE ？ = arm – linux –

191　#ARCH ？ = $（SUBARCH）修改为:ARCH ？ = arm

修改完成，保存退出。

（2）第二步：在 busybox – 1.16.2 目录下，打开终端输入 make menuconfig，打开配置界面，如图 4.1 所示。

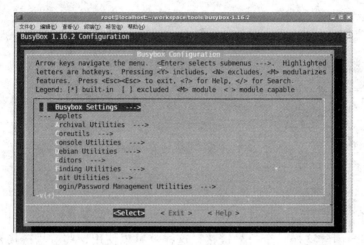

图 4.1　Busybox 配置界面

① Busybox 配置选项介绍如下。

Busybox Settings：一些通用的设置，一般不需要设置。

Archival Utilities：各种压缩、解压缩工具，根据需要选择相关命令。

Coreutils：核心的命令，如 ls、cp 等。

Console Utilities：控制台相关的命令，如清屏命令 clear 等。

Debian Utilities：Debian 命令（Debian 是 Linux 的一种发行版本），如 which 命令可以用来显示一个命令的完整路径。

Editors：编辑命令，一般选中 vi。

Finding Utilities：查找命令。

Init Utilities：init 程序的配置选项（如是否读取 inittab 文件），使用默认配置即可。

Login/Password Management Utilities：登录、用户账户/密码等方面的命令

Linux Ext2 FS Progs：Ext2 文件系统的一些工具。

Linux Module Utilities：加载/卸载模块的命令，一般都选中。

Linux System Utilities：一些系统命令，如显示内核打印信息的 dmesg 命令、分区命令 fdisk 等。

Miscellaneous Utilities：一些不好分类的命令。

② Build Settings 选项配置如下。

Build Options→

[　]　Build BusyBox as a static binary(no shared libs)

[　]　Build BusyBox as a position independent executable

[　]　Force NOMMU build

[＊]　Build shared libbusybox

[*] Produce a binary for each applet,linked against libbusybox
[*] Produce additional busybox binary linked against libbusybox
( ) Cross Compiler prefix

设置选择为动态库，也就是默认选项。如果选择静态库则一些 C 语言库直接编译入代码，这样将导致代码过于庞大，所以一般编译成动态库。

说明：如果第一步没有修改 Makefile 则可以在 Cross Compiler prefix 选项指定交叉编译，如图 4.2 所示。

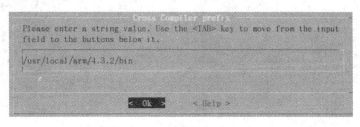

图 4.2　修改指定交叉编译工具路径

Installation Options→(. /_install)BusyBox installation prefix （如图 4.3 所示），在此处可选择开发板根文件系统的安装路径，一般可自己指定，本书中后续实例均使用路径为：/opt/s3c2440/root_nfs/。

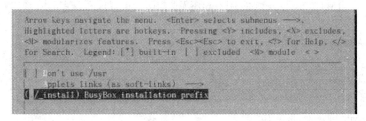

图 4.3　设置根文件系统安装路径

选中如下几个选项配置 Tab 键自动补全及命令行下支持显示工作目录的功能。

Busybox Library Tuning→
[*] Command line editing
[*] Tab completion
[*] Username completion
[*] Fancy shell prompts

③ Linux Module Utilities 选项配置。

用于配置模块的一些命令，如图 4.4 所示，首先将 Simplified modutils 项清除，然后才能进行设置。

（3）第三步：编译（Buysbox 是一个开源的代码，几乎所有的嵌入式都需要利用它编写命令）。Busybox 目录下，在终端中输入 make。

（4）第四步：安装 Busybox 到新设定的目录/opt/s3c2440/root_nfs。

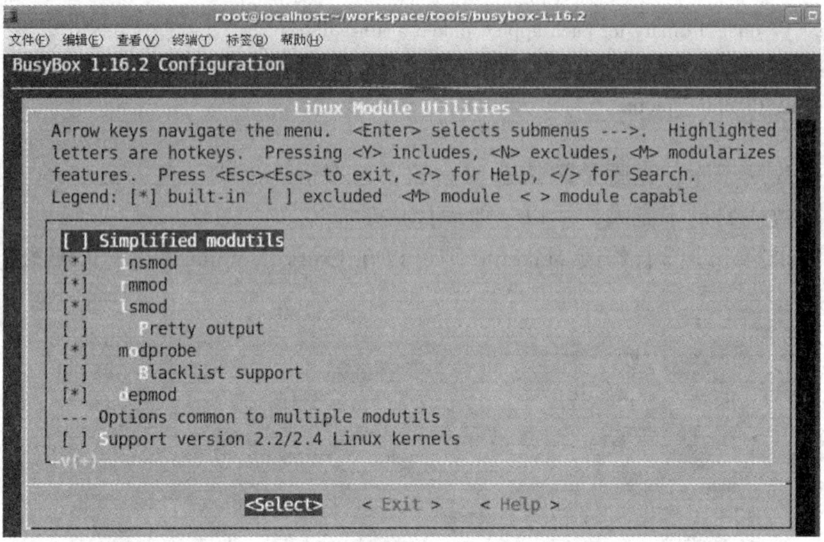

图4.4 配置模块命令支持

在终端输入 make install 开始安装，完成后在安装目录下生成/bin /sbin /usr linuxrc。

4.4.2 完善根文件系统

（1）进入安装目录（本书默认使用/opt/s3c2440/root_nfs），建立目录。

```
[root@ localhost root_nfs]# pwd
/opt/s3c2440/root_nfs
[root@ localhost root_nfs]#
[root@ localhost root_nfs]# mkdir etc sys proc tmp dev home root mnt opt var lib
[root@ localhost root_nfs]# ls
bin  etc  lib  mnt  proc  sbin  tmp  var
dev  home  linuxrc  opt  root  sys  usr
```

（2）建立初始化启动所需文件。

进入 etc 目录，建立 init. d 目录，进入 init. d 目录，建立 rcS 文件，文件内容如下。

```
#!/bin/sh
ifconfig eth0 192. 168. 0. 99          #设置系统网络地址
mount – a                             #挂载所有的文件系统(/etc/fstab 文件中的列表)

mkdir /dev/pts                        #热插拔支持
mount – t devpts devpts /dev/pts
echo /sbin/mdev > /proc/sys/kernel/hotplug
mdev – s

/bin/hostname – F /etc/sysconfig/HOSTNAME
```

（3）保存退出，运行 chmod 命令。

```
[root@ localhost init. d] # chmod 777 rcS 改变文件权限
```

（4）进入 etc 目录，建立 inittab 文件，输入如下内容。

```
# /etc/inittab
::sysinit:/etc/init. d/rcS
console::askfirst: - /bin/sh
::ctrlaltdel:/sbin/reboot
::shutdown:/bin/umount - a - r
```

（5）进入 etc 目录，建立 fstab 文件，文件内容如下。

```
# device      mount - point    type      options      dump    fsck order
proc          /proc           proc      defaults     0       0
tmpfs         /tmp            tmpfs     defaults     0       0
sysfs         /sys            sysfs     defaults     0       0
tmpfs         /dev            tmpfs     defaults     0       0
```

（6）进入 etc 目录，建立 profile 文件，文件内容如下。

```
USER = " `id - un` "
LOGNAME = $ USER
PS1 = '[ \u@ \h \W] # '
PATH = $ PATH
HOSTNAME = '/bin/hostname '
export USER LOGNAME PS1 PATH
```

其中，profile 用于设置 Shell 的环境变量，Shell 启动时会读取/etc/profile 文件，用于设置环境变量。

（7）建立嵌入式 Linux 系统运行所需的动态库。

从交叉编译工具链中把动态库文件复制到开发板根文件系统下的 lib 目录 。

```
cp   /usr/local/arm/4. 3. 2/arm - none - linux - gnueabi/libc/armv4t/lib/ *
/opt/s3c2440/root_nfs/lib/  - d
```

（8）进入 dev 目录，使用 mknod 创建控制台设备文件。

```
[root@ localhost root_nfs] # pwd
/opt/s3c2440/root_nfs
[root@ localhost root_nfs] # mknod dev/console c 5 1
[root@ localhost root_nfs] # mknod dev/null c 1 3
```

至此，根文件系统制作完毕。还需要配置虚拟机的的 NFS 服务，测试根文件系统是否能够使用。

4.4.3 通过 NFS 服务测试文件系统

开启虚拟机的 NFS 服务，将自己制作的根文件系统目录以 NFS 的方式共享到网络上。编辑虚拟机 Linux 系统/etc/export 文件，添加如下语句：

```
/opt/s3c2440/root_nfs/      192.168.0.*(sync,rw,no_root_squash)
```

说明：

(1) /opt/s3c2440/root_nfs/：制作的根文件系统所在的路径。

(2) 192.168.0.*：表示只有 192.168.0 网段的可以访问，“*”为通配符。

(3) sync,rw,no_root_squash：NFS 通常配置表示访问者具有读写全权限。

修改 U-Boot 传递给内核的启动参数，使 Linux 内核挂接文件系统时使用网络文件系统的方式。上电进入 U-Boot 的命令行模式使用如下命令：

```
xyd2440 # set 'bootargs = root =/dev/nfs nfsroot = 192.168.0.101:/opt/s3c2440/root_nfs ip = 192.168.0.99:192.168.0.101:192.168.0.1:255.255.255.0:www.arm.com:eth0:off console = ttySAC0 '
```

保存环境变量，重新启动开发板，U-Boot 运行后引导 Linux 内核，内核经过一系列的初始化工作，最后挂接根文件系统，出现如图 4.5 所示内容，表示挂载网络根文件系统成功。

```
eth0: link down
IP-Config: Complete:
     device=eth0, addr=192.168.0.99, mask=255.255.255.0, gw=192.168.0
.1,
     host=www, domain=, nis-domain=arm.com,
     bootserver=192.168.0.101, rootserver=192.168.0.101, rootpath=
Looking up port of RPC 100003/2 on 192.168.0.101
eth0: link up, 100Mbps, full-duplex, lpa 0xC5E1
Looking up port of RPC 100005/1 on 192.168.0.101
VFS: Mounted root (nfs filesystem) on device 0:11.
Freeing init memory: 192K

Please press Enter to activate this console.
```

图 4.5 挂接根文件系统成功

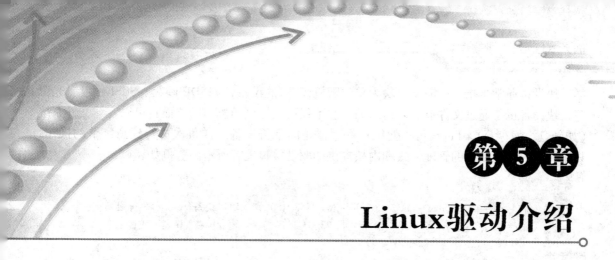

第 5 章
Linux驱动介绍

5.1 驱动原理

Linux 给底层提供标准接口函数，底层驱动按照 Linux 编程规则进行驱动编写。操作系统是通过各种驱动程序来驾驭硬件设备的，它为用户屏蔽了各种各样的设备。驱动硬件既是操作系统最基本的功能，又为操作系统提供统一的操作方式。设备驱动程序是内核的一部分，硬件驱动程序是操作系统最基本的组成部分。因此，熟悉驱动的编写是很重要的。

Linux 内核中采用可加载的模块化设计（Loadable Kernel Modules，LKMs），一般情况下，编译的 Linux 内核是支持可插入式模块的，也就是将最基本的核心代码编译在内核中，其他的代码既可以编译到内核中，也可以编译为内核的模块文件（在需要时动态加载）。

5.2 内核模块的主要相关命令

（1）lsmod 命令用于列出当前系统中加载的模块。其中，从左边开始第一列是模块名，第二列是该模块大小，第三列则是使用该模块的对象数目。

（2）rmmod 命令用于卸载当前模块。

（3）insmod 命令和 modprobe 命令用于加载当前模块，但 insmod 命令不会自动解除依存关系，即如果要加载的模块引用了当前内核符号表中不存在的符号，则无法加载，也不会去查找在其他尚未加载的模块中是否定义了该符号；modprobe 命令可以根据模块间依存关系及/etc/modules. conf 文件中的内容，自动加载其他有依赖关系的模块。

5.3 设备分类

Linux 系统的设备分为三类：字符设备、块设备和网络设备。

字符设备通常是指像普通文件或字节流一样，以字节为单位顺序读/写的设备，如并口设备、虚拟控制台等。字符设备可以通过设备文件节点访问，它与普通文件之间的区别在于普通文件可以被随机访问（可以前后移动访问指针），而大多数字符设备只能提供顺序访问，因为对它们的访问不会被系统所缓存。但也有例外，如帧缓存（framebuffer）就是一个可以被随机访问的字符设备。

块设备通常是指一些需要以块为单位随机读/写的设备，如 IDE 硬盘、SCSI 硬盘、光驱等。块设备也是通过文件节点来访问的，它不仅可以提供随机访问，而且可以容纳文件系统（如硬盘、闪存等）。Linux 可以使用户程序像访问字符设备一样每次进行任意字节的操作，只是在内核态内部中的管理方式和内核提供的驱动接口上有所不同。例如：

```
$ ls - l/dev
crw - rw ----1   root   uucp 4,64 08 - 30 22:58 tyS0    /*串口设备，c 表示字符设备*/
brw - r -----1   root   disk 8,0 08 - 11 23:03 sda      /*硬盘设备，b 表示块设备*/
```

5.4 设备驱动程序工作原理

模块载入内核及调用过程如图 5.1 所示。

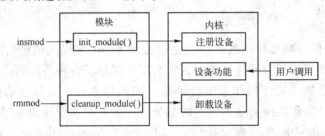

图 5.1　模块载入内核及调用过程

模块在调用 insmod 命令时被加载，此时的入口点是 init_module() 函数，通常在该函数中完成设备的注册。同样，模块在调用 rmmod 命令时被卸载，此时的入口点是 cleanup_module() 函数，在该函数中完成设备的卸载。在设备完成注册加载之后，用户的应用程序就可以对该设备进行一定的操作，如 open()、read()、write() 等，而驱动程序用于实现这些操作，即在用户应用程序调用相应入口函数时执行相关的操作。

5.5 应用程序、库、内核、驱动程序的软件关系

应用程序、库、内核和驱动程序的软件关系如下所述。

（1）应用程序通过 open 函数打开设备文件。

（2）库根据 open 函数执行 swi 中断，引起异常进入内核。

（3）内核根据异常相关参数（应用程序传递的）找到相应驱动程序，并将一个文件句柄返回给库。

（4）库根据文件句柄，触发库提供的 write 或 ioclt 函数（函数相关参数由应用程序提供）执行 swi，触发异常后进入内核。

（5）内核根据传递的相关参数调用驱动程序相关函数进行相关操作，如点亮 LED 等。

5.6 Linux 驱动程序开发步骤

Linux 内核是由各种驱动组成的，内核源码中有 85% 的内容是各种驱动程序的代码。内核中驱动程序种类齐全，可以在同类型驱动的基础上进行修改以符合具体电路板。

编写驱动程序的难点并不是硬件的具体操作，而是弄清楚现有驱动程序的框架，在这个框架中加入这个硬件。例如，x86 架构的内核对 IDE 硬盘的支持非常完善，首先通过 BIOS 得到硬盘的信息，或者使用默认 I/O 地址枚举硬盘，然后识别分区、挂接文件系统。对于其他架构的内核，只要指定了硬盘的访问地址和中断号，后面的枚举、识别和挂接的过程是完全一样的。也许修改的代码不超过 10 行，花费精力的地方在于了解硬盘驱动的框架，以及找到修改的位置。编写驱动程序还有很多需要注意的地方。例如，驱动程序可能同时被多个进程使用，这需要考虑并发的问题；尽可能发挥硬件的作用以提高性能，如在硬盘驱动程序中既可以使用 DMA 也可以不用，使用 DMA 时，程序比较复杂，但是可以提高效率；处理硬件的各种异常情况，否则出错时可能导致整个系统崩溃。

一般来说，编写一个 Linux 设备驱动程序的大致流程如下所述。

（1）查看原理图、数据手册，了解设备的操作方法。

（2）在内核中找到相近的驱动程序，以它为模块进行开发，有时候需要从零开始。

（3）实现驱动程序的初始化（如向内核注册这个驱动程序），在应用程序传入文件名时，内核才能找到相应的驱动程序。

（4）设计所要实现的操作，如 open、close、read、write 等函数。

（5）实现中断服务（中断并不是每个设备驱动所必须的）。

（6）编译该驱动程序到内核中，或者用 insmod 命令加载。

（7）测试驱动程序。

5.7　驱动程序的加载和卸载

既可以将驱动程序静态编译入内核中，也可以将它作为模块在使用时再加载。在配置内核时，如果某个配置项设为 m，就表示它将会被编译成一个模块。在 Linux 2.6 内核中，模块的扩展名为 .ko，可以使用 insmod 命令加载，使用 rmmod 命令卸载，使用 lsmod 命令查看内核中已经加载了哪些模块。

当使用 insmod 加载模块时，模块的初始化函数被调用，它用来向内核注册驱动程序；当使用 rmmod 卸载模块时，模块的清除函数被调用。在驱动代码中，这两个函数要么使用固定的名字（init_module 和 cleanup_module），要么使用以下两行来标记它们（假设初始化函数、清除函数分别为 my_init 和 my_cleanup）：

```
module_init(my_init);
module_exit(my_cleanup);
```

注意：模块有多种（如文件系统也可以编译为模块），并不是只有驱动程序。

5.8　关键概念

5.8.1　不可剥夺型内核（non-preemptive kernel）（分时操作系统内核）

不可剥夺型内核的特点是要求每个任务主动放弃 CPU 的使用权。

优点：响应中断快。几乎无须使用信号量保护共享数据，运行中的任务占有 CPU，而不必担心被别的任务抢占。

缺点：响应时间慢。高优先级的任务已经进入就绪态，但还不能运行，要等待，直到当前运行着的任务释放 CPU 才可运行。

5.8.2　可剥夺型内核（preemptive kernel）（实时操作系统内核）

可剥夺型内核的特点是最高优先级的任务一旦就绪，总能得到 CPU 的使用权。当一个运行着的任务使一个比它优先级高的任务进入就绪态时，当前任务的 CPU 使用权就被剥夺了（或者说被挂起了），更高优先级的任务立刻得到 CPU 的使用权。如果中断服务子程序使一个高优先级的任务进入就绪态，中断完成时，中断了的任务被挂起，优先级高的任务开始运行。可剥夺型内核使得任务级响应时间得以最优化。

5.8.3　可重入函数

可重入函数可以被一个以上的任务调用，而不必担心数据被破坏。可重入函数任何时候都可以被中断，一段时间以后又可以运行，而相应的数据不会丢失。可重入函数或者只使用局部变量，即变量保存在 CPU 寄存器中或堆栈中；或者使用全局变量，但要对全局变量予以保护（一个函数被多个任务调用时，每个任务都有自己独立的栈存放该函数运行的中间变量）。

5.8.4　资源

任何被任务所占用的实体都可称为资源。资源既可以是输入/输出设备，也可以是一个变量、一个结构或一个数组。

5.8.5　共享资源

可以被一个以上的任务使用的资源称为共享资源。为了防止数据被破坏，每个任务在与共享资源打交道时，都必须独占该资源，这称为互斥（mutual exclusion）。

5.8.6　代码的临界段

代码的临界段也称为临界区，是指处理时不可分割的代码，特点是一旦这部分代码开始执行，就不允许任何其他代码打断其执行。为确保临界段代码的执行不被中断，在进入临界段之前必须关闭中断，而临界段代码执行完后，要立即打开中断。

5.8.7　实时系统的特点

实时系统的特点是如果逻辑和时序出现偏差，将会引起严重后果。

有以下两种类型的实时系统。

（1）软实时系统：软实时系统的宗旨是使各个任务尽快运行，而不要求限定某一任务在多长时间内完成。

（2）硬实时系统：各个任务不仅必须执行无误，而且要做到准时。例如，VxWorks 通过硬件完成（如通过定时器等方式），优先级高的任务先执行，且每个任务执行时间可以指定。

大多数实时系统是两者的结合。例如，UC/OS 中可以通过中断改变任务运行状态（任务切换）就是一种硬实时系统。

5.8.8　死锁

死锁也称为抱死（deadlock 或 deadly embrace），是指两个任务无限期地相互等待对方控制着的资源。最简单的防止死锁的方法是让每个任务都先得到全部需要的资源，再做下一步的工作；用同样的顺序申请多个资源；释放资源时，使用相反的顺序（按什么顺序得到，就按什么顺序释放，与中断进栈、出栈类似）。

内核通过定义等待超时来化解死锁，当等待时间超过了某一确定值，而信号量还是无效状态时，就会返回某种形式的出现超时错误的代码。这个出错代码告知该任务：不是得到了资源使用权，而是系统错误。

5.8.9　Linux 的进程状态描述

Linux 将进程状态描述为以下五种。

（1）TASK_RUNNING：可运行状态，或者进程正在执行。处于该状态的进程能够被调度执行而成为当前进程。

（2）TASK_INTERRUPTIBLE：可中断的睡眠状态。处于该状态的进程在所需资源有效时被唤醒，也能够通过信号或定时中断唤醒。

（3）TASK_UNINTERRUPTIBLE：不可中断的睡眠状态。处于该状态的进程仅当所需资源有效时被唤醒。

（4）TASK_ZOMBIE：僵尸状态。表示进程结束且已释放资源，但其 task_struct（任务结构体）仍未释放。相当于进程已经结束，但在内核的任务表里还有相应的结构资源。

（5）TASK_STOPPED：暂停状态。处于该状态的进程通过其他进程的信号才能被唤醒。

如果处于暂停状态的进程被其他进程唤醒，但资源没有到位，那么就进入睡眠状态。

5.8.10　Linux 内核的三种调度方法

Linux 内核的三种调度方法如下所示。

（1）SCHED_OTHER 分时调度策略（各任务时间片平均分配，Linux 2.4 版本以前的内核）。

（2）SCHED_FIFO 实时调度策略，先到先服务（各任务谁优先级高，谁先运行，Linux 改进版本，需要付费）。

（3）SCHED_RR 实时调度策略，时间片轮转（同优先级可以按时间分片，若优先级不同则按实时调度）。

实时进程将得到优先调用，并根据实时优先级决定调度权值。分时进程则通过 nice（优先级）和 counter（个数/时间片）值决定权值，nice 值越小（优先级越高），counter 值越大，被调度的概率越大，也就是曾经使用 CPU 最少的进程将会得到优先调度。

采用 SHCED_RR 策略的进程的时间片用完后，系统将重新分配时间片，并将其置于就绪队列的末尾。放在队列末尾保证了所有具有相同优先级的 RR 任务的调度公平。

SCHED_FIFO 一旦占用 CPU 则一直运行，直到有更高优先级任务到达或自己放弃。

如果有相同优先级的实时进程（根据优先级计算的调度权值是一样的）已经准备好，FIFO 则必须等待该进程主动放弃后才可以运行这个优先级相同的任务，而 RR 可以让每个任务都执行一段时间。RR 和 FIFO 的特点如下所述。

（1）RR 和 FIFO 都只应用于实时任务。

（2）创建时优先级大于 0（1 ～ 99）。

（3）按照可抢占优先级调度算法进行。

（4）就绪态的实时任务立即抢占非实时任务。

SCHED_FIFO 是实时调度策略，一个任务在执行，相同优先级的其他任务不能执行；SHCED_RR 也是实时调度策略，是一种同优先级协商方式，一个任务在执行，相同优先级的其他任务可以同时以时间片方式执行。

▶ 5.8.11　所有任务都采用 Linux 分时调度策略时

（1）创建任务指定采用分时调度策略，并指定优先级 nice 值（−20 ～ 19）。

（2）将根据每个任务的 nice 值确定在 CPU 上的执行时间（counter）。

（3）如果没有等待资源，则将该任务加入到就绪队列中。

（4）调度程序遍历就绪队列中的任务，通过对每个任务动态优先级的计算（counter + 20 − nice）结果，选择计算结果最大的一个运行，当这个时间片用完后（counter 减至 0）或者主动放弃 CPU 时，该任务将被放在就绪队列末尾（时间片用完）或等待队列（因等待资源而放弃 CPU）中。

（5）此时，调度程序重复上面的计算过程，转到第（4）步。

（6）当调度程序发现所有就绪任务计算所得的权值都不大于 0 时，重复第（2）步。

▶ 5.8.12　所有任务都采用 FIFO 调度策略时

（1）创建进程时指定采用 FIFO 调度策略，并设置实时优先级 rt_priority（1 ～ 99）。

（2）如果没有等待资源，则将该任务加入到就绪队列中。

（3）调度程序遍历就绪队列，根据实时优先级计算调度权值（1000 + rt_priority），选择权值最高的任务使用 CPU。该 FIFO 任务将一直占有 CPU，直到有优先级更高的任务就绪（即使优先级相同也不行）或者主动放弃（等待资源）。

（4）调度程序发现有优先级更高的任务到达（高优先级任务可能被中断或定时器任务唤醒，或被当前运行的任务唤醒等），则调度程序立即在当前任务堆栈中保存当前 CPU 寄存器的所有数据，重新从高优先级任务的堆栈中加载寄存器数据到 CPU。此时，高优先级的任务开始运行，重复第（3）步。

（5）如果当前任务因等待资源而主动放弃 CPU 使用权，则该任务将从就绪队列中删除，加入等待队列。此时重复第（3）步。

5.8.13 所有任务都采用 RR 调度策略时

（1）创建任务时指定调度参数为 RR，并设置任务的实时优先级和 nice 值（nice 值将会转换为该任务的时间片的长度）。

（2）如果没有等待资源，则将该任务加入到就绪队列中。

（3）调度程序遍历就绪队列，根据实时优先级计算调度权值（1000 + rt_priority），选择权值最高的任务使用 CPU。

（4）如果就绪队列中的 RR 任务时间片为 0，则根据 nice 值设置该任务的时间片，同时将该任务放入就绪队列的末尾，重复第（3）步。

（5）当前任务由于等待资源而主动退出 CPU，则将其加入等待队列中，重复第（3）步。系统中既有分时调度，又有时间片轮转调度和先进先出调度时，操作如下所示。

① RR 调度和 FIFO 调度的进程属于实时进程，以分时调度的进程作为非实时进程。

② 当实时进程准备就绪后，如果当前 CPU 正在运行非实时进程，则实时进程立即抢占非实时进程。

③ RR 进程和 FIFO 进程都采用实时优先级作为调度的权值标准，RR 是 FIFO 的一个延伸。设置为 FIFO 时，如果两个进程的优先级一样，则这两个优先级一样的进程具体执行哪一个是由其在队列中的位置决定的，这就导致了一些不公正性；如果将两个优先级一样的任务的调度策略都设为 RR，则保证了这两个任务可以循环执行，保证了公平。

5.8.14 进程调度依据（系统进程调度原理）

Linux 只有一个可运行队列，处于 TASK_RUNNING 状态的实时进程和普通进程都加入到这个可运行队列中。Linux 的进程调度采用了动态优先级和权值调控的方法，既可实现上述三种调度策略，又能确保实时进程总是比普通进程优先使用 CPU。例如，Linux 是半实时操作系统，进程之间运行占用时间分析如下（以下范例均为假设，实际 Linux 运行机制比范例更复杂）。

1. 范例 1

（1）假设系统有 1 000 个嘀嗒时钟，也就是有 1 000 个时间片。

时间片不是固定的，它是人为设定的，可以通过修改系统嘀嗒时钟相关驱动参数来修改系统嘀嗒时钟频率（以 1s 为单位，若 1s 嘀嗒时钟运行 1 000 次，则时间片就为 1 000，时钟节拍为 1ms）。

（2）假设有三个进程：A、B、C，优先级为 A > B > C。

（3）三个进程运行时间片如下（由系统分配）。

A = 100 conter;

B = 50 conter;

C = 200 conter。

注意：每个进程的 conter 值（运行分配时间片）都是由系统自动分配的（只要进程注册到内核就会自动分配）。

进程运行过程如下：

A 进程运行一段时间后，处于休眠状态；

B 进程开始运行一段时间，然后 B 处于休眠状态；

最后 C 进程再运行。

高优先级占用的时间比例多一些，低优先级占用的时间比例少一些。相当于 A、B、C 根据优先级分配一定权数，然后根据每个进程分配的时间片多少再分配一定权数。每个进程权数多少由进程优先级和时间片多少确定。

假定 A、B、C 三个进程根据优先级和时间片综合评估给予相应权数比例为 A∶B∶C = 5∶3∶2，那么假定 1 000 时间片分 10 份，每份 100 时间片，在 100 时间片中：

A 先运行 50 时间片，然后处于休眠状态；

B 再运行 30 时间片，然后处于休眠状态；

C 再运行 20 时间片；然后继续进行下一个 100 时间片的运行，运行过程和前 100 时间片一样。

A 先运行 50 时间片，然后处于休眠状态；

B 再运行 20 时间片，然后处于休眠状态（B 到现在已经运行完）；

C 再运行 30 时间片；然后继续进行下一个 100 时间片的运行，运行过程和前 100 时间片一样。

A 先运行 70 时间片，然后处于休眠状态；

B 再运行 0 时间片，然后处于休眠状态（因为 B 已经运行完）；

C 再运行 30 时间片；然后继续进行下一个 100 时间片的运行，运行过程和前 100 时间片一样。

A 先运行 30 时间片，然后处于休眠状态（A 现在已经运行完）；

B 再运行 0 时间片，然后处于休眠状态（因为 B 已经运行完）；

C 再运行 70 时间片；然后继续进行下一个 100 时间片的运行，运行过程和前 100 时间片一样。

A 先运行 0 时间片，然后处于休眠状态（因为 A 已经运行完）；

B 再运行 0 时间片，然后处于休眠状态（因为 B 已经运行完）；

C 再运行 50 时间片；然后继续进行下一个 100 时间片的运行，运行过程和前 100 时间片一样。

然后，A、B、C 进程全部进入休眠状态（注意：只要每个进程执行完，就自动处于休眠状态，如果休眠时间结束就进入就绪状态，又重新开始执行）。一般执行完成顺序为 A、B、C。

2. 范例 2

（1）假设系统有 1 000 个嘀嗒时钟，也就是有 1 000 个时间片。

（2）假设有五个进程：A、B、C、D、E，优先级为 A > B = C = D > E。

（3）五个进程运行时间片如下（由系统分配）。

A = 100conter；

B = 50conter；

C = 100conter；

嵌入式Linux实战教程

138

D = 200conter；

E = 100conter。

（4）假设 1 000 时间片分 10 份，每份 100 时间片，然后先 A 运行 1 时间片，A 处于休眠状态，然后再运行 B、C、D（同优先级按时间片比例运行，即 B 运行 1 时间片，然后 C 运行 2 时间片，D 运行 4 时间片），然后 B、C、D 休眠，最后运行 E，循环 10 次。

▶ 5.8.15　描述进程的数据结构 task_struct（任务结构体）

task_struct（任务结构体）中用以下几个数据作为调度依据。

```
struct task_struct
{
    …
    /＊是否需要重新调度, need_resched 是任务结构体内部的一个标志, 标志成立, 就进入就绪状态＊/
    volatile long need_resched;

    /＊进程当前还拥有的时间片, 该任务(进程)每运行 1 个时间片就减 1＊/
    long counter;
    long nice;                    /＊普通进程的动态优先级，来自 UNIX 系统＊/
    unsigned long policy;         /＊进程调度策略＊/
    unsigned long rt_priority;    /＊实时进程的优先级＊/
    …
};
```

counter 值是动态变化的，进程运行时，每一个嘀嗒时钟结束后，其值减 1。当 counter 值为 0 时，表示该进程时间片已用完，该进程回到可运行队列中（就绪状态），等待再次调度（下一次系统重新分配 conter 时再执行）。

为确保实时进程优于普通进程，Linux 采取加权处理法。在进程调度过程中，每次选取下一个运行进程时，调度程式首先给可运行队列中的每个进程赋予一个权值 weight。普通进程的权值就是其 counter 值和优先级 nice 值的综合，而实时进程的权值是它的 rt_priority 值加 1 000（可以修改，但一般不建议修改，最好选择默认值），确保实时进程的权值总能够大于普通进程。调度程式检查可运行队列中所有进程的权值，选取权值最大者作为下一个运行进程，确保了实时进程优先于普通进程获得 CPU。

▶ 5.8.16　Linux 使用内核函数 goodness( )对进程进行加权处理

```
static inline goodness( struct task_struct ＊ pint this_cpu,struct mm_struct ＊ this_mm)
{
    int weight;
    weight = －1;
```

```
    /* 判断任务的调度策略若被置为 SCHED_YIELD, 则置权值为 -1, 返回。
       系统调用 SCHED_YIELD 表示为"礼让"进程, 其权值为最低
     */
    if( p -> policy & SCHED_YIELD )
        goto out;


    /* 首先对普通进程进行处理(由于多数是普通进程, 这样有利于提高系统效率),
       如是"礼让"进程就退出
     */
    if( p -> policy == SCHED_OTHER )
    {
        weight = p -> counter;                /* 返回权值为进程的 counter 值 */

        /* 如果当前进程的 counter 为 0, 则表示当前进程的时间片已用完, 直接返回 */
        if( !weight )                          //如果时间片用完就退出
            Goto out;

        /* 如果 CONFIG_SMP 条件成立就执行后面语句, 如果不成立则#Endif 前的语句不执行 */
        #Ifdef CONFIG_SMP
        if( p -> processor == this_cpu )
            Weight += PROC_CHANGE_PENALTY;
        #endif

        /* 对进程权值进行微调, 如果进程的内存空间使用当前正在运行的进程的内存空间,
           则权值额外加 1
         */
            if( p -> mm == this_mm || ! p -> mm )
                Weight += 1;
    /* 将权值加上 20 并减去进程优先级 nice 值。普通进程的权值主要由 counter 值和 nice 值
       组成 */
        weight += 20 - p -> nice;
        goto out;//转移到 out 处执行
    }


    /* 对实时进程进行处理, 返回权值为 rt_priority + 1000, 确保优先级高于普通进程 */
    weight = 1000 + p -> rt_priority;
    out:
    return weight;

}
```

通过 goodness( ) 函数能够看出，对于普通进程，其权值主要取决于剩余的时间配额和 nice 值两个因素。nice 值的规定取值范围为 19 ～ – 20，只有特权用户才能把 nice 值设为负数，而表达式 20 – p –> nice 掉转方向成为 1 ～ 40。因此，综合的权值在时间片尚未用完时基本上是两者之和。对于内核进程，若其用户空间和当前进程相同，则权值将额外加 1 作为奖励。对于实时进程，其权值为 1000 + p –> rt_priority，当 p –> counter 达到 0 时该进程将移到队列的末尾，但其优先级仍不少于 1 000。由此可见，当有实时进程就绪时，普通进程是没有机会运行的。

由此能够看出，通过 goodness( ) 函数，Linux 从优先考虑实时进程出发，实现了多种调度策略的统一处理，设计思想非常巧妙。

5.9 中断与异常

5.9.1 Linux 异常处理体系结构概述

内核的中断处理结构有很好的扩充性，并适当屏蔽了一些实现细节。但开发人员应该深入"黑匣子"了解其中的实现原理。

1. 异常

异常，就是指可以打断 CPU 正常运行流程的一些事情，如外部中断、未定义的指令、试图修改只读的数据、执行 SWI 指令（软件中断指令）等。当这些事情发生时，CPU 暂停当前的程序，优先处理异常事件，然后再继续执行被中断的程序。操作系统中经常通过异常来完成一些特定的功能，ARM 架构 Linux 中常见的异常见表 5.1（实际编程过程中不仅限于表中这些例子，如"中断"也是一种异常）。

表 5.1　ARM 架构 Linux 中常见的异常

异 常 总 类	异 常 细 分
未定义指令异常	ARM 指令 break
	Thumb 指令 break
	ARM 指令 mrc
指令预取中止异常	取指令时地址翻译错误（translation fault），系统中还没有为这个指令的地址建立映射关系
数据访问中止异常	访问数据时段地址翻译错误（section translation fault）
	访问数据时页地址翻译错误（page translation fault）
	地址对齐错误
	段权限错误（section translation fault）
	页权限错误（page translation fault）
中断异常	GPIO 引脚中断、WDT 中断、定时器中断、USB 中断、UART 中断等
swi 异常	各类系统调用，如 sys_open、sys_read、sys_write 等

当 CPU 执行未定义的机器指令时，将触发"未定义指令异常"，操作系统可以利用这个特点使用一些自定义的机器指令，在异常处理函数中实现各种系统调用。

可以将一块数据设为是只读的，然后提供给多个进程共用，这样可以节省内存。当某个进程试图修改其中的数据时，将触发"数据访问中止异常"，在异常处理函数中将这块数据复制出一份可写的副本，提供给这个进程使用。

当用户程序试图读写的数据或执行的指令不在内存中时，会触发一个"数据访问中止异常"或"指令预取中止异常"，在异常处理函数中将这些数据或指令读入内存（内存不足时还可以将不使用的数据、指令唤出内存），然后重新执行被中断的程序。这样既可以节省内存，还使得操作系统可以运行这类程序，它们使用的内存远大于实际的物理内存。

当程序使用不对齐的地址访问内存时，会触发"数据访问中止异常"，在异常程序中首先使用多个对齐的地址读出数据；对于读操作，从中选取数据组合好后返回被中断的程序；对于写操作，修改其中的部分数据后再写入内存。这使得程序（特别是应用程序）不用考虑地址对齐的问题。

用户程序可以通过 swi 指令触发 swi 异常，操作系统在 swi 异常处理函数中实现各种系统调用。

2. Linux 内核对异常的设置

ARM 架构 Linux 内核中，只用到了五种异常，在它们的处理函数中进一步细分发生这些异常的原因。

内核在 start_kernel 函数（源码在 init/main. c 中）中调用 trap_init、init_IRQ 两个函数来设置异常的处理函数。

中断也是一种异常，之所以把它单独提出来，是因为中断的处理与具体开发板密切相关，除了一些必须的、共用的中断（如系统时钟中断、片内外设 UART 中断）外，必须由驱动开发者提供处理函数。内核提炼出中断处理的共性，搭建了一个非常容易扩充的中断处理体系。

Init_IRQ 函数（代码在 arch/arm/kernel/irq. c 中）被用来初始化中断的处理框架，设置各种中断的默认处理函数。当发生中断时，中断总入口函数 arm_do_IRQ 可以调用这些函数进行进一步处理。

3. Linux 中断处理体系结构

Linux 内核将所有的中断统一编号，使用一个 irq_desc 结构数组来描述这些中断。每个数组项对应一个中断（也有可能是一组中断，它们共用相同的中断号），数组里记录了中断的名称、中断状态、中断标志（如中断类型、是否共享中断等），并提供了中断的底层硬件访问函数（清除、屏蔽、使能中断），提供了这个中断的处理函数入口，通过它可以调用用户注册的中断处理函数。

中断的处理流程如下所示（前 4 步为中断初始化，第 (5) 步为中断注册）。

(1) 发生中断时，CPU 执行异常向量 vector_irq 的代码（也就是说，程序自动跳入矢量中断入口）。

(2) 在 vector_irq（矢量中断入口）里面，最终调用中断处理的总入口函数 asm_do_IRQ。（该函数用来查找本次中断所在中断向量表的位置。）

（3）asm_do_IRQ 根据中断号调用 irq_desc（中断向量表）数组项中的 handle_irq（具体中断处理函数指针）。

（4）Handle_irq 会使用 chip（根据原芯片厂固定的中断编号）成员中的函数来设置硬件，如清除中断、禁止中断、重新使能中断等。

（5）Handle_irq 逐个调用用户在 action 链表中注册的处理函数，即将中断处理函数指针写入 action 链表相应位置中。

由此可见，中断体系结构的初始化就是构造这些数据结构，如 irq_desc 数组项中的 handle_irq、chip 等成员；用户注册中断就是构造 action 链表；用户卸载中断时就是从 action 链表中删除不需要的项。

七种中断源入口地址如下所述。

（1）复位中断入口地址：Reset（复位时进入）。

（2）未定义指令中止异常中断入口。

（3）软件中断入口：swi。

（4）指令预取终止异常中断入口。

（5）数据访问终止异常中断入口。

（6）保留（未用）入口。

（7）矢量中断入口（保护串口、定时器、AD、IIC 等）。

（8）快中断入口。

4. 用户注册中断处理函数的过程

用户（即驱动程序）通过 request_irq（中断注册函数）函数向内核注册中断处理函数，request_irq 函数根据中断号找到 irq_desc（中断编号）数组项，然后在它的 action 链表中添加一个表项。

5. 卸载中断处理函数

中断是一种很稀缺的资源，当不再使用一个设备时，应该释放其占据的中断，可通过 free_irq 函数来实现。该函数与 request_irq 一样，也是在 kernel/irq/manage. c 中定义。它的函数原型如下：

```
void free_irq( unsigned int irq,void  * dev_id)
```

它需要用到两个参数：irq 和 dev_id，与通过 request_irq 注册中断函数时使用的参数一样，使用中断号 irq 定位 action 链表，再使用 dev_id 在 action 链表中找到要卸载的表项。因此，同一个中断的不同中断处理函数必须使用不同的 dev_id（每个中断自己的结构体）区分，这就要求在注册共享中断时，参数 dev_id 必须唯一。free_irq 函数的处理过程与 request_irq 函数相反。

根据中断号 irq、dev_id 从 action 链表中找到表项，将它删除；如果它是唯一的表项，则还要调用 IRQ_DESC[IRQ]. CHIP –> SHUTDOWN 或 IRQ_DESC[IRQ]:CHIP –> DISABLE 来关闭中断。

▶ 5.9.2　中断注册方法

在 Linux 内核中用于申请中断的函数是 request_irq( )，函数原型在 Kernel/irq/manage. c 中定义：

```
int request_irq( unsigned int      irq,
                 irq_handler_t     handler,
                 unsigned long     irqflags,
                 const char *      devname,
                 void *            dev_id)
```

irq 是要申请的硬件中断号。

handler 是向系统注册的中断处理函数，是一个回调函数，中断发生时，系统调用这个函数，并将 dev_id 参数传递给它。

irqflags 是中断处理的属性，若设置了 IRQF_DISABLED，则表示中断处理程序是快速处理程序，快速处理程序被调用时将屏蔽所有中断，慢速处理程序不屏蔽；若设置了 IRQF_SHARED（老版本中的 SA_SHIRQ），则表示多个设备共享中断；若设置了 IRQF_SAMPLE_RANDOM（老版本中的 SA_SAMPLE_RANDOM），则表示对系统有贡献，对系统获取随机数有好处（这几个 flag 是可以通过或的方式同时使用的）。

devname 是中断名字符串，在 cat /proc/interrupts 中可以看到此名称。

dev_id 在中断共享时会用到，一般设置为这个设备的设备结构体或者 NULL。

request_irq( )返回 0 表示成功；返回 −INVAL 表示中断号无效或处理函数指针为 NULL；返回 −EBUSY 表示中断已经被占用且不能共享。

很多资料中都建议共享中断时将设备结构指针作为 dev_id 参数。在中断到来时，迅速地根据硬件寄存器中的信息对比传入的 dev_id 参数判断是否为本设备的中断，若不是，应迅速返回。这样的说法没有问题，也是编程时应遵循的方法。但事实上并不能说明为什么中断共享必须要设置 dev_id。

下面解释一下 dev_id 参数为什么是必须的，而且是必须唯一的。

当调用 free_irq 注销中断处理函数时（通常卸载驱动时，其中断处理函数也会被注销掉），因为 dev_id 是唯一的，所以可以通过它来判断从共享中断线上的多个中断处理程序中删除哪个。如果没有这个参数，那么 Kernel 不可能知道给定的中断线上到底要删除哪一个处理程序。注销函数定义在 kernel/irq/manage. c 中定义：

```
void free_irq( unsigned int irq,void * dev_id)
```

5.10　并发和竞态

对并发的管理是操作系统编程中核心的问题之一。并发产生竞态，竞态导致共享数据的非法访问。因为竞态是一种可能性极低的事件，所以程序员往往会忽视。但是在计算机世界中，百万分之一的事件可能几秒内就会发生，而其结果是灾难性的。

5.10.1　并发及其管理

竞态通常是作为对资源的共享访问结果而产生的。在设计自己的驱动程序时，第一个要记住的规则是：只要可能，就应该避免资源的共享。若没有并发访问，就不会有竞态。这种思想最明显的应用是避免使用全局变量。但是，资源的共享是不可避免的，如硬件资源本质上就是共享、指针传递等。资源共享的硬性规则如下所示。

（1）在任何单个执行线程之外共享硬件或软件资源时，因为另外一个线程可能对该资源的观察不一致，所以必须显式地管理对该资源的访问。访问管理的常见技术称为"锁定"或"互斥"，该技术确保一次只有一个执行线程可操作共享资源。

（2）当内核代码创建了一个可能和内核其他部分共享的对象时，该对象必须在还有其他组件引用自己时保持存在（并正确工作）。对象尚不能正确工作时，不能将其设置为对内核可用。

5.10.2　信号量和互斥体

一个信号量（semaphore）（又称旗语或信号灯），本质上是一个整数值，它和一对函数联合使用，这一对函数通常称为 P 和 V。希望进入临界区的进程将在相关信号量上调用 P。如果信号量的值大于零，则该值会减 1，而进程可以继续；相反，如果信号量的值为零（或更小），则进程必须等待，直到其他进程释放该信号。对信号量的解锁通过调用 V 完成，该函数增加信号量的值，并在必要时唤醒等待的进程。

当信号量用于互斥时（即避免多个进程同时在一个临界区运行），信号量的值应初始化为 1。这种信号量在任何给定时刻只能由单个进程或线程拥有。在这种使用模式下，一个信号量有时也称为一个"互斥体（mutex）"，它是互斥（mutual exclusion）的简称。Linux 内核中几乎所有的信号量均被用于互斥模式。使用信号量时，内核代码必须包含 < asm/semaphore. h >。

以下是信号量初始化的方法：

```
/ * 初始化函数 * /
void sema_init( struct semaphore  * sem, int val) ;
```

由于信号量通常被用于互斥模式，所以内核提供了以下一组辅助函数和宏：

```
/ * 带有"_LOCKED"的语句将信号量初始化为 0，即锁定，允许任何线程访问时必须先解锁；没
    带的则初始化为 1 * /

/ * 方法一，声明和初始化宏 * /
DECLARE_MUTEX( name) ;
DECLARE_MUTEX_LOCKED( name) ;
/ * 方法二，初始化函数 * /
void init_MUTEX( struct semaphore  * sem) ;
void init_MUTEX_LOCKED( struct semaphore  * sem) ;
```

（1）P 函数。

```
void down(struct semaphore * sem);      /*不推荐使用,会建立不可杀进程*/

/*推荐使用,使用 down_interruptible 需要格外小心,若操作被中断,则该函数会返回非零值,
    而调用时不会拥有该信号量。对 down_interruptible 的正确使用需要始终检查返回值,并做
    出相应的响应*/
int down_interruptible(struct semaphore * sem);
/*带有"_trylock"的永不休眠,若信号量在调用时不可获得,则返回非零值*/
int down_trylock(struct semaphore * sem);
```

（2）V 函数。

```
/*任何拿到信号量的线程都必须通过一次(只有一次)对 up 的调用而释放该信号量。在出错时,
    要特别小心,若在拥有一个信号量时发生错误,则必须在错误状态返回前释放信号量*/
void up(struct semaphore * sem);
```

（3）在 scull 中使用信号量。

本书之前的实验中已经用到了信号量的代码,在这里讲解应该注意的地方。

在初始化 scull_dev 时,要确保在不拥有信号量时不会访问 scull_ dev 结构体:

```
/*  Initialize each device.  */
for(i = 0;i < scull_nr_devs;i ++ ) {
    scull_devices[i]. quantum = scull_quantum;
    scull_devices[i]. qset = scull_qset;

    /*注意顺序:首先初始化好互斥信号量,再使 scull_devices 可用*/
    init_MUTEX(&scull_devices[i]. sem);
    scull_setup_cdev(&scull_devices[i],i);
}
```

（4）读取者/写入者信号量。

只读任务可并行完成工作,而无须等待其他读取者退出临界区。Linux 内核提供了读取者/写入者信号量"rwsem",使用时必须包括 < linux/rwsem. h >。

初始化如下:

```
void init_rwsem(struct rw_semaphore * sem);
```

① 只读接口。

```
void down_read(struct rw_semaphore * sem);
int down_read_trylock(struct rw_semaphore * sem);
void up_read(struct rw_semaphore * sem);
```

② 写入接口。

```
void down_write( struct rw_semaphore ∗ sem);
int down_write_trylock( struct rw_semaphore ∗ sem);
void up_write( struct rw_semaphore ∗ sem);

/ ∗该函数用于把写入者降级为读取者，这有时是必要的。因为写入者是排他性的，所以在写
    入者保持读/写信号量期间，任何读取者或写入者都将无法访问该读写信号量保护的共享
    资源。把那些当前条件下不需要写访问的写入者降级为读取者，将使得等待访问的读取者
    能够立刻访问，从而增加了并发性，提高了效率∗/
void downgrade_ write （struct rw_ semaphore ∗ sem);
```

一个 rwsem 允许一个写入者或无限多个读取者拥有该信号量。写入者有优先权，当某
个写入者试图进入临界区，就不会允许读取者进入，直到写入者完成了它的工作。如果有大
量的写入者竞争该信号量，则这个实现可能导致读取者"饿死"，即可能会长期拒绝读取者
访问。因此，rwsem 最好用在很少请求写入，并且写入者只占用短时间的时候。

（5）completion。

completion 是一种轻量级的机制，它允许一个线程告诉另一个线程某个工作已经完成。
代码必须包含 < linux/completion. h > 。使用的代码如下：

```
DECLARE_COMPLETION( my_completion);          / ∗创建 completion(声明和初始化) ∗/
struct completion my_completion;             / ∗动态声明 completion 结构体∗/
static inline void init_completion(&my_completion);   / ∗动态初始化 completion ∗/
void wait_for_completion( struct completion ∗ c);     / ∗等待 completion ∗/
void complete( struct completion ∗ c);       / ∗唤醒一个等待 completion 的线程∗/
void complete_all( struct completion ∗ c);   / ∗唤醒所有等待 completion 的线程∗/
/ ∗如果未使用 completion_all，则 completion 可重复使用；否则必须使用以下函数重新初始化
    completion ∗/
INIT_COMPLETION( struct completion c);       / ∗快速重新初始化 completion ∗/
```

completion 的典型应用是模块退出时的内核线程终止。在这种运行过程中，某些驱动程
序的内部工作有一个内核线程在 while( )循环中完成。当内核准备清除该模块时，exit 函数
会告诉该线程退出并等待 completion。为此，内核包含了用于这种线程的一个特殊函数：

```
void complete_and_exit( struct completion ∗ c,long retval);
```

▶ 5. 10. 3　自旋锁

前面介绍的几种信号量和互斥机制，其底层源码都是使用自旋锁，可以理解为自旋锁的
再包装。从这里可以理解，为什么自旋锁通常可以提供比信号量更高的性能。

自旋锁是一个互斥设备，它只能为两个值："锁定"和"解锁"。"测试并设置"的操
作必须以原子方式完成。任何时候，只要内核代码拥有自旋锁，在相关 CPU 上的抢占就会
被禁止。适用于自旋锁的核心规则如下所示。

（1）任何拥有自旋锁的代码都必须是原子的，除服务中断外（某些情况下也不能放弃CPU，如中断服务也要获得自旋锁。为了避免这种锁陷阱，需要在拥有自旋锁时禁止中断），不能放弃CPU（如休眠，休眠可发生在许多无法预期的地方）。否则CPU将有可能永远自旋下去（死机）。

（2）拥有自旋锁的时间越短越好。

自旋锁需要包含的文件是＜linux/spinlock.h＞，以下是自旋锁的内核API：

```
spinlock_t my_lock = SPIN_LOCK_UNLOCKED;        /*编译时初始化spinlock*/
void spin_lock_init(spinlock_t *lock);          /*运行时初始化spinlock*/

/*所有spinlock等待本质上是不可中断的，一旦调用spin_lock,在获得锁之前就一直处于自
   旋状态*/
void spin_lock(spinlock_t *lock);               /*获得spinlock*/

/*获得spinlock,禁止本地CPU中断,保存中断标志于flags*/
void spin_lock_irqsave(spinlock_t *lock,unsigned long flags);
void spin_lock_irq(spinlock_t *lock);           /*获得spinlock,禁止本地CPU中断*/
void spin_lock_bh(spinlock_t *lock);    /*获得spinlock,禁止软件中断,保持硬件中断打开*/
/*以下是对应的锁释放函数*/
void spin_unlock(spinlock_t *lock);
void spin_unlock_irqrestore(spinlock_t *lock,unsigned long flags);
void spin_unlock_irq(spinlock_t *lock);
void spin_unlock_bh(spinlock_t *lock);

/*以下非阻塞自旋锁函数,若成功获得,则返回非零值;否则返回零*/
int spin_trylock(spinlock_t *lock);
int spin_trylock_bh(spinlock_t *lock);
/*新内核的＜linux/spinlock.h＞包含了更多函数*/
```

读取/写入者自旋锁：

```
rwlock_t my_rwlock = RW_LOCK_UNLOCKED;          /*编译时初始化*/
rwlock_t my_rwlock;
rwlock_init(&my_rwlock);                         /*运行时初始化*/
void read_lock(rwlock_t *lock);
void read_lock_irqsave(rwlock_t *lock,unsigned long flags);
void read_lock_irq(rwlock_t *lock);
void read_lock_bh(rwlock_t *lock);
void read_unlock(rwlock_t *lock);
void read_unlock_irqrestore(rwlock_t *lock,unsigned long flags);
void read_unlock_irq(rwlock_t *lock);
void read_unlock_bh(rwlock_t *lock);
```

```
/* 新内核已经有了 read_trylock */
void write_lock( rwlock_t * lock) ;
void write_lock_irqsave( rwlock_t * lock,unsigned long flags) ;
void write_lock_irq( rwlock_t * lock) ;
void write_lock_bh( rwlock_t * lock) ;
int write_trylock( rwlock_t * lock) ;
void write_unlock( rwlock_t * lock) ;
void write_unlock_irqrestore( rwlock_t * lock,unsigned long flags) ;
void write_unlock_irq( rwlock_t * lock) ;
void write_unlock_bh( rwlock_t * lock) ;

/* 新内核的 < linux/spinlock. h > 包含了更多函数 */
```

第 5 章

149

字符设备驱动开发

6.1 主设备号和次设备号

字符设备是指在 I/O 传输过程中以字符为单位进行传输的设备，如键盘、打印机等。在 UNIX 系统中，字符设备以特别文件方式在文件目录树中占据位置并拥有相应的节点。节点中的文件类型指明该文件是字符设备文件。可以使用与普通文件相同的文件操作命令对字符设备文件进行操作，如打开、关闭、读、写等。当一台字符型设备在硬件上与主机相连之后，必须为这台设备创建字符特别文件。操作系统的 mknod 命令用于建立设备特别文件。例如，为一台终端创建名为/dev/tty03 的命令如下（设主设备号为 2，次设备号为 13，字符型类型标记 c）：

```
mknod   /dev/tty03   c   2   13
```

此后，open、close、read、write 等系统调用也适用于设备文件/dev/tty03。

注意：现在使用的 Linux 内核都支持动态设备管理，能够自动创建设备文件，这样就不用输入上面这类命令来创建设备文件了。

6.2 重要数据结构

6.2.1 file_operations 结构

file_operations 结构体中的成员函数是字符设备驱动程序设计的主体内容，这些函数会在应用程序进行 Linux 的 open()、write()、read()、close() 等系统调用时最终被调用。file_operations 结构体目前已经比较庞大，它的定义如下所示：

```
struct file_operations
{
    /* 它是一个指向拥有这个结构的模块的指针。这个成员用来在它的操作还在被使用时阻
       止模块被卸载。通常，它被简单初始化为 THIS_MODULE */
    struct module * owner;
```

/ * 改变文件中的当前读写位置,并且新位置作为(正的)返回值。loff_t 参数是一个 long off-
　　set,并且即便在 32 位平台上也至少有 64 位宽。由一个负返回值指示错误。如果这个函
　　数指针是 NULL,seek 调用会潜在地以无法预知的方式修改 file 结构中的位置计数器 * /
loff_t(* llseek)(struct file * ,loff_t,int);　　　　　　　　//用来修改文件当前的读写位置

ssize_t(* read)(struct file * ,char __user * ,size_t,loff_t *);　　　　//从设备中同步读取数据

/ * 初始化一个异步读——可能在函数返回前不结束读操作。如果这个方法是 NULL,则所
　　有的操作会由 read 代替进行(同步地) * /
ssize_t(* aio_read)(struct kiocb * ,char __user * ,size_t,loff_t);

/ * 发送数据给设备。如果数据为 NULL, - EINVAL 返回给调用 write 系统调用的程序;如
　　果非负,返回值代表成功写入的字节数 * /
ssize_t(* write)(struct file * ,const char __user * ,size_t,loff_t *);

//初始化一个异步的写入操作
ssize_t(* aio_write)(struct kiocb * ,const char __user * ,size_t,loff_t);

//仅用于读取目录,对于设备文件,该字段为 NULL
int(* readdir)(struct file * ,void * ,filldir_t);

/ * poll 方法是三个系统调用的后端:poll、epoll 和 select,都用作查询对一个或多个文件描
　　述符的读/写是否会阻塞。poll 方法应当返回一个位掩码指示是否非阻塞的读/写是可
　　能的,并且提供给内核信息用来使调用进程睡眠,直到 I/O 变为可能。如果一个驱动
　　的 poll 方法为 NULL,则设备假定为不阻塞地可读、可写 * /
unsigned int(* poll)(struct file * ,struct poll_table_struct *);//轮询函数,判断目前是否可以进
　　　　　　　　　　　　　　　　　　　　　　　　　　　　　　行非阻塞地读取或写入

/ * ioctl 系统调用提供了发出设备特定命令的方法(如格式化软盘的一个磁道,这既不是读
　　也不是写)。另外几个 ioctl 命令被内核识别而不必引用 fops 表。如果设备不提供 ioctl
　　方法,则对于任何未事先定义的请求,系统都调用返回一个错误 * /
int(* ioctl)(struct inode * ,struct file * ,unsigned int,unsigned long);

//不使用 BLK 文件系统,将使用此种函数指针代替 ioctl
long(* unlocked_ioctl)(struct file * ,unsigned int,unsigned long);

//在 64 位系统中,32 位的 ioctl 调用将使用此函数指针代替
long(* compat_ioctl)(struct file * ,unsigned int,unsigned long);

/ * 用来请求将设备内存映射到进程的地址空间。如果这个方法是 NULL,则 mmap 系统调用返
　　回 - ENODEV * /
int(* mmap)(struct file * ,struct vm_area_struct *);//用于请求将设备内存映射到进程地址空间

```
        int( * open) ( struct inode * , struct file * ) ;                          //打开设备
```

/ * Flush 操作在进程关闭它的设备文件描述符的复制时被调用。它应当执行(并且等待)设备的
    任何未完成的操作。这个不要和用于用户查询请求的 fsync 操作混淆。当前,Flush 很少在驱
    动中使用;SCSI 磁带驱动使用它,如为确保所有写的数据在设备关闭前写到磁带上。如果
    Flush 为 NULL,则内核简单地忽略用户应用程序的请求 */

```
        int( * flush) ( struct file * ) ;
```

/ * 文件结构被释放时引用这个操作, release 可以为 NULL */

```
        int( * release) ( struct inode * , struct file * ) ;                         //关闭设备
```

/ * 这个方法是 fsync 系统调用的后端,用户调用该方法以刷新任何挂载的数据。如果这个指针
    是 NULL,则系统调用返回 − EINVAL */

```
        int( * synch) ( struct file * , struct dentry * , int datasync) ;    //刷新待处理的数据
```

/ * fsync 方法的异步版本 */

```
        int( * aio_fsync) ( struct kiocb * , int datasync) ;                     //异步 fsync
```

```
        int( * fsync) ( int, struct file * , int) ;                             //通知设备 fsync 标志发生变化
```

/ * lock 方法用来实现文件加锁。加锁对常规文件是必不可少的特性,但是设备驱动几乎从
    不实现它 */

```
        int( * lock) ( struct file * , int, struct file_lock * ) ;
```

/ *
    readv、writev 这些方法用于实现分散/聚集读/写操作。应用程序偶尔需要做一个包含多个
内存区的单个读/写操作。这些系统调用允许它们这样做而不必对数据进行额外复制。如果这
些函数指针为 NULL,则 read 和 write 方法被调用(可能多于一次)
*/
        //分散/聚集型的读操作
        ssize_t(* readv) (struct file * , const struct iovec * , unsigned long, loff_t *) ;

        //分散/聚集型的写操作
        ssize_t(* writev) (struct file * , const struct iovec * , unsigned long, loff_t *) ;

        / * 这个方法实现 sendfile 系统调用的读,使用最少的复制从一个文件描述符搬移数据到另
            一个文件。例如,它被一个需要发送文件内容到一个网络连接的 Web 服务器使用。设
            备驱动常常使 sendfile 为 NULL */
        ssize_t(* sendfile) (struct file * , loff_t * , size_t, read_actor_t, void *) ;

        //通常为 NULL
        ssize_t(* sendpage) (struct file * , struct page * , int, size_t, loff_t * , int) ;
```
```

/ * 这个方法的目的是在进程的地址空间找一个合适的位置,用于映射在底层设备上的内
　　存段中的数据(这个任务通常由内存管理代码进行)。这个方法是为了使驱动能够强制
　　特殊设备可能有的任何对齐请求。大部分驱动可以置这个方法为 NULL */
unsigned long(* get _ unmapped _ area)(struct file * , unsigned long, unsigned long, unsigned
                                    long , unsigned long);
//允许模块检查传递给 fcntl(F_SETEL . . .)调用的标志
int(* check_flags)(int);

int(* dir_notify)(struct file * filp,unsigned long arg);//仅对文件系统有效, 驱动程序不必实现

/ * 这个方法在应用程序使用 fcntl 请求目录改变通知时调用。只对文件系统有用, 驱动程
　　序无须实现 dir_notify */
int(* flock)(struct file * ,int ,struct file_lock *);
};

lseek( )函数：用来修改一个文件的当前读/写位置，并返回新位置，在出错时，这个函数返回一个负值。

read( )函数：用来从设备中读取数据，成功时函数返回读取的字节数，出错时返回一个负值。

write( )函数：向设备发送数据，成功时该函数返回写入的字节数。如果此函数未被实现，当用户进行 write( )系统调用时，将得到 – EINVAL 返回值。

readdir( )函数：仅用于目录，设备节点不需要实现它。

ioctl( )函数：提供设备相关控制命令的实现（既不是读操作也不是写操作），当调用成功时，返回给调用程序一个非负值。内核本身识别部分控制命令，而不必调用设备驱动中的ioctl( )。如果设备不提供 ioctl( )函数，对于内核不能识别的命令，用户进行 ioctl( )系统调用时将获得 – EINVAL 返回值。

mmap( )函数：将设备内存映射到进程内存中，如果设备驱动未实现此函数，用户进行 mmap( )系统调用时将获得 – ENODEV 返回值。这个函数对于帧缓冲等设备特别有意义。

open( )函数：当用户空间调用 Linux API 函数 open( )打开设备文件时，设备驱动的open( )函数最终被调用。驱动程序可以不实现这个函数，在这种情况下，设备的打开操作永远成功。

release( )函数：与 open( )函数对应。

poll( )函数：一般用于询问设备是否可被非阻塞地立即读/写。当询问的条件未触发时，用户空间进行 select( )和 poll( )系统调用时，将引起进程的阻塞。

aio_read( )和 aio_write( )函数：分别对与文件描述符对应的设备进行异步读/写操作。设备实现这两个函数后，用户空间可以对该设备文件描述符通过调用 aio_read( )、aio_write( )等系统调用进行读/写。

6.2.2　file 结构

```
struct file
{
        mode_t f_mode;                /*标志文件是否可读或可写,FMODE_READ 或 FMODE_WRITE */
        dev_t f_rdev;                 /* 用于/dev/tty */
        off_t f_pos;                  /* 当前文件位移 */
        unsigned short f_flags;       /* 文件标志,如 O_RDONLY、O_NONBLOCK 和 O_SYNC */
        unsigned short f_count;       /* 打开的文件数目 */
        unsigned short f_reada;
        struct inode * f_inode;       /*指向 inode 的结构指针 */
        struct file_operations * f_op; /* 文件索引指针 */
};
```

6.3　字符设备注册方式

6.3.1　早期版本的字符设备注册(2.6 版本以前)

　　早期版本的字符设备注册使用函数 register_chrdev( ),调用该函数后就可以向系统申请主设备号,如果 register_chrdev( )操作成功,设备名就会出现在/proc/devices 文件里。在关闭设备时,通常需要解除原先的设备注册,此时可使用函数 unregister_chrdev( ),此后该设备就会从/proc/devices 里消失。其中,主设备号和次设备号不能大于 255。字符设备注册函数原型的详细说明见表 6.1。

表 6.1　字符设备注册函数

所需头文件	#include < linux/fs. h >
函数原型	int register_chrdev(unsigned int major,const char * name,struct file_operations * fops)
函数参数	major:设备驱动程序向系统申请的主设备号,如果为 0,则系统为此驱动程序动态的分配一个主设备号
	name:设备名
	fops:对各个调用的入口点
返回值	成功:如果动态分配主设备号,则返回所分配的主设备号,且设备名就会出现在/proc/devices 文件里 失败: -1
函数原型	int unregister_chrdev(unsigned int major,const char * name)
函数参数	major:设备驱动程序向系统申请的主设备号,必须和注册时的主设备号相同
	name:设备名
返回值	成功:返回 0,且设备名从/proc/devices 文件里消失 失败: -1

6.3.2 杂项 (misc device) 设备注册

杂项设备驱动也是在嵌入式系统中用得比较多的一种设备驱动。在 Linux 内核的 include/linux/miscdevice. h 文件中，要把自己的 misc device 定义在这里。这是因为这些字符设备不符合预先确定的字符设备范畴，所有这些设备采用主设备号 10，而 misc device、misc_register 就是用主设备号 10 调用 register_chrdev() 的。也就是说，misc 设备其实也就是特殊的字符设备。

misc_device 是特殊的字符设备。注册驱动程序时采用 misc_register 函数注册，在此函数中会自动创建设备节点，即设备文件。无须 mknod 指令创建设备文件，因为 misc_register() 会调用 class_device_create() 或者 device_create()。注册杂项字符设备时，该类设备使用同一个主设备号 10，杂项字符设备使用数据结构 struct miscdevice:

```
struct miscdevice  {
int minor;               //次设备号
const char * name;  //设备名
    struct file_operations * fops;
    struct list_head list;
    struct device * dev;
    struct class_device * class;
    char devfs_name[64];
};
```

Linux 内核使用 misc_register 函数来注册一个混杂设备驱动:

```
int misc_register( struct miscdevice * misc)
```

Linux 内核使用 misc_deregister 函数来卸载一个混杂设备驱动:

```
int misc_deregister( struct miscdevice * misc)
```

6.3.3 Linux 2.6 的版本设备注册

在 Linux 2.6 的版本中，用 dev_t 类型来描述设备号（dev_t 是 32 位数值类型，其中，高 12 位表示主设备号，低 20 位表示次设备号）。用两个宏（MAJOR 和 MINOR）分别获得 dev_t 设备号的主设备号和次设备号，而且用 MKDEV 宏来实现逆过程，即组合主设备号和次设备号而获得 dev_t 类型设备号。

分配设备号有静态和动态的两种方法。

（1）静态分配（register_chrdev_region() 函数）：在事先知道设备主设备号的情况下，通过参数函数指定第一个设备号（它的次设备号通常不为 0），而向系统申请分配一定数目的设备号。

（2）动态分配（alloc_chrdev_region() 函数）：通过参数仅设置第一个次设备号（通常为 0，事先不知道主设备号）和要分配的设备数目，而系统动态分配所需的设备号。

通过 unregister_chrdev_region() 函数释放已分配的（无论是静态的还是动态的）设备号。函数原型详细说明见表6.2。

表6.2　Linux 2.6 版本的设备注册函数

所需头文件	#include < linux/fs. h >
函数原型	int register_chrdev_region(dev_t first, unsigned int count, char * name) int alloc_chrdev_region(dev_t * dev, unsigned int firstminor, unsigned int count, char * name) void unregister_chrdev_region(dev_t first, unsigned int count)
函数参数	first：要分配的设备号的初始值
	count：要分配（释放）的设备号数目
	name：要申请设备号的设备名称（在/proc/devices 和 sysfs 中显示）
	dev：动态分配的第一个设备号
	firstminor：要分配的起始子设备号
返回值	成功：0，只限于两种注册函数
	失败：–1，只限于两种注册函数

在 Linux 2.6 内核中使用 struct cdev 结构来描述字符设备，在驱动程序中必须将已分配到的设备号及设备操作接口（即 strsuct file_operations 结构）赋予 struct cdev 结构变量。首先使用 cdev_alloc() 函数向系统申请分配 struct cdev 结构；再用 cdev_init() 函数初始化已分配到的结构并与 file_operations 结构关联起来，最后调用 cdev_add() 函数将设备号与 struct cdev 结构进行关联，并向内核正式报告新设备的注册。这样新设备可以使用了！如果要从系统中删除一个设备，则要调用 cdev_del() 函数，详见表6.3。

表6.3　字符设备的操作函数

所需头文件	#include < linux/cdev. h >
函数原型	struct cdev * cdev_alloc(void) void cdev_init(struct cdev * cdev, struct file_operations * fops) int cdev_add(struct cdev * cdev, dev_t num, unsigned int count) void cdev_del(struct cdev * dev)
函数参数	cdev：需要初始化/注册/删除的 struct cdev 结构
	fops：该字符设备的 file_operations 结构
	num：系统给该设备分配的第一个设备号
	count：该设备对应的设备号数量
返回值	成功： cdev_alloc：返回分配到的 struct cdev 结构指针； cdev_add：返回 0
	失败： cdev_alloc：返回 NULL； cdev_add：返回 –1

1. cdev 结构体

```
struct cdev
{
    struct kobject kobj;                 /*内嵌的 kobject 对象 */
    struct module * owner;               /*所属模块*/
    struct file_operations * ops;        /*文件操作结构体*/
    struct list_head list;
    dev_t dev;                           /*设备号*/
    unsigned int count;
};
```

cdev 结构体的 dev_t 成员定义了设备号，为 32 位。其中，高 12 位为主设备号，低 20 位为次设备号。使用下列宏可以从 dev_t 获得主设备号和次设备号：

```
MAJOR( dev_t dev);               //获取主设备号
MINOR( dev_t dev);               //获取次设备号
```

而使用下列宏则可以通过主设备号和设备号生成 dev_t：

```
MKDEV( int major, int minor);        //生成设备号
```

cdev 结构体的另一个重要成员 file_operations 定义了字符设备驱动提供给虚拟文件系统的接口函数。

Linux 2.6 内核提供了一组函数用于操作 cdev 结构体，如下所示：

```
void cdev_init( struct cdev * , struct file_operations * );   //字符设备初始化
struct cdev * cdev_alloc( void);                               //分配一个 cdev 设备存放内存
void cdev_put( struct cdev * p);
int cdev_add( struct cdev * , dev_t, unsigned);                //添加字符设备到内核设备链表中
void cdev_del( struct cdev * );                                //从内核设备中删除字符设备
```

cdev_init( )函数用于初始化 cdev 的成员，并建立 cdev 和 file_operations 之间的链接。

cdev_add( )函数和 cdev_del( )函数分别向系统添加或删除一个 cdev，完成字符设备的注册和注销。对 cdev_add( )的调用通常发生在字符设备驱动模块加载函数中，而对 cdev_del( )函数的调用则通常发生在字符设备驱动模块卸载函数中。

2. Linux 字符设备驱动的组成

在 Linux 系统中，字符设备驱动由如下几个部分组成。

（1）字符设备驱动模块加载函数与卸载函数。

在字符设备驱动模块加载函数中应实现设备号的申请和 cdev 的注册，而在卸载函数中应实现设备号的释放和 cdev 的注销。人们通常习惯将设备定义为一个设备相关的结构体，

且包含该设备所涉及的 cdev、私有数据及信号量等信息。常见的设备结构体、模块加载和卸载函数形式如代码清单6.1所示。

代码清单 6.1：字符设备驱动模块加载与卸载函数模板

```
1   //设备结构体
2   struct xxx_dev_t
3   {
4      struct cdev cdev;
5      ...
6   } xxx_dev;
7   //设备驱动模块加载函数
8   static int _init xxx_init(void)
9   {
10     ...
11     cdev_init(&xxx_dev. cdev,&xxx_fops);//初始化 cdev
12     xxx_dev. cdev. owner = THIS_MODULE;
13     //获取字符设备号
14     if(xxx_major)
15     {
16        register_chrdev_region(xxx_dev_no,1,DEV_NAME);
17     }
18     else
19     {
20        alloc_chrdev_region(&xxx_dev_no,0,1,DEV_NAME);
21     }
22
23     ret = cdev_add(&xxx_dev. cdev,xxx_dev_no,1);//注册设备
24     ...
25   }
26   /*设备驱动模块卸载函数*/
27   static void _exit xxx_exit(void)
28   {
29     unregister_chrdev_region(xxx_dev_no,1);//释放占用的设备号
30     cdev_del(&xxx_dev. cdev);//注销设备
31     ...
32   }
```

（2）字符设备驱动的 file_operations 结构体中成员函数。

file_operations 结构体中成员函数是字符设备驱动与内核的接口，是用户空间对 Linux 进行系统调用最终的落实者。大多数字符设备驱动会实现 read()、write()和 ioctl()函数，这三个函数的形式如代码清单6.2所示。

代码清单 6. 2：字符设备驱动读、写、I/O 控制函数模板

```
/*读设备*/
ssize_t xxx_read(struct file *filp,char _user *buf,size_t count,loff_t *f_pos)
{
    ...
    copy_to_user(buf,...,...);
    ...
}


/*写设备*/
ssize_t xxx_write(struct file *filp,const char _user *buf,size_t count,loff_t *f_pos)
{
...
    copy_from_user(...,buf,...);
    ...
}


/* ioctl 函数 */
int xxx_ioctl(struct inode *inode,
            struct file *filp,
            unsigned int cmd,
            unsigned long arg)
{
    ...
    switch(cmd)
    {
        case XXX_CMD1:
            ...
            break;
        case XXX_CMD2:
            ...
            break;
        default:
            /*不能支持的命令*/
            return -ENOTTY;
    }
    return 0;
}
```

设备驱动的读函数中，filp 是文件结构体指针；buf 是用户空间内存的地址，该地址在内核空间不能直接读写；count 是要读的字节数；f_pos 是读的位置相对于文件开头的偏移。

设备驱动的写函数中，filp 是文件结构体指针；buf 是用户空间内存的地址，该地址在内核空间不能直接读写；count 是要写的字节数；f_pos 是写的位置相对于文件开头的偏移。

由于内核空间与用户空间的内存不能直接互访，所以借助函数 copy_from_user()完成用户空间到内核空间的复制；借助函数 copy_to_user( ) 完成内核空间到用户空间的复制。

copy_from_user( ) 和 copy_to_user( ) 的原型如下所示：

```
unsigned long copy_from_user(void * to,
                             const void _user * from,
                             unsigned long count);

unsigned long copy_to_user(void _user * to,
                           const void * from,
                           unsigned long count);
```

上述函数均返回不能被复制的字节数。因此，如果完全复制成功，则返回值为 0。如果要复制的内存是简单类型，如 char、int、long 等，则可以使用简单的 put_user( ) 和 get_user( )，如下所示：

```
int val;//内核空间整型变量
...
get_user(val,(int * )arg);//用户空间到内核空间,arg 是用户空间的地址
...
put_user(val,(int * )arg);//内核空间到用户空间,arg 是用户空间的地址
```

读函数和写函数中的_user 是一个宏，表明其后的指针指向用户空间，这个宏的定义如下所示：

```
#ifdef _CHECKER_
# define _user _attribute_((noderef,address_space(1)))
#else
# define _user
#endif
```

I/O 控制函数的 cmd 参数为事先定义的 I/O 控制命令，而 arg 为对应于该命令的参数。例如，对于串行设备，如果 SET_BAUDRATE 是一个设置波特率的命令，则后面的 arg 就应该是波特率值。在字符设备驱动中，需要定义一个 file_operations 的实例，并将具体设备驱动的函数赋值给 file_operations 的成员，如代码清单 6.3 所示。

代码清单 6.3：字符设备驱动文件操作结构体模板

```
1 struct file_operations xxx_fops =
2 {
3   . owner = THIS_MODULE,
4   . read = xxx_read,
5   . write = xxx_write,
6   . ioctl = xxx_ioctl,
7   ...
8 };
```

其中，xxx_fops 在 cdev_init(&xxx_dev. cdev, &xxx_fops)的语句中建立与 cdev 的链接。

如图 6.1 所示为字符设备驱动的结构，表明了字符设备驱动与字符设备，以及字符设备驱动与用户空间访问该设备的程序之间的关系。

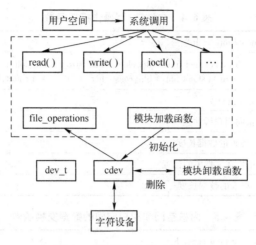

图 6.1　字符设备驱动的结构

3. 打开设备

打开设备的函数接口是 open( )，根据设备的不同，open( )函数接口完成的功能也有所不同，但通常情况下，在 open( )函数接口中要完成如下工作。

（1）递增计数器，检查错误。

（2）如果未初始化，则进行初始化。

（3）识别次设备号，如果必要，则更新 f_op 指针。

（4）分配并填写被置于 filp -> private_data 的数据结构。

其中，递增计数器是用于设备计数的。由于设备在使用时通常会打开多次，并可以由不同的进程所使用，所以若有一个进程想要删除该设备，则必须保证其他设备没有使用该设备。因此，使用计数器就可以很好地完成这项功能。

4. 释放设备

释放设备的函数接口是 release( )。注意，释放设备和关闭设备是完全不同的。当一个进程释放设备时，其他进程还能继续使用该设备，只是该进程暂时停止对该设备的使用；而当一个进程关闭设备时，其他进程必须重新打开此设备才能使用它。

5. 读/写设备

读/写设备的主要任务就是把内核空间的数据复制到用户空间，或者将数据从用户空间复制到内核空间，也就是将内核空间缓冲区里的数据复制到用户空间的缓冲区中或者相反。内核读/写操作接口函数原型详细说明见表 6.4。

6. 内核空间和用户空间的数据交换

内核空间地址和用户空间地址是有很大区别的，其中一个区别是用户空间的内存是可以被换出的，所以可能会出现页面失效等情况。因此，不能使用如 memcpy( )之类的函数来完成这样的操作。在这里要使用 copy_to_user( )或 copy_from_user( )等函数，它们用于实现用户空间和内核空间的数据交换，详细内容见表 6.5。

表 6.4　内核读/写操作接口函数

所需头文件	#include < linux/fs. h >
函数原型	ssize_t(* read)(struct file * filp,char * buff,size_t count,loff_t * offp) ssize_t(* write)(struct file * filp,const char * buff,size_t count,loff_t * offp)
函数参数	filp：文件指针
	buff：指向用户缓冲区
	count：传入的数据长度
	offp：用户在文件中的位置
返回值	成功：写入的数据长度

表 6.5　内核空间和用户空间的数据交换函数

所需头文件	#include < asm/uaccess. h >
函数原型	unsigned long copy_to_user(void __user * to,const void * from,unsigned long count) unsigned long copy_from_user(void * to,const void __user * from,unsigned long count)
函数参数	to：数据目的缓冲区
	from：数据源缓冲区
	count：数据长度
返回值	成功：写入的数据长度 失败：- EFAULT

7. ioctl 函数

大部分设备除了读/写操作，还需要硬件配置和控制（如设置串口设备的波特率）等很多其他操作。在字符设备驱动中，ioctl 函数接口给用户提供对设备的非读/写操作机制，ioctl 函数原型的详细说明见表 6.6。

表 6.6　ioctl 函数

所需头文件	#include < fs. h >
函数原型	int(* ioctl)(struct inode * inode,struct file * filp,unsigned int cmd,unsigned long arg)
函数参数	inode：文件的内核内部结构指针
	filp：被打开的文件描述符
	cmd：命令类型
	arg：命令相关参数
返回值	成功：非负数 失败：-1，并设置 errno

8. 获取内存

在应用程序中获取内存通常使用函数 malloc( )，但在设备驱动程序中动态开辟内存可以以字节或页面为单位。其中，以字节为单位分配内存的函数有 kmalloc( ) 和 vmalloc( )。需要注意的是，kmalloc( ) 及 vmalloc( ) 函数返回虚拟地址，不同的是 kmalloc( ) 分配的内存不仅在虚拟地址上连续，在物理地址上也是连续的，而 vmalloc( ) 就不能保证物理地址连续了。这样看来，vmalloc( ) 函数分配的内存在访问效率上会相对低些，一般用来分配大块的内存区域。为保证可移植性，通常用 kmalloc( ) 分配的内存不要超过 128KB，在驱动程序中不能使用 malloc( ) 函数（其实所有的库函数在内核代码中都不能调用，驱动程序只能调用内核实现的相关函数）。kmalloc( ) 函数不会对所获取的内存空间清零，如果需要分配后清零，则可使用 kzalloc( ) 函数。

kmalloc( ) 和 kzalloc( ) 对应的内存释放函数是 kfree( )；vmalloc( ) 对应的释放函数是 vfree( )。kmalloc( ) 函数，kfree( ) 函数原型的详细说明分别见表 6.7、表 6.8。freepage( ) 函数是以页为单位分配内存的，其原型详细说明见表 6.9。其中，get_zeroed_page( )：获得一个已清零页面；_get_free_pages( )：获得一个或几个连续页面，该函数返回线性虚拟地址，返回类型为 unsigned long 型，可以直接转换成 void * 指针使用。关于页大小，可以直接使用系统调用 getpagesize( ) 获取。与之相对应的释放内存用 free_pages( ) 函数，其原型详细说明见表 6.10。

表 6.7　kmalloc( ) 函数

所需头文件	#include < linux/slab. h >	
函数原型	void * kmalloc(unsigned int len , int flags)	
函数参数	len：希望申请的字节数	
	flags	GPF_KERNEL：内核内存的通常分配方法，可能引起睡眠
		GPF_BUFFER：用于管理缓冲区高速缓存
		GFP_ATOMIC：为中断处理程序或其他运行于进程上下文之外的代码分配内存，且不会引起睡眠
		GFP_USER：用户分配内存，可能引起睡眠
		GFP_HIGHTUSER：优先高端内存分配
		_GFP_DMA：DMA 数据传输请求内存
		_GFP_HIGHMEN：请求高端内存
返回值	成功：申请到的内存首地址 失败：NULL	

表 6.8　kfree( ) 函数

所需头文件	#include < linux/slab. h >
函数原型	void free(void * obj)
函数参数	obj：要释放的内存指针

表 6.9　freepage( )函数

所需头文件	#include < linux/slab. h >	
函数原型	unsigned long get_zeroed_page(int flags) unsigned long __get_free_page(int flags) unsigned long __get_free_page(int flags，unsigned long order) unsigned long __get_dma_page(int flags，unsigned long order)	
函数参数	flags	GPF_KERNEL：内核内存的通常分配方法，可能引起睡眠
		GPF_BUFFER：用于管理缓冲区高速缓存
		GFP_ATOMIC：为中断处理程序或其他运行于进程上下文之外的代码分配内存，且不会引起睡眠
		GFP_USER：用户分配内存，可能引起睡眠
		GFP_HIGHTUSER：优先高端内存分配
		_GFP_DMA：DMA 数据传输请求内存
		_GFP_HIGHMEN：请求高端内存
	order	要请求的页面数，以 2 为底的对数
返回值	成功：返回指向新分配的页面的指针 失败： − EFAULT	

表 6.10　free_pages( )函数

所需头文件	#include < linux/slab. h >	
函数原型	unsigned long free_page(unsigned long addr) unsigned long free_pages(unsigned long addr，unsigned long order)	
函数参数	addr	要释放的内存起始地址
	order	要请求的页面数，以 2 为底的对数
返回值	成功：返回指向新分配的页面的指针 失败： − EFAULT	

6.4　打印信息

在内核空间打印信息时要用函数 printk( )而不能用平常的函数 printf( )。printk( )还可以定义打印消息的优先级，其函数原型的详细说明见表 6.11。

表 6.11　printk( )函数

所需头文件	#include < linux/kernel. h >	
函数原型	int prink(const char * fmt，…)	
函数参数	fmt	KERN_EMERG：紧急事件消息
		KERN_ALERT：需要立即采取动作的情况
		KERN_CRIT：临界状态，通常涉及严重的硬件或软件操作失败
		KERN_ERR：错误报告
		KERN_WARNING：对可能出现的问题提出警告
		KERN_NOTICE：有必要进行提示的正常情况
		KERN_INFO：提示性信息
		KERN_DEBUG：调试信息
	…	与 printf( )相同
返回值	成功：0 失败： −1	

6.5　高级字符驱动程序操作

6.5.1　ioctl

大部分设备除了可以进行读/写操作外，还可进行超出简单的数据传输之外的操作，所以设备驱动也必须具备进行各种硬件控制操作的能力。这些操作常常通过 ioctl 来支持，它有和用户空间版本不同的原型：

> int(∗ ioctl)(struct inode ∗ inode,struct file ∗ filp,unsigned int cmd,unsigned long arg);

需要注意的是，无论可选的参数 arg 是否由用户给定为一个整数或一个指针，它都以一个 unsigned long 的形式传递。如果调用程序不传递 arg 参数，则被驱动收到的 arg 值是未定义的。因为，在 arg 参数上的类型检查被关闭了，所以若一个非法参数传递给 ioctl，编译器是无法报警的，且任何关联的错误都难以查找。

1. 选择 ioctl 命令

为了防止向错误的设备发送正确的命令，命令号应该在系统范围内唯一。为方便程序员创建唯一的 ioctl 命令代号，每个命令号都被划分为多个位字段。要按 Linux 内核的约定方法为驱动选择 ioctl 的命令号，应首先查看 include/asm/ioctl.h 和 Documentation/ioctl - number.txt。要使用的位字段符号的定义在 <linux/ioctl.h> 中。

<linux/ioctl.h> 中包含的 <asm/ioctl.h> 定义了一些构造命令编号的宏：

> _IO(type,nr)　　　　　　　　　　/ ∗ 没有参数的命令 ∗ /
> _IOR(type,nr,datatype)　　　　/ ∗ 从驱动中读数据 ∗ /
> _IOW(type,nr,datatype)　　　　/ ∗ 写数据 ∗ /
> _IOWR(type,nr,datatype)　　　/ ∗ 双向传送 ∗ /
> / ∗ type 和 number 成员作为参数被传递,并且 size 成员应用 sizeof, 通过 datatype 参数获得 ∗ /

type（幻数）：8 位宽（_IOC_TYPEBITS），参考 ioctl - number.txt 选择一个数，并在整个驱动中使用它。

number（序数）：顺序编号，8 位宽（_IOC_NRBITS）。

direction（数据传送的方向）：可能的值是_IOC_NONE（没有数据传输）、_IOC_READ、_IOC_WRITE 和_IOC_READ | _IOC_WRITE（双向传输数据）。该字段是一个位掩码（两位），因此可使用 AND 操作来抽取_IOC_READ 和_IOC_WRITE。

size（数据的大小）：宽度与体系结构有关，ARM 为 14 位。可在宏_IOC_SIZEBITS 中找到特定体系的值。

这个头文件还定义了用来解开这个字段的宏：

> _IOC_DIR(nr)
> _IOC_TYPE(nr)
> _IOC_NR(nr)
> _IOC_SIZE(nr)

具体的使用方法在本书实验中展示。

2. 返回值

POSIX 标准规定：如果使用了不合适的 ioctl 命令号，则应返回 – ENOTTY。这个错误码被 C 库解释为"不合适的设备 ioctl"。然而，它返回 – EINVAL 的情况仍是相当普遍的。

3. 预定义命令

有一些 ioctl 命令是由内核识别的，当这些命令用于自己的设备时，会在文件操作被调用之前解码。因此，如果在选择一个 ioctl 命令号和系统预定义相同时，永远看不到该命令的请求，而且因为 ioctl 命令号之间的冲突，应用程序的行为将无法预测。预定义命令分为以下三类。

（1）用于任何文件（常规、设备、FIFO 和 socket）的命令。

（2）只用于常规文件的命令。

（3）特定于文件系统类型的命令。

下列 ioctl 命令预定义给任何文件，包括设备特定文件。

FIOCLEX：设置 close – on – exec 标志（File IOctl Close on EXec）。

FIONCLEX：清除 close – no – exec 标志（File IOctl Not CLose on EXec）。

FIOQSIZE：返回一个文件或者目录的大小；当用作一个设备文件时，它返回一个 ENOTTY 错误。

FIONBIO："File IOctl Non – Blocking I/O"（在本书 6.5.4 节中描述）。

4. 使用 ioctl 参数

在使用 ioctl 的可选参数 arg 时，如果传递的是一个整数，则可以直接使用；如果是一个指针，则必须小心，当用一个指针引用用户空间时，必须确保用户地址是有效的，其校验（不传送数据）由函数 access_ok 实现，定义在 < asm/uaccess. h >中：

```
int access_ok( int type, const void  * addr, unsigned long size);
```

第一个参数表示为 VERIFY_READ（读）或 VERIFY_WRITE（读/写）；addr 参数为用户空间地址；size 为字节数，可使用 sizeof( )。access_ok 返回一个布尔值：1 表示成功（存取没问题），0 表示失败（存取有问题）。如果它返回 0，则驱动应返回 – EFAULT 给调用者。

注意：首先，access_ok 不做校验内存存取的完整工作，它只检查内存引用是否在这个进程有合理权限的内存范围中，且确保这个地址不指向内核空间内存；其次，大部分驱动代码不需要真正调用 access_ok，而直接使用 put_user（datum, ptr）和 get_user（local, ptr），它们带有校验的功能，确保进程能够写入给定的内存地址，成功时返回 0，错误时返回 – EFAULT：

```
put_user( datum, ptr)
_put_user( datum, ptr)
get_user( local, ptr)
_get_user( local, ptr)
```

这些宏比 copy_to_user 和 copy_from_user 运行得快，并且已被允许传递任何类型的指针，只要它是一个用户空间地址。传送的数据大小依赖 prt 参数的类型，并且在编译时使用 sizeof 和 typeof 等编译器内建宏确定。它们只传送 1 字节、2 字节、4 字节或 8 字节。如果使用以上函数传送一个大小不适合的值，结果通常是一个来自编译器的奇怪消息，如"cover-sion to non－scalar type requested"。在这些情况下，必须使用 copy_to_user 或者 copy_from_user。

_put_user 和_get_user 进行更少的检查（不调用 access_ok），但是仍然能够失败（如被指向的内存对用户是不可写的），所以它们只应用在内存区已经用 access_ok 检查过的时候。作为通用的规则，当实现一个 read 方法时，可调用_put_user 来节省几个周期。因此，可在第一次数据传送之前调用一次 access_ok。

6.5.2　定位设备（llseek 实现）

llseek 是修改文件中的当前读/写位置的系统调用。默认情况下，内核中进行移位是通过修改 filp－>f_pos 实现的，这是文件中的当前读/写位置。读/写方法必须通过更新它们收到的偏移量来正确调用 llseek。如果设备是不允许移位的，则不能只制止声明 llseek 操作，因为默认的方法允许移位。应在 open()中，通过调用 nonseekable_open()通知内核设备不支持 llseek：

```
int nonseekable_open(struct inode * inode;struct file * filp);
```

通常还应使用一个帮助函数 no_llseek（定义在＜linux/fs. h＞中）来赋值 file_operations 结构中的llseek 方法。具体应用在本书实验程序中说明。

6.5.3　休眠

进程被置为休眠，意味着它被标志为处于一个特殊的状态，并且从调度器的运行队列中移走。这个进程将在任何 CPU 上不被调度，即将不会运行，直到发生某些事情改变了这个状态。安全地进入休眠有两条规则，如下所示。

（1）永远不要在原子上下文中进入休眠，即当驱动在持有一个自旋锁、seqlock 或者 RCU 锁时，不能睡眠；关闭中断也不能睡眠。持有一个信号量时休眠是合法的，但应仔细查看代码，如果代码在持有一个信号量时睡眠，任何其他的等待这个信号量的进程也会休眠。因此，发生在持有信号量时的休眠必须短暂，而且决不能阻塞那个将最终唤醒的进程。

（2）当进程被唤醒时，它并不知道休眠了多长时间，以及休眠时发生了什么；也不知道是否另有进程也在休眠等待同一事件，且那个进程可能在它之前醒来并获取了所等待的资源。因此，不能对唤醒后的系统状态做任何假设，并且必须重新检查等待条件来确保正确的响应。

除非确信其他进程会在其他地方唤醒休眠的进程，否则也不能睡眠。使进程可被找到就意味着需要维护一个称为等待队列的数据结构。它是一个进程链表，其中包含了等待某个特定事件的所有进程。在 Linux 中，一个等待队列由一个 wait_queue_head_t 结构体来管理，其定义在＜linux/wait. h＞中。

wait_queue_head_t 类型的数据结构非常简单，如下所示：

```
struct __wait_queue_head {
    spinlock_t lock;
    struct list_head task_list;
};
typedef struct __wait_queue_head wait_queue_head_t;
```

它包含一个自旋锁和一个链表。这个链表是一个等待队列入口，它被声明为 wait_queue_t。wait_queue_head_t 包含关于睡眠进程的信息和它想怎样被唤醒的信息。

1. 简单休眠（其实是高级休眠的宏）

Linux 内核中最简单的休眠方式是称为 wait_event 的宏（及其变种），它实现了休眠和进程等待的条件的检查。形式如下：

```
wait_event(queue, condition)                    /* 不可中断休眠, 不推荐 */

/* 推荐, 返回非零值意味着休眠被中断, 且驱动应返回 − ERESTARTSYS */
wait_event_interruptible(queue, condition)

/* 有限的时间的休眠；若超时, 则无论条件为何均返回 0 */
wait_event_timeout(queue, condition, timeout)
wait_event_interruptible_timeout(queue, condition, timeout)
```

唤醒休眠进程的函数为 wake_up()，形式如下：

```
void wake_up(wait_queue_head_t * queue);
void wake_up_interruptible(wait_queue_head_t * queue);
```

通常，用 wake_up() 唤醒 wait_event，用 wake_up_interruptible() 唤醒 wait_event_interruptible。

2. 高级休眠步骤

（1）分配和初始化一个 wait_queue_t 结构，随后将其添加到正确的等待队列。

（2）设置进程状态，标记为休眠。在 <linux/sched.h> 中定义了几个任务状态：TASK_RUNNING 表示进程能够运行；有两个状态指示一个进程是在睡眠，TASK_INTERRUPTIBLE 和 TASK_UNTINTERRUPTIBLE。Linux 2.6 内核的驱动代码通常不需要直接操作进程状态，但如果需要这样做，则使用的代码如下：

```
void set_current_state(int new_state);
```

在旧版本的代码中，可见到：current −> state = TASK_INTERRUPTIBLE；但是像这样直接改变 current 是不推荐的，当数据结构改变时，这样的代码将会失效。通过改变 current 状态，只改变了调度器对待进程的方式，但进程还未让出处理器。

（3）最后一步是放弃处理器，但必须首先检查进入休眠的条件，如果不进行检查则引入竞态。如果在忙于上面的这个过程时，有其他的进程试图唤醒，则可能错过唤醒且长时间休眠。因此，典型的代码如下：

```
if(!condition)
    schedule();
```

如果代码只是从 schedule 返回，则进程处于 TASK_RUNNING 状态；如果无须睡眠而跳过对 schedule 的调用，则必须将任务状态重置为 TASK_RUNNING，还必须从等待队列中删除这个进程，否则它可能被多次唤醒。

3. 手工休眠

```
DEFINE_WAIT(my_wait);      /*(1)创建和初始化一个等待队列。常由宏定义完成*/
wait_queue_t my_wait;      /* my_wait 是等待队列入口的名字 */
init_wait(&my_wait);

/*(2)添加等待队列入口到队列，并设置进程状态*/
    void prepare_to_wait(wait_queue_head_t * queue,wait_queue_t * wait,int state);/* queue 和
    wait 分别是等待队列头和进程入口。state 是进程的新状态，TASK_INTERRUPTIBLE(可中断
    休眠，推荐)或 TASK_UNINTERRUPTIBLE(不可中断休眠，不推荐)*/

schedule();               /*(3)在检查确认仍然需要休眠之后调用 schedule*/
void finish_wait(wait_queue_head_t * queue,wait_queue_t * wait);/* schedule 返回，就到了清理时间*/
```

认真地查看简单休眠中 wait_event(queue,condition) 和 wait_event_interruptible(queue,condition)的底层源码会发现，其实它们只是手工休眠中的函数的组合。因此，还是使用 wait_event比较好。

▶ 6.5.4　阻塞和非阻塞操作

全功能的 read 和 write 方法涉及的进程可以决定是进行非阻塞 I/O 还是阻塞 I/O 操作。明确的非阻塞 I/O 由 filp ->f_flags 中的 O_NONBLOCK 标志来指示（定义在 < linux/fcntl. h > 中，被 < linux/fs. h > 自动包含）。浏览源码，会发现 O_NONBLOCK 的另一个名字：O_NDELAY，这是为了兼容 System V 代码。O_NONBLOCK 标志默认被清除，因为等待数据的进程的正常行为只是睡眠。

其实，不一定只有 read 和 write 方法有阻塞操作，open 也可以有阻塞操作，本书后面章节中会详述。

1. 独占等待

当一个进程在等待队列上调用 wake_up()时，所有在这个队列上等待的进程被置为可运行。这在许多情况下是正确的做法，但有时可能只有一个被唤醒的进程成功获得需要的资源，而其余进程将再次休眠。这时，如果等待队列中的进程数量大，则可能严重降低系统性

能。为此，内核开发者增加了一个"独占等待"选项。它与一个正常的睡眠有如下两个重要的不同。

(1) 若等待队列入口设置了 WQ_FLAG_EXCLUSEVE 标志，则它被添加到等待队列的尾部；否则，添加到头部。

(2) 当 wake_up() 在一个等待队列上被调用时，它在唤醒第一个有 WQ_FLAG_EXCLU-SIVE 标志的进程后停止唤醒，但内核仍然每次唤醒所有的非独占等待。

采用独占等待要满足如下两个条件。

(1) 希望对资源进行有效竞争。

(2) 当资源可用时，唤醒一个进程就足以完全消耗资源。

使一个进程进入独占等待，可调用如下代码：

```
void prepare_to_wait_exclusive (wait_queue_head_t * queue,
                                wait_queue_t * wait,int state);
```

注意：无法使用 wait_event() 和它的变体来进行独占等待。

2. 唤醒的相关函数

需要调用 wake_up_interruptible() 之外的唤醒函数的情况不常见，但为完整起见，提供整个集合如下：

```
/* wake_up()唤醒队列中的每个非独占等待进程和一个独占等待进程。wake_up_interruptible()
   也是一样，不同的是它可跳过处于不可中断休眠的进程。它们在返回之前，使一个或多个
   进程被唤醒、被调度(如果它们被从一个原子上下文调用，这就不会发生) */
wake_up(wait_queue_head_t * queue);
wake_up_interruptible(wait_queue_head_t * queue);

/* 这些函数与 wake_up()类似，不同的是它们能够唤醒多达 nr 个独占等待者，而不只是一个。
   注意：传递 0 被解释为请求所有的互斥等待者都被唤醒 */
wake_up_nr(wait_queue_head_t * queue,int nr);
wake_up_interruptible_nr(wait_queue_head_t * queue,int nr);

/* 这种 wake_up()唤醒所有的进程，无论它们是否进行独占等待(可中断的类型仍然跳过不可
   中断等待的进程) */
wake_up_all(wait_queue_head_t * queue);
wake_up_interruptible_all(wait_queue_head_t * queue);

/* 一个被唤醒的进程可能抢占当前进程，并且在 wake_up()返回之前被调度到处理器。但是，
   如果需要不被调度出处理器时，可以使用 wake_up_interruptible()的"同步"变体。这个函数
   最常用在调用者首先要完成剩下的少量工作，且不希望被调度出处理器时 */
wake_up_interruptible_sync(wait_queue_head_t * queue);
```

▶ 6.5.5　poll 和 select

当应用程序需要对多个文件进行读/写时，若某个文件没有准备好，则系统会处于读/写

阻塞的状态，并影响其他文件的读/写。为了避免这种情况，在必须使用多输入/输出流又不想阻塞它们上的任何一个应用程序时，常将非阻塞 I/O 和 poll（System V）、select（BSD Unix）、epoll（Linux 2.5.45 版本开始）系统调用配合使用。当 poll 函数返回时，会给出一个文件是否可读/写的标志，应用程序根据不同的标志读/写相应的文件，实现非阻塞的读/写。这些系统调用功能相同，即允许进程决定它是否可读或可写一个或多个文件而不阻塞。这些调用也可阻塞进程，直到任何一个给定集合的文件描述符可用来读或写。这些调用都需要来自设备驱动中的 poll 方法的支持，poll 返回不同的标志，告诉主进程文件是否可以读/写，其原型（定义在 < linux \ poll. h >）如下：

```
unsigned int( ∗ poll)(struct file ∗ filp,poll_table ∗ wait);
```

实现这个设备方法分为以下两个步骤。

（1）在一个或多个可指示查询状态变化的等待队列上调用 poll_wait。如果没有文件描述符可用来执行 I/O，则内核使这个进程在等待队列上等待所有的传递给系统调用的文件描述符。驱动通过调用函数 poll_wait 在 poll_table 结构增加一个等待队列，原型如下：

```
void poll_wait(struct file ∗ ,wait_queue_head_t ∗ ,poll_table ∗ );
```

（2）返回一个位掩码。描述可能不必阻塞就立刻进行的操作，表 6.12 中的标志（通过 < linux/poll. h >定义）用来指示可能的操作。

表 6.12 poll 的标志及含义

标 志	含 义
POLLIN	如果设备可以无阻塞地读取，就返回该值
POLLRDNORM	数据已经准备好，可以读了，就返回该值。通常的做法是返回（POLLLIN│POLLRDNORA）
POLLRDBAND	如果可以从设备读出带外数据，就返回该值。它只可在 Linux 内核的某些网络代码中使用，通常不用在设备驱动程序中
POLLPRI	如果可以无阻塞地读取高优先级（带外）数据，就返回该值。返回该值会导致 select 报告文件发生异常，因为 select 把带外数据当作异常处理
POLLHUP	当读设备的进程到达文件尾时，驱动程序必须返回该值，依照 select 的功能描述，调用 select 的进程被告知进程是可读的
POLLERR	如果设备发生错误，就返回该值
POLLOUT	如果设备可以无阻塞地写，就返回该值
POLLWRNORM	如果设备已经准备好，可以写了，就返回该值。通常的做法是返回（POLLOUT│POLLNORM）
POLLWRBAND	与 POLLRDBAND 类似

▶ 6.5.6 与 read 和 write 的交互

正确实现 poll 调用的规则如下所示。

（1）从设备读取数据。

① 如果在输入缓冲中有数据，read 调用应立刻返回（即便数据少于应用程序要求的），

并确保其他的数据会很快到达。如果方便，可一直返回小于请求的数据，但至少返回 1 字节。在这个情况下，poll 应返回 POLLIN | POLLRDNORM。

② 如果在输入缓冲中无数据，read 默认必须阻塞，直到有 1 字节到达。若 O_NON-BLOCK 被置位，read 立刻返回 -EAGIN。在这个情况下，poll 必须报告这个设备是不可读的（清零 POLLIN | POLLRDNORM）直到至少 1 字节到达。

③ 若处于文件尾，无论是否阻塞，read 应当立刻返回 0，且 poll 应该返回 POLLHUP。

（2）向设备写数据。

① 若输出缓冲有空间，write 应立即返回。它可接收小于调用所请求的数据，但至少必须接收 1 字节。在这个情况下，poll 应返回 POLLOUT | POLLWRNORM。

② 若输出缓冲是满的，write 默认阻塞，直到一些空间被释放。若 O_NOBLOCK 被设置，write 立刻返回 -EAGAIN。在这些情况下，poll 应报告文件是不可写的（清零 POLL-OUT | POLLWRNORM）。若设备不能接收任何多余数据，则无论是否设置了 O_NONBLOCK，write 应返回 -ENOSPC（即"设备上没有空间"）。

③ 永远不要让 write 在返回前等待数据的传输结束，即使 O_NONBLOCK 被清除。若程序想保证加入到输出缓冲中的数据被真正传送，则驱动必须提供一个 fsync 方法。

▶ 6.5.7 刷新待处理输出

若一些应用程序需要确保数据被发送到设备，就必须实现 fsync 方法。对 fsync 方法的调用只在设备被完全刷新时（即输出缓冲为空）才返回，无论 O_NONBLOCK 是否被设置，即便这需要一些时间。其原型如下：

```
int( * fsync)(struct file * file,struct dentry * dentry,int datasync);
```

6.6 异步通知

通过使用异步通知，应用程序可以在数据可用时收到一个信号，而无须不停地轮询。

1. 启用步骤

（1）指定一个进程作为文件的拥有者，使用 fcntl 系统调用发出 F_SETOWN 命令，这个拥有者进程的 ID 被保存在 filp -> f_owner，目的是让内核知道信号到达时应通知哪个进程。

（2）使用 fcntl 系统调用，通过 F_SETFL 命令设置 FASYNC 标志。

2. 内核操作过程

（1）F_SETOWN 被调用时 filp -> f_owner 被赋值。

（2）当 F_SETFL 被执行以打开 FASYNC 时，驱动的 fasync 方法被调用。这个标志在文件被打开时默认地被清除。

（3）当数据到达时，所有的注册异步通知的进程都会收到一个 SIGIO 信号。

Linux 提供的通用方法是基于一个数据结构和两个函数，定义在 < linux/fs. h > 中。

数据结构如下：

```
struct fasync_struct {
    int      magic;
    int      fa_fd;
    struct   fasync_struct              * fa_next;/ * singly linked list */
    struct   file                       * fa_file;
};
```

驱动调用的两个函数的原型如下：

```
int fasync_helper( int fd,struct file * filp,int mode,struct fasync_struct * * fa);
void kill_fasync( struct fasync_struct * * fa,int sig,int band);
```

当一个打开的文件的 fasync 标志被修改时，调用 fasync_helper 从相关的进程列表中添加或删除文件。除了最后一个参数，其他所有参数都是被提供给 fasync 方法的相关参数，并被直接传递。当数据到达时，kill_fasync 被用来通知相关的进程，它的参数是被传递的信号（通常是 SIGIO）和 band（几乎都是 POLL_IN）。

以下是 scullpipe 实现 fasync 方法的代码：

```
static int scull_p_fasync( int fd,struct file * filp,int mode)
{
    struct scull_pipe * dev = filp -> private_data;
    return fasync_helper( fd,filp,mode,&dev -> async_queue);
}
```

当数据到达时，下面的语句必须被执行以通知异步读者。因此，对 sucllpipe 读者的新数据通过一个发出 write 的进程产生，这个语句出现在 scullpipe 的 write 方法中：

```
if( dev -> async_queue)
    / *注意，一些设备也针对设备可写实现了异步通知,这时, kill_fasnyc 必须以 POLL_OUT
      模式调用 */
    kill_fasync( &dev -> async_queue,SIGIO,POLL_IN);
```

当文件被关闭时必须调用 fasync 方法，以便从活动的异步读取进程列表中删除该文件。尽管这个调用仅当 filp -> f_flags 被设置为 fasync 时才需要，但无论什么情况，调用这个函数不会有问题，并且是普遍的实现方法。以下是 scullpipe 的 release 方法的一部分代码：

```
/ * remove this filp from the asynchronously notified filp 's */
    scull_p_fasync( -1,filp,0);
```

异步通知使用的数据结构和 struct wait_queue 几乎相同，因为它们都涉及等待事件。区别是，异步通知用 struct file 替代了 struct task_struct。

6.7 内核同步机制

在现代操作系统里，同一时间可能有多个内核执行流在执行。因此，像多进程多线程编程一样，内核也需要一些同步机制来同步各执行单元对共享数据的访问。尤其是在多处理器系统中，更需要一些同步机制来同步不同处理器上的执行单元对共享的数据的访问。

在主流的 Linux 内核中包含了几乎所有现代操作系统所具有的同步机制，这些同步机制包括原子操作、信号量（semaphore）、读/写信号量（rw_semaphore）、spinlock、BKL（Big Kernel Lock）、rwlock、brlock（只包含在 Linux 2.4 内核中）、RCU（只包含在 Linux 2.6 内核中）和 seqlock（只包含在 Linux 2.6 内核中）。

6.7.1 原子操作

所谓原子操作，就是指该操作绝不会在执行完毕前被任何其他任务或事件打断，也就说，它是最小的执行单位，不可能有比它更小的执行单位。因此，这里的原子实际是使用了物理学里的物质微粒的概念。

原子操作需要硬件的支持。因此，它是与架构相关的，其 API 和原子类型都在内核源码树的 include/asm/atomic.h 文件中定义，它们都使用汇编语言实现，因为 C 语言并不能实现这样的操作。

原子操作主要用于实现资源计数，很多引用计数（refcnt）就是通过原子操作实现的。原子类型定义如下：

```
typedef struct { volatile int counter; } atomic_t;
```

volatile 修饰字段告诉 GCC 不要对该类型的数据做优化处理，对它的访问都是对内存的访问，而不是对寄存器的访问。

原子操作 API 包括如下函数。

```
atomic_read(atomic_t * v);
```

该函数对原子类型的变量进行原子读操作，它返回原子类型的变量 v 的值。

```
atomic_set(atomic_t * v,int i);
```

该函数设置原子类型的变量 v 的值为 i。

```
void atomic_add(int i,atomic_t * v);
```

该函数给原子类型的变量 v 增加值 i。

```
atomic_sub(int i,atomic_t * v);
```

该函数从原子类型的变量 v 中减去 i。

```
int atomic_sub_and_test(int i,atomic_t * v);
```

该函数从原子类型的变量 v 中减去 i，并判断结果是否为 0，如果为 0，则返回真，否则返回假。

```
void atomic_inc(atomic_t * v);
```

该函数对原子类型变量 v 原子地增加 1。

```
void atomic_dec(atomic_t * v);
```

该函数对原子类型的变量 v 原子地减去 1。

```
int atomic_dec_and_test(atomic_t * v);
```

该函数对原子类型的变量 v 原子地减去 1，并判断结果是否为 0，如果为 0，则返回真，否则返回假。

```
int atomic_inc_and_test(atomic_t * v);
```

该函数对原子类型的变量 v 原子地增加 1，并判断结果是否为 0，如果为 0，则返回真，否则返回假。

```
int atomic_add_negative(int i,atomic_t * v);
```

该函数对原子类型的变量 v 原子地增加 i，并判断结果是否为负数，如果是负数，则返回真，否则返回假。

```
int atomic_add_return(int i,atomic_t * v);
```

该函数对原子类型的变量 v 原子地增加 i，并且返回指向 v 的指针。

```
int atomic_sub_return(int i,atomic_t * v);
```

该函数从原子类型的变量 v 中减去 i，并且返回指向 v 的指针。

```
int atomic_inc_return(atomic_t * v);
```

该函数对原子类型的变量 v 原子地增加 1，并且返回指向 v 的指针。

```
int atomic_dec_return(atomic_t * v);
```

该函数对原子类型的变量 v 原子地减去 1，并且返回指向 v 的指针。

原子操作通常用于实现资源的引用计数，在 TCP/IP 栈的 IP 碎片处理中，就使用了引用计数；碎片队列结构 struct ipq 描述了一个 IP 碎片；字段 refcnt 就是引用计数器，它的类型为 atomic_t；当创建 IP 碎片时（在函数 ip_frag_create 中），使用 atomic_set 函数把它设置为

1；当引用该 IP 碎片时，就使用函数 atomic_inc 把引用计数加 1。

当不需要引用该 IP 碎片时，就使用函数 ipq_put 释放该 IP 碎片。ipq_put 使用函数 atomic_dec_and_test 把引用计数减 1，并判断引用计数是否为 0，如果为 0 就释放 IP 碎片。函数 ipq_kill 把 IP 碎片从 ipq 队列中删除，并把删除的 IP 碎片的引用计数减 1（通过使用函数 atomic_dec实现）。

6.7.2　信号量（semaphore）

Linux 内核的信号量在概念和原理上与用户状态的 System V 的 IPC 机制信号量是一样的，但是它绝不可能在内核之外使用。因此，它与 System V 的 IPC 机制信号量毫不相干。

信号量在创建时需要设置一个初始值，表示同时可以有几个任务能够访问该信号量保护的共享资源，初始值为 1 时，就变为互斥锁（mutex），即同时只能有一个任务可以访问信号量保护的共享资源。

一个任务要想访问共享资源，首先必须得到信号量，获取信号量的操作将把信号量的值减 1。若当前信号量的值为负数，则表明无法获得信号量，该任务必须挂起在该信号量的等待队列，等待该信号量可用；若当前信号量的值为非负数，则表示可以获得信号量，因而可以立刻访问被该信号量保护的共享资源。

当任务访问完被信号量保护的共享资源后，必须释放信号量，通过把信号量的值加 1 实现释放信号量。如果信号量的值为非正数，表明有任务等待当前信号量，因此它也唤醒所有等待该信号量的任务。

信号量的 API 包括宏声明和函数如下所示。

DECLARE_MUTEX(name)

该宏声明一个信号量 name 并初始化它的值为 0，即声明一个互斥锁。

DECLARE_MUTEX_LOCKED(name)

该宏声明一个互斥锁 name，但把它的初始值设置为 0，即锁在创建时就处在已锁状态。因此，对于这种锁，一般是先释放后获得。

void sema_init(struct semaphore ∗ sem,int val);

该函数用于初始化设置信号量的值，即设置信号量 sem 的值为 val。

void init_MUTEX(struct semaphore ∗ sem);

该函数用于初始化一个互斥锁，即它把信号量 sem 的值设置为 1。

void init_MUTEX_LOCKED(struct semaphore ∗ sem);

该函数也用于初始化一个互斥锁，但它把信号量 sem 的值设置为 0，即一开始就处在已锁状态。

```
void down(struct semaphore * sem);
```

该函数用于获得信号量 sem，它会导致睡眠，所以不能在中断上下文（包括 IRQ 上下文和 softirq 上下文）使用该函数。该函数将把 sem 的值减 1，如果信号量 sem 的值非负，就直接返回，否则调用者将被挂起，直到其他任务释放该信号量才能继续运行。

```
int down_interruptible(struct semaphore * sem);
```

该函数功能与 down 类似，不同之处为，down 不会被信号（signal）打断，但 down_interruptible 能被信号打断，所以该函数利用返回值来区分是正常返回还是被信号中断，如果返回值为 0，表示获得信号量正常返回；如果被信号中断，则返回 – EINTR。

```
int down_trylock(struct semaphore * sem);
```

该函数试着获得信号量 sem，如果能够立刻获得，它就获得该信号量并返回 0；否则，表示不能获得信号量 sem，返回值为非 0 值。因此，它不会导致调用者睡眠，可以在中断上下文使用。

```
void up(struct semaphore * sem);
```

该函数释放信号量 sem，即把 sem 的值加 1，如果 sem 的值为非正数，表明有任务等待该信号量，所以唤醒这些等待者。

信号量在绝大部分情况下作为互斥锁使用，下面以 console 驱动系统为例说明信号量的使用。

在内核源码树的 kernel/printk. c 中，使用宏 DECLARE_MUTEX 声明一个互斥锁 console_sem，用于保护 console 驱动列表 console_drivers 及同步对整个 console 驱动系统的访问。

其中定义了函数 acquire_console_sem 来获得互斥锁 console_sem，定义了 release_console_sem 来释放互斥锁 console_sem，定义了函数 try_acquire_console_sem 来尽力得到互斥锁 console_sem。这三个函数实际上分别是对函数 down、up 和 down_trylock 的简单包装。需要访问 console_drivers 驱动列表时就需要使用 acquire_console_sem 来保护 console_drivers 列表，当访问完该列表后，就调用 release_console_sem 释放信号量 console_sem。

函数 console_unblank、console_device、console_stop、console_start、register_console 和 unregister_console 都需要访问 console_drivers，因此它们都使用函数对 acquire_console_sem 和 release_console_sem 来对 console_drivers 进行保护。

▶ 6.7.3　自旋锁（spinlock）

自旋锁与互斥锁有点类似，只是自旋锁不会引起调用者睡眠，如果自旋锁已经被其他执行单元保持，调用者就一直循环并查看该自旋锁的保持者是否已经释放了锁，"自旋"一词就是因此而得名。由于自旋锁使用者一般保持锁的时间非常短，因此选择自旋而不是睡眠是非常必要的。自旋锁的效率远高于互斥锁。

信号量和读/写信号量适合于保持时间较长的情况，它们会导致调用者睡眠，因此只能在进程上下文使用（_trylock 的变种能够在中断上下文使用），而自旋锁适合于保持时间非常短的情况，它可以在任何上下文使用。

如果被保护的共享资源只在进程上下文访问，则使用信号量保护该共享资源非常合适；如果对共享资源的访问时间非常短，采用自旋锁也可以。但是如果被保护的共享资源需要在中断上下文访问（包括底半部（即中断处理句柄）和顶半部（即软中断）），就必须使用自旋锁。

自旋锁保持期间是抢占失效的，而信号量和读/写信号量保持期间是可以被抢占的。自旋锁只有在内核可抢占或 SMP 的情况下才真正需要，在单 CPU 且不可抢占的内核下，自旋锁的所有操作都是空操作。与互斥锁一样，一个执行单元要想访问被自旋锁保护的共享资源，就必须先得到锁。在访问完共享资源后，必须释放锁。如果在获取自旋锁时，没有任何执行单元保持该锁，那么将立即得到锁；如果在获取自旋锁时锁已经有保持者，那么获取锁操作将在那里自旋，直到该自旋锁的保持者释放了锁。无论是互斥锁，还是自旋锁，在任何时刻，最多只能有一个保持者。也就说，在任何时刻最多只能有一个执行单元获得锁。

自旋锁的 API 包括如下。

```
spin_lock_init(x)
```

该宏用于初始化自旋锁 x。自旋锁在真正使用前必须先初始化。该宏用于动态初始化。

```
DEFINE_SPINLOCK(x)
```

该宏声明一个自旋锁 x 并初始化它。该宏在 Linux 2.6.11 中第一次被定义，在以前版本的内核中并没有该宏。

```
SPIN_LOCK_UNLOCKED
```

该宏用于静态初始化一个自旋锁。

```
DEFINE_SPINLOCK(x) 等同于 spinlock_t x = SPIN_LOCK_UNLOCKED
spin_is_locked(x)
```

该宏用于判断自旋锁 x 是否已经被某执行单元保持（即被锁），如果是，则返回真，否则返回假。

```
spin_unlock_wait(x)
```

该宏用于等待自旋锁 x 变得没有被任何执行单元保持，如果没有任何执行单元保持该自旋锁，则该宏立即返回，否则将在那里循环，直到该自旋锁被保持者释放。

```
spin_trylock(lock)
```

该宏尽力获得自旋锁 lock，如果能够立即获得锁，则它获得锁并返回真，否则立即返回假。它不会自旋等待 lock 被释放。

spin_lock(lock)

该宏用于获得自旋锁 lock，如果能够立即获得锁，则它立即返回；否则，它将在那里自旋，直到该自旋锁的保持者释放，这时，它获得锁并返回。总之，只有它获得锁才返回。

spin_lock_irqsave(lock,flags)

该宏获得自旋锁的同时把标志寄存器的值保存到变量 flags 中并失效本地中断。

spin_lock_irq(lock)

该宏类似于 spin_lock_irqsave，只是该宏不保存标志寄存器的值。

spin_lock_bh(lock)

该宏在得到自旋锁的同时失效本地软中断。

spin_unlock(lock)

该宏释放自旋锁 lock，它与 spin_trylock 或 spin_lock 配对使用。如果 spin_trylock 返回假，表明没有获得自旋锁，因此不必使用 spin_unlock 释放。

spin_unlock_irqrestore(lock,flags)

该宏释放自旋锁 lock 的同时，也恢复标志寄存器的值为变量 flags 保存的值。它与 spin_lock_irqsave 配对使用。

spin_unlock_irq(lock)

该宏释放自旋锁 lock 的同时，也使能本地中断。它与 spin_lock_irq 配对应用。

spin_unlock_bh(lock)

该宏释放自旋锁 lock 的同时，也使能本地的软中断。它与 spin_lock_bh 配对使用。

spin_trylock_irqsave(lock,flags)

该宏如果获得自旋锁 lock，则它也将保存标志寄存器的值到变量 flags 中，并且失效本地中断，如果没有获得锁，则它什么也不做。

因此，如果能够立即获得锁，则等同于 spin_lock_irqsave；如果不能获得锁，则等同于 spin_trylock；如果该宏获得自旋锁 lock，则需要使用 spin_unlock_irqrestore 来释放。

spin_trylock_irq(lock)

该宏类似于 spin_trylock_irqsave，只是该宏不保存标志寄存器。如果该宏获得自旋锁 lock，则需要使用 spin_unlock_irq 来释放。

```
spin_trylock_bh(lock)
```

该宏如果获得了自旋锁，它也将失效本地软中断；如果得不到锁，则它什么也不做。因此，如果得到了锁，则等同于 spin_lock_bh；如果得不到锁，则等同于 spin_trylock；如果该宏得到了自旋锁，需要使用 spin_unlock_bh 来释放。

```
spin_can_lock(lock)
```

该宏用于判断自旋锁 lock 是否能够被锁，它实际是 spin_is_locked 取反。如果 lock 没有被锁，则它返回真，否则返回假。该宏在 Linux 2.6.11 内核中第一次被定义，在以前版本的内核中并没有该宏。获得自旋锁和释放自旋锁有好几个版本，因此让读者知道在什么样的情况下使用什么版本获得和释放锁的宏是非常必要的。

如果被保护的共享资源只在进程上下文访问和软中断上下文访问，那么当在进程上下文访问共享资源时，可能被软中断打断，从而可能进入软中断上下文来对被保护的共享资源访问。对于这种情况，对共享资源的访问必须使用 spin_lock_bh 和 spin_unlock_bh 来保护。

当然，使用 spin_lock_irq 和 spin_unlock_irq，以及 spin_lock_irqsave 和 spin_unlock_irqrestore 也可以，它们失效了本地硬中断，失效硬中断隐式地也失效了软中断。但是使用 spin_lock_bh 和 spin_unlock_bh 是最恰当的，它的速度比其他两个都快。

如果被保护的共享资源只在进程上下文和 tasklet 或 timer 上下文访问，那么应该使用与上面情况相同的获得和释放锁的宏，因为 tasklet 和 timer 是用软中断实现的。如果被保护的共享资源只在一个 tasklet 或 timer 上下文访问，那么不需要任何自旋锁保护，因为同一个 tasklet 或 timer 只能在一个 CPU 上运行，即使是在 SMP 环境下也是如此。实际上，tasklet 在调用 tasklet_schedule 标记其需要被调度时已经把该 tasklet 绑定到当前 CPU。因此，同一个 tasklet 决不可能同时在其他 CPU 上运行。

timer 在被 add_timer 添加到 timer 队列中时已经被绑定到当前 CPU，所以同一个 timer 绝不可能运行在其他 CPU 上。当然，同一个 tasklet 有两个实例同时运行在同一个 CPU 就更不可能了。如果被保护的共享资源只在两个或多个 tasklet 或 timer 上下文访问，那么对共享资源的访问仅需要用 spin_lock 和 spin_unlock 来保护，不必使用_bh 版本，因为当 tasklet 或 timer 运行时，不可能有其他 tasklet 或 timer 在当前 CPU 上运行。

如果被保护的共享资源只在一个软中断（tasklet 和 timer 除外）上下文访问，那么这个共享资源需要用 spin_lock 和 spin_unlock 来保护，因为同样的软中断可以同时在不同的 CPU 上运行。如果被保护的共享资源在两个或多个软中断上下文访问，那么这个共享资源当然更需要用 spin_lock 和 spin_unlock 来保护，不同的软中断能够同时在不同的 CPU 上运行。

如果被保护的共享资源在软中断（包括 tasklet 和 timer）或进程上下文和硬中断上下文访问，那么在软中断或进程上下文访问期间，可能被硬中断打断，从而进入硬中断上下文对共享资源进行访问。因此，在进程或软中断上下文需要使用 spin_lock_irq 和 spin_unlock_irq 来保护对共享资源的访问。而在中断处理句柄中使用什么版本，需依情况而定，如果只有一个中断处理句柄访问该共享资源，那么在中断处理句柄中仅需要 spin_lock 和 spin_unlock 来保护对共享资源的访问就可以了。因为在执行中断处理句柄期间，不可能被同一 CPU 上的软中断或进程打断。但是如果有不同的中断处理句柄访问该共享资源，那么需要在中断处理句柄中使用 spin_lock_irq 和 spin_unlock_irq 来保护对共享资源的访问。

在使用 spin_lock_irq 和 spin_unlock_irq 的情况下，完全可以用 spin_lock_irqsave 和 spin_unlock_irqrestore 取代，而具体应该使用哪一个也需要依情况而定。如果可以确信在对共享资源访问前中断是使能的，那么使用 spin_lock_irq 更好一些，因为它的速度比 spin_lock_irqsave 要快一些。但是，如果不能确定是否中断使能，那么使用 spin_lock_irqsave 和 spin_unlock_irqrestore 更好，因为它将恢复访问共享资源前的中断标志而不是直接使能中断。

当然，有些情况下需要在访问共享资源时必须中断失效，而访问完后必须中断使能，这样的情形使用 spin_lock_irq 和 spin_unlock_irq 最好。需要特别注意，spin_ lock 用于阻止在不同 CPU 上的执行单元对共享资源的同时访问，以及不同进程上下文互相抢占导致的对共享资源的非同步访问，而中断失效和软中断失效却是为了阻止在同一 CPU 上软中断或中断对共享资源的非同步访问。

第7章

LED驱动开发与
应用编程

7.1 LED 驱动程序（xyd2440_leds. c）

该驱动程序是字符设备中的标准的字符驱动程序：

```c
#include <linux/module. h>
#include <mach/regs - gpio. h>

#include <linux/fs. h>
#include <linux/gpio. h>

#define DEVICE_NAME "leds"
#define LED_NUM 4


static unsigned long led_table[ ] = {
    S3C2410_GPB(5),
    S3C2410_GPB(6),
    S3C2410_GPB(7),
    S3C2410_GPB(8),
};

static int led_open(struct inode  * inode,struct file  * file)
{
    int i,ret;

    for(i = 0;i < LED_NUM;i ++ )
    {
        ret = gpio_request(led_table[i],"led");
        if(ret)
        {
```

```
                    for( i - - ;i > = 0 ;i - - )
                        gpio_free( led_table[ i ] ) ;
                return ret;
            }
        }

        for( i = 0 ;i < LED_NUM ;i + + )
            / * 配置 GPIO 功能为 OUTPUT，并输出高电平 * /
            gpio_direction_output( led_table[ i ] ,1 ) ;

        return 0 ;
    }

static int led_close( struct inode  * inode ,struct file  * file )
{
    int i;

    for( i = 0 ;i < LED_NUM ;i + + )
    {
        _gpio_set_value( led_table[ i ] ,1 ) ;
        gpio_free( led_table[ i ] ) ;
    }

    return 0 ;
}

static int led_ioctl( struct inode  * inode ,struct file  * file ,
                        unsigned int cmd ,unsigned long num)
{
    int i;

    if( cmd ! = 0 && cmd ! = 1 )
        return  - EINVAL ;

    if( num < 0  || num > 4 )
        return  - EINVAL ;

    if( num)
    {
        _gpio_set_value( led_table[ num - 1 ] ,! cmd) ;
```

```
        }
        else
        {
            for( i = 0 ; i < LED_NUM ; i ++ )
                _gpio_set_value( led_table[ i ] , ! cmd ) ;
        }

        return 0 ;
}


static struct file_operations led_fops = {
    . owner = THIS_MODULE ,
    . open = led_open ,
    . release = led_close ,
    . ioctl = led_ioctl ,
} ;


int major ;

static int _init xyd_init( void )
{
    int ret ;
    ret = register_chrdev( major , DEVICE_NAME , &led_fops ) ;
    if( ret > 0 )
    {
        major = ret ;
        printk( " major = % d \n" , major ) ;
        ret = 0 ;
    }
    return ret ;
}


static void _exit xyd_exit( void )
{
    unregister_chrdev( major , DEVICE_NAME ) ;
}


module_init( xyd_init ) ;
module_exit( xyd_exit ) ;
```

```
MODULE_LICENSE("GPL");
MODULE_AUTHOR("xyd");
```

7.2　LED 驱动程序的 Makefile

```
obj - m: = xyd2440_leds. o
KDIR: = /root/linux - 2. 6. 32. 2
all:
    make  - C  $(KDIR)  M = $(PWD)  modules
clean:
    rm - f *. ko *. o *. mod. o *. mod. c *. symvers *. markers
```

7.3　LED 驱动测试程序（leds_app. c）

```c
#include <stdio. h>
#include <unistd. h>
#include <fcntl. h>
#include <sys/ioctl. h>

int main(int argc, char * * argv)
{
    int fd, ret;

    fd = open(argv[1], O_RDONLY);
    if(-1 == fd)
    {
        perror(argv[1]);
        return - 1;
    }

    for(;;)
    {
        ioctl(fd, 0, 0);
        ioctl(fd, 1, 1);
        usleep(500 * 1000);
```

```
        ioctl(fd,0,1);
        ioctl(fd,1,2);
        usleep(500 * 1000);

        ioctl(fd,0,2);
        ioctl(fd,1,3);
        usleep(500 * 1000);

        ioctl(fd,0,3);
        ioctl(fd,1,4);
        usleep(500 * 1000);

    }

    close(fd);
    return 0;
}
```

7.4 操作步骤

1. 编译 leds 驱动程序

把 xyd2440_leds. c 和 LED 驱动程序的 Makefile 文件放到同一文件夹中，打开终端输入 make 后按回车键，便可以在当前目录下生成 xyd2440_leds. ko，这个 . ko 文件就是 LED 驱动程序模块文件。把 xyd2440_leds. ko 复制到 NFS 网络文件系统的 home 目录中，也可以直接在当前目录直接输入 cp xyd2440_leds. ko /opt/s3c2440/root_nfs/home/命令进行复制。

2. 编译 leds 驱动测试程序

在 leds_app. c 所在的文件夹中打开终端，输入 arm – linux – gcc – g – o leds_app leds_app. c（说明：–g 选项是为了可以使用 GDB 调试程序，–g 选项编译得到的可执行文件中带调试信息）。这样，可以在当前目录中生成一个可执行文件 leds_app。把这个程序复制到 NFS 网络文件系统的 home 目录中，也可以直接在当前目录直接输入 cp leds_app /opt/s3c2440/root_nfs/home/命令进行复制。

3. 加载驱动程序

启动开发板，挂接 NFS 文件系统后，在串口终端中输入命令 cd/home 进入到 NFS 文件系统的 home 目录中，输入命令 insmod xyd2440_leds. ko。

4. 手动创建设备节点

假设第 3 步加载模块时打印的主设备号是 n，在终端执行 mknod /dev/xyd0 c n 0 手动创建设备节点。

5. 运行 LED 测试程序

在串口终端中输入命令 cd /home 进入到 NFS 文件系统的 home 目录中，输入命令 ./leds_app /dev/xyd0，按回车即可看到开发板上的四个 LED 灯依次点亮、熄灭，如此循环。

第
7
章

第 8 章

按键驱动开发与应用编程

8.1 按键的硬件原理

在嵌入式系统中，按键的硬件原理比较简单，通过一个上拉电阻将处理器的外部中断（或 GPIO）引脚拉高，电阻的另一端连接按钮并接地即可实现。如图 8.1 所示，当按钮被按下时，EINT8、EINT11、EIN13、EINT14、EINT15 或 EINT19 上将产生低电平，这个低电平将中断 CPU（图 8.1 所示电路图使用的 CPU 为 S3C2440A），CPU 可以依据中断判断按键被按下。

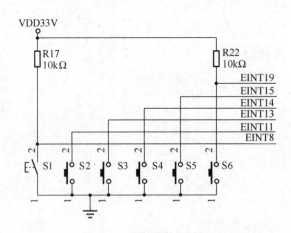

图 8.1　按键硬件电路图

8.2 按键驱动中的数据结构

在按键设备驱动中，可用一个结构体记录每个按键所对应的中断（或 GPIO）引脚及键值，如代码清单 8.1 所示。

代码清单 8.1　按键硬件资源、键值信息结构体

```
//定义按键中断结构体
struct button_irq_desc {
```

```
    int irq;                //中断号
    int pin;                //中断引脚编号
    int pin_setting;        //定义键值，以传递给应用层
    int number;             //按键编号
    char *name;             //按键名称，如 LED0、LED1
};
```

按键设备驱动的文件操作结构体如代码清单 8.2 所示，主要实现了打开、释放和读函数，因为按键只是一个输入设备，所以不存在写函数。

代码清单 8.2　按键设备驱动文件操作结构体

```
static struct file_operations dev_fops = {
    . owner   =     THIS_MODULE,
    . open    =     s3c24xx_buttons_open,
    . release =     s3c24xx_buttons_close,
    . read    =     s3c24xx_buttons_read,
    . poll    =     s3c24xx_buttons_poll,      /*查询函数：设备是否在忙*/
};
```

8.3　按键驱动的模块加载函数和卸载函数

按键设备作为一种字符设备，在其模块加载函数和卸载函数中分别包含了设备号申请和释放、cdev 的添加和删除行为，在模块加载函数中，还需包括申请中断、初始化定时器和等待队列等行为，模块卸载函数完成相反的行为，代码清单 8.3 和 8.4 分别给出了按键设备驱动的模块加载函数和卸载函数。

代码清单 8.3　按键设备驱动的模块加载函数

```
static int __init xyd_init(void)
{
    int ret;

    /*注册杂项设备，注册成功返回 0*/
    ret = misc_register(&misc);
    if(ret == 0)
        printk(DEVICE_NAME" \tinitialized\n");

    return ret;
}
```

189

代码清单8.4　按键设备驱动的模块卸载函数

```
static void __exit xyd_exit(void)
{
    /*注销杂项设备*/
    misc_deregister(&misc);
}


module_init(xyd_init);
module_exit(xyd_exit);

MODULE_LICENSE("GPL");
MODULE_AUTHOR("xyd");
```

8.4　按键设备驱动中断处理程序

按键被按下后将发生中断，在中断处理程序中应获取按键状态，唤醒等待读取按键的进程，如代码清单8.5所示。

代码清单8.5　按键设备驱动的中断处理程序

```
/*dev_id 内核提供的参数是(void *)&button_irqs[i]传递来的参数，用于判断是第几个中断*/
static irqreturn_t buttons_interrupt(int irq,void *dev_id)
{
    struct button_irq_desc *btn = (struct button_irq_desc *)dev_id;

    /*将按键对应的数组元素置1，表示按键被按下的状态*/
    key_values[btn->number] =!s3c2410_gpio_getpin(btn->pin);
    ev_press = 1;
    /*唤醒等待队列里睡眠的进程*/
    wake_up_interruptible(&btn_waitqueue);

    return IRQ_HANDLED;
}
```

8.5　按键设备驱动的打开函数和释放函数

按键设备驱动的打开函数完成注册中断的工作，通过循环调用 request_irq 函数注册与按键相连的 6 个外部中断，并指定中断处理函数和中断触发方式，释放函数将已经注册的中断从系统卸载掉，如代码清单8.6 所示。

代码清单8.6　按键设备驱动的打开函数和释放函数

```
/ * 在应用程序执行 open("/dev/buttons",…)时会调用到此函数。在这里,它的作用主要是注
    册 6 个按键的中断。所用的中断类型是 IRQ_TYPE_EDGE_BOTH,也就是双沿触发,在上升
    沿和下降沿均会产生中断,这样做是为了更加有效地判断按键状态 */
static int s3c24xx_buttons_open(struct inode * inode,struct file * file)
{
    int i;
    int err = 0;

    for(i = 0;i < sizeof(button_irqs)/sizeof(button_irqs[0]);i + + ){//占空间大小
    if(button_irqs[i].irq < 0){
        continue;
    }
        / * 申请 6 个中断——1:中断号;2:中断函数;3:类型;4:下降沿(EDGE);5:中断
            名称;6:传给中断函数的参数。根据参数确定是哪个中断 */
        err = request_irq (button_irqs[i].irq,buttons_interrupt,IRQ_TYPE_EDGE_BOTH,button_
                    irqs[i].name,(void * )&button_irqs[i]);
        if(err)
            break;
}


    / * 如果出错,则释放已经注册的中断,并返回 */
    if(err){
        i -- ;
        for( ;i >= 0;i -- ){
            if(button_irqs[i].irq < 0){
                continue;
            }
            disable_irq(button_irqs[i].irq);      / * 在撤销中断注册过程中禁止系统中断 */
            free_irq(button_irqs[i].irq,(void * )&button_irqs[i]);
        }
        return - EBUSY;                        / * 出错处理 */
    }


    / * 注册成功,初始化中断事件发生标志,为 0 表示目前没有按键中断发生,为 1 表示有中
        断发生 */
    ev_press = 0;
```

```
        return 0;
    }

/* 此函数对应应用程序的系统调用 close(fd)函数。在此处，它的主要作用是当关闭设备时释
   放6个按键的中断处理函数 */
static int s3c24xx_buttons_close(struct inode * inode, struct file * file)
{
    int i;

    for(i = 0;i < sizeof(button_irqs)/sizeof(button_irqs[0]);i ++){
        if(button_irqs[i].irq < 0){
            continue;
        }

        /* 释放中断号，并注销中断处理函数 */
        free_irq(button_irqs[i].irq,(void *)&button_irqs[i]);
    }

    return 0;
}
```

8.6　按键设备驱动的读函数

代码清单 8.7 给出了按键设备驱动的读函数，按键设备驱动的读函数主要提供对按键设备结构体中缓冲区的读操作并复制到用户空间。当 ev_press 为 1 时，意味着缓冲区有数据，使用 copy_to_user( )复制到用户空间，否则，根据用户空间是采用阻塞读还是非阻塞读，分为如下两种情况进行处理。

若采用非阻塞读，则因为没有按键缓存，直接返回 − EAGAIN；若采用阻塞读，则在 button_waitq 等待队列上睡眠，直到有按键被按下，在中断处理函数中获得按键值并调用唤醒等待队列的函数，则读函数从睡眠处唤醒继续往下执行，获得被按下键的键值返回给应用层。

代码清单 8.7　按键设备驱动的读函数

```
/* 对应应用程序的 read(fd,…)函数，主要用来向用户空间传递键值 */
static int s3c24xx_buttons_read(struct file * filp,char __user * buff,size_t count,loff_t * offp){
    /* char __user * buff,size_t count, 用户传递过来的参数 */
    unsigned long err;
```

```
if( !ev_press){
    /*是否打开阻塞（O_NONBLOCK 标志），当内核结构一个成员的中断标志为 0，并且
      该设备是以非阻塞方式打开时，返回*/
    if( filp -> f_flags & O_NONBLOCK)
        return  - EAGAIN;

    else
        /*当中断标志为 0，并且该设备是以阻塞方式打开时，进入休眠状态，等待被唤
          醒，唤醒条件是：有消息过来，标志变 1*/
        wait_event_interruptible( button_waitq,ev_press);
}

/*能够运行到这条语句，必然是有中断产生了，而中断服务程序中，已对 ev_press 置 1*/
ev_press = 0;

/*一组键值被传递到用户空间，用户空间只有 6 个 buff，如果申请 8 个 buff，也只会给 6
个 buff*/
err = copy_to_user( buff,(const void  * )key_values,min( sizeof( key_values),count));

memset( key_values,0,6);/*首地址：缓冲区（对象），设置为字符 0，长度 6 个 buff*/

/*err 等于 0 则取 min( sizeof( key_values),count);大于 0 则取 - EFAULT*/
return err?  - EFAULT:min( sizeof( key_values),count);
}
```

8.7　按键驱动程序范例

1. 驱动程序源码

按键设备驱动范例源码如代码清单 8.8 所示。

代码清单 8.8　按键设备驱动范例源码

```
#include  < linux/module. h >
#include  < linux/fs. h >
#include  < linux/poll. h >
#include  < linux/irq. h >
#include  < linux/interrupt. h >
#include  < linux/sched. h >
```

```
#include  < mach/regs – gpio. h >
#include  < linux/miscdevice. h >
#include  < linux/gpio. h >

#define DEVICE_NAME        " button"
```

/*该结构体用于描述一个按键,也即封装一个按键的所有信息*/
```
struct button_irq_desc {
    int irq;
    int pin;
    int pin_setting;
    int number;
    char * name;
};
```

/*6个结构体元素对应6个按键的信息*/
```
static struct button_irq_desc btn_irq [ ] = {
    {IRQ_EINT8,S3C2410_GPG(0),   S3C2410_GPG0_EINT8,0,"KEY0"},
    {IRQ_EINT11,S3C2410_GPG(3),  S3C2410_GPG3_EINT11,1,"KEY1"},
    {IRQ_EINT13,S3C2410_GPG(5),  S3C2410_GPG5_EINT13,2,"KEY2"},
    {IRQ_EINT14,S3C2410_GPG(6),  S3C2410_GPG6_EINT14,3,"KEY3"},
    {IRQ_EINT15,S3C2410_GPG(7),  S3C2410_GPG7_EINT15,4,"KEY4"},
    {IRQ_EINT19,S3C2410_GPG(11),  S3C2410_GPG11_EINT19,5,"KEY5"},
};
static char key_values [ ] = {0,0,0,0,0,0};
```

```
/*
 * 该宏定义并初始化一个等待队列,按键驱动是基于中断方式工作的,
 * 当没有按键被按下时,要把等待读取按键状态的进程加入等待队列睡眠
 */
static DECLARE_WAIT_QUEUE_HEAD( btn_waitqueue) ;
```

/*该标志用于表示当前是否有按键被按下,配合等待队列使用*/
```
static volatile int ev_press = 0;


static irqreturn_t buttons_interrupt( int irq,void * dev_id)
{
    struct button_irq_desc * btn = ( struct button_irq_desc * )dev_id;
```

```
    /* 将按键对应的数组元素置 1，表示按键被按下的状态 */
    key_values[btn -> number] =! s3c2410_gpio_getpin(btn -> pin);
    ev_press = 1;
    /* 唤醒等待队列里睡眠的进程 */
    wake_up_interruptible(&btn_waitqueue);

    return IRQ_HANDLED;
}


static int btn_open(struct inode  * inode, struct file  * file)
{
    int i;
    int err;

    /* 注册 6 个按键对应的中断 */
    for(i = 0;i < ARRAY_SIZE(btn_irq);i ++)
    {
        err = request_irq(btn_irq[i]. irq, buttons_interrupt, IRQ_TYPE_EDGE_FALLING,
                btn_irq[i]. name,(void  * )&btn_irq[i]);
        if(err)
            break;
    }


    /* 如果某个中断注册失败，则将前面注册成功的中断注销 */
    if(err)
    {
        i -- ;
        for( ;i >= 0;i -- )
        {
            free_irq(btn_irq[i]. irq,(void  * )&btn_irq[i]);
        }
        return  - EBUSY;
    }


    ev_press = 0;

    return 0;
}
```

```
static int btn_close(struct inode * inode,struct file * file)
{
    int i;

    /* 注册 6 个按键的中断 */
    for(i = 0;i < ARRAY_SIZE(btn_irq);i ++ )
    {
        free_irq(btn_irq[i].irq,(void *)&btn_irq[i]);
    }

    return 0;
}


/* 按键读函数 */
static int btn_read(struct file * filp,char __user * buff,size_t count,loff_t * offp)
{
    unsigned long err;

    /* 如果当前没有按键被按下 */
    if(!ev_press)
    {
        /* 如果设备是以非阻塞方式(调用 open 函数时指定 O_NONBLOCK)打开的,则直接
           返回错误 */
        if(filp -> f_flags & O_NONBLOCK)
            return - EAGAIN;
        else
            /* 如果采用阻塞方式则加入等待队列睡眠,被唤醒后该函数返回 */
            wait_event_interruptible(btn_waitqueue,ev_press);
    }

    ev_press = 0;

    /* 将按键状态复制到用户空间,该函数成功则返回 0 */
    err = copy_to_user(buff,(const void *)key_values,min(sizeof(key_values),count));
    memset(key_values,0,6);

    return err ? - EFAULT:min(sizeof(key_values),count);
}
```

```
/*设备状态(当前是否可读或者可写等)查询函数*/
static unsigned int btn_poll( struct file *file,struct poll_table_struct *wait)
{
    unsigned int mask = 0;
    /*将等待队列加入 poll table*/
    poll_wait( file,&btn_waitqueue,wait);

    /*如果当前有按键被按下,则返回可读标志*/
    if( ev_press)
        mask |= POLLIN | POLLRDNORM;

    return mask;
}


/*字符设备操作方法 file_operations 结构体*/
static struct file_operations btn_fops = {
    . owner   =   THIS_MODULE,
    . open    =   btn_open,
    . release =   btn_close,
    . read    =   btn_read,
    . poll    =   btn_poll,
};


static struct miscdevice misc = {
    . minor   = MISC_DYNAMIC_MINOR,   //动态分配杂项设备次设备号
    . name    = DEVICE_NAME,
    . fops    = &btn_fops,
};

static int __init xyd_init( void)
{
    int ret;

    /*注册杂项设备,注册成功则返回 0*/
    ret = misc_register( &misc);
    if( ret == 0)
        printk( DEVICE_NAME" \tinitialized\n");

    return ret;
}
```

```
static void __exit xyd_exit(void)
{
    /*注销杂项设备*/
    misc_deregister(&misc);
}


module_init(xyd_init);
module_exit(xyd_exit);


MODULE_LICENSE("GPL");
MODULE_AUTHOR("xyd");
```

2. 驱动程序的 Makefile 代码

```
obj-m := button.o
KDIR:=/root/linux-2.6.32.2
all:
    make -C $(KDIR) M=$(PWD) modules
clean:
    rm -f *.ko *.o *.mod.o *.mod.c *.symvers *.markers
```

3. 应用程序源码

```
#include <stdio.h>
#include <string.h>
#include <unistd.h>
#include <fcntl.h>

int main(int argc,char * * argv)
{
    int i;
    int fd,ret;
    char buf[6] = {};

    fd = open(argv[1],O_RDONLY);
    if(-1 == fd)
    {
        perror(argv[1]);
```

```
                return − 1;
        }

        for( ; ; )
        {
                ret = read( fd,buf,sizeof( buf ) ) ;
                if( ret ! = sizeof( buf ) )
                        perror( "read" ) ;

                for( i = 0 ; i < sizeof( buf ) ; i ++ )
                {
                        if( buf[ i ] == 1 )
                                printf( "key% d down\n" , i + 1 ) ;
                }

                memset( buf ,0 , sizeof( buf ) ) ;
        }

        close( fd ) ;
        return 0 ;
}
```

8.8 操作步骤

1. 编译按键驱动程序

把 s3c2440_buttons. c 与其 Makefile 文件放到同一文件夹中，打开终端输入 make 并按回车，便可在当前目录下生成 s3c2440_buttons. ko，这个 . ko 文件就是按键驱动程序。

把 s3c2440_buttons. ko 复制到 NFS 网络文件系统的 home 目录中。也可以直接在当前目录直接输入 cp s3c2440_buttons. ko /opt/s3c2440/root_nfs/home/ 命令进行复制。

2. 编译 s3c2440_buttons 驱动测试程序

在 buttons_app. c 所在的文件夹中打开终端，输入 arm − linux − gcc − g − o buttons_app buttons_app. c（说明：− g 是为了可以使用 GDB 调试程序，− g 选项编译得到的可执行文件带调试信息）。这样可以在当前目录中生成一个可执行文件 buttons_app。

把这个程序复制到 NFS 网络文件系统的 home 目录中。也可以直接在当前目录直接输入 cp buttons_app /opt/s3c2440/root_nfs/home/ 命令进行复制。

3. 加载驱动程序

启动开发板，挂接上 NFS 文件系统后，在串口终端中输入命令 cd /home 进入到 NFS 文件系统的 home 目录中，输入命令 insmod s3c2440_buttons. ko。

4. 运行 s3c2440_buttons 测试程序

在串口终端中输入命令 cd /home 进入到 NFS 文件系统的 home 目录中，输入命令 . /buttons_app /dev/button 并按回车，再按下开发板的按键，可以观察到超级终端打印出所按下的按键的状态。

第9章

LCD驱动开发
实例分析

9.1 FrameBuffer 的原理

FrameBuffer 是在 Linux 2. 2. xx 内核之后出现的一种驱动程序接口。

Linux 在保护模式下工作，所以用户态进程无法像 DOS 那样使用显卡 BIOS 里提供的中断调用来实现直接写屏。Linux 抽象出 FrameBuffer 这个设备来供用户态进程实现直接写屏。FrameBuffer 机制模仿显卡的功能，将显卡硬件结构抽象掉，可以通过 FrameBuffer 的读写功能直接对显存进行操作。用户可以将 FrameBuffer 看为显示内存的一个映像，将其映射到进程地址空间之后，就可以直接进行读写操作，而写操作可以立即反应在屏幕上。这种操作是抽象的、统一的。用户不必关心物理显存的位置、换页机制等具体细节，这些都是由 Frame-Buffer 设备驱动来完成的。

但 FrameBuffer 本身不具备任何运算数据的能力，就好像是一个暂时存放水的水池，CPU 将运算后的结果放到这个水池，水池再将结果 "流" 到显示器，中间不会对数据做处理。应用程序也可以直接读写这个水池的内容。在这种机制下，尽管 FrameBuffer 需要真正的显卡驱动的支持，但所有显示任务都由 CPU 完成，因此 CPU 负担很重。

FrameBuffer 的设备文件一般是/dev/fb0、/dev/fb1 等。

可以用命令#dd if = "/dev/zero" of = "/dev/fb" 清空屏幕。

如果显示模式是 $1024 \times 768 - 8$ 位色，用命令 $dd if = "/dev/zero" of = "/dev/fb0" bs = "1024" count = "768" 清空屏幕。

用命令#dd if = "/dev/fb" of = "fbfile" 可以将 fb 中的内容保存下来。

用命令#dd if = "fbfile" of = "/dev/fb" 可以重新写回屏幕。

在使用 FrameBuffer 时，Linux 是将显卡置于图形模式下的。

在应用程序中，一般使用 FrameBuffer 设备映射到进程地址空间的方式。例如，下面的程序就打开 /dev/fb0 设备，并通过 mmap 系统调用进行地址映射，随后用 memset 将屏幕清空（这里假设显示模式是 $1024 \times 768 - 8$ 位色模式，线性内存模式）。

```
int fb;
unsigned char * fb_mem;
fb = open("/dev/fb0", O_RDWR);
fb_mem = mmap(NULL,1024 * 768,PROT_READ|PROT_WRITE,MAP_SHARED,fb,0);
memset(fb_mem, 0, 1024 * 768); //这个命令应该只有在 Root 下可以执行
```

FrameBuffer 设备还提供了若干 ioctl 命令，通过这些命令，可以获得显示设备的一些固定信息（如显示内存大小）、与显示模式相关的可变信息（如分辨率、像素结构、每个扫描线的字节宽度），以及伪彩色模式下的调色板信息等。

通过 FrameBuffer 设备，还可以获得当前内核所支持的加速显卡的类型（通过固定信息得到），这种类型通常是和特定显示芯片相关的。在获得了加速芯片类型之后，应用程序就可以将 PCI 设备的内存 I/O（memio）映射到进程的地址空间。这些 memio 一般用来控制显卡的寄存器，通过对这些寄存器的操作，应用程序就可以控制特定显卡的加速功能。

PCI 设备可以将自己的控制寄存器映射到物理内存空间，此后，对这些控制寄存器的访问就变成了对物理内存的访问。因此，这些寄存器又称为"memio"。一旦被映射到物理内存，Linux 的普通进程就可以通过 mmap 将这些内存 I/O 映射到进程地址空间，这样就可以直接访问这些寄存器了。

当然，因为不同的显示芯片具有不同的加速能力，对 memio 的使用和定义也各不相同。这时，就需要针对加速芯片的不同类型来编写函数以实现不同的加速功能。例如，大多数芯片都提供了对矩形填充的硬件加速支持，但不同的芯片实现方式不同，这时，就需要针对不同的芯片类型编写不同的用来完成填充矩形的函数。

FrameBuffer 只是一个提供显示内存和显示芯片寄存器从物理内存映射到进程地址空间中的设备。因此，对于应用程序而言，如果希望在 FrameBuffer 上进行图形编程，还需要自己动手完成其他许多工作。

9.2　FrameBuffer 在 Linux 中的实现和机制

帧缓冲设备为标准的字符型设备，在 Linux 中主设备号为 29，定义在/include/linux/major.h 的 FB_MAJOR 中，次设备号定义帧缓冲的个数，最大允许有 32 个 FrameBuffer，定义在/include/linux/fb.h 的 FB_MAX 中，对应文件系统下/dev /fb% d 的设备文件。

帧缓冲设备驱动在 Linux 子系统中的结构如图 9.1 所示。

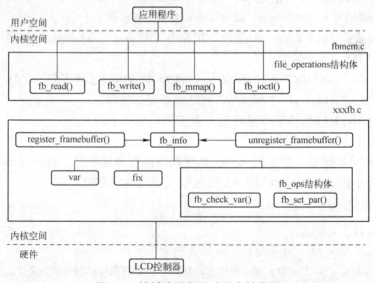

图9.1　帧缓冲设备驱动程序结构图

从图 9.1 所示可以看出，帧缓冲设备在 Linux 中也可以看作一个完整的子系统，基本由 fbmem.c 和 xxxfb.c 组成。向上给应用程序提供完善的设备文件操作接口（即对 FrameBuffer 设备进行 read、write、ioctl 等操作），接口在 Linux 提供的 fbmem.c 文件中实现；向下提供了硬件操作的接口，只是这些接口 Linux 并没有提供实现，因为这要根据具体的 LCD 控制器硬件进行设置，所以这就是编程人员要做的事情（即 xxxfb.c 部分的实现）。

1. 帧缓冲设备主要结构体分析

从帧缓冲设备驱动程序结构可以看出，该驱动主要与 fb_info 结构体有关，该结构体记录了帧缓冲设备的全部信息，包括设备的设置参数、状态及对底层硬件操作的函数指针。在 Linux 中，每一个帧缓冲设备都必须对应一个 fb_info，fb_info 在/linux/fb.h 中的定义如下所示（只列出重要的一些内容）。几乎主要的结构都是在这个中文件定义的。

（1）fb_info 结构。

```
struct fb_info {
    int node;
    int flags;
    struct fb_var_screeninfo var;           /* LCD 可变参数结构体 */
    struct fb_fix_screeninfo fix;           /* LCD 固定参数结构体 */
    struct fb_monspecs monspecs;            /* LCD 显示器标准 */
    struct work_struct queue;               /* 帧缓冲事件队列 */
    struct fb_pixmap pixmap;                /* 图像硬件 mapper */
    struct fb_pixmap sprite;                /* 光标硬件 mapper */
    struct fb_cmap cmap;                    /* 当前的颜色表 */
    struct fb_videomode * mode;             /* 当前的显示模式 */

#ifdef CONFIG_FB_BACKLIGHT
    struct backlight_device * bl_dev;       /* 对应的背光设备 */
    struct mutex bl_curve_mutex;
    u8 bl_curve[FB_BACKLIGHT_LEVELS];       /* 背光调整 */
#endif
#ifdef CONFIG_FB_DEFERRED_IO
    struct delayed_work deferred_work;
    struct fb_deferred_io * fbdefio;
#endif

    struct fb_ops * fbops;                  /* 对底层硬件操作的函数指针 */
    struct device * device;
    struct device * dev;                    /* fb 设备 */
    int class_flag;
#ifdef CONFIG_FB_TILEBLITTING
    struct fb_tile_ops * tileops;           /* 图块 Blitting */
#endif
    char __iomem * screen_base;             /* 虚拟基地址 */
```

```
        unsigned long screen_size;              /＊LCD I/O 映射的虚拟内存大小＊/
        void ＊ pseudo_palette;                  /＊伪 16 色颜色表＊/
#define FBINFO_STATE_RUNNING        0
#define FBINFO_STATE_SUSPENDED      1
        u32 state;                              /＊LCD 的挂起或恢复状态＊/
        void ＊ fbcon_par;
        void ＊ par;
    };
```

其中，比较重要的成员有 struct fb_var_screeninfo var、struct fb_fix_screeninfo fix 和 struct fb_ops ＊ fbops，它们也都是结构体。

（2）fb_var_screeninfo 结构。

这个结构描述了显示卡的特性：fb_var_screeninfo 结构体主要记录用户可以修改的控制器的参数，如屏幕的分辨率和每个像素的比特数等。_u32 表示 unsigned 不带符号的 32 bits 的数据类型，其余依次类推。这是 Linux 内核中所用到的数据类型，如果是开发用户空间（user-space）的程序，可以根据具体计算机平台的情况，用 unsigned long 等代替。该结构体定义如下：

```
struct fb_var_screeninfo {
    __u32 xres;                 /＊可见屏幕一行有多少个像素点＊/
    __u32 yres;                 /＊可见屏幕一列有多少个像素点＊/
    __u32 xres_virtual;         /＊虚拟屏幕一行有多少个像素点＊/
    __u32 yres_virtual;         /＊虚拟屏幕一列有多少个像素点＊/
    __u32 xoffset;              /＊虚拟屏幕到可见屏幕之间的行偏移＊/
    __u32 yoffset;              /＊虚拟屏幕到可见屏幕之间的列偏移＊/
    __u32 bits_per_pixel;       /＊每个像素的位数即 BPP＊/
    __u32 grayscale;            /＊非 0 时，指的是灰度＊/

    struct fb_bitfield red;     /＊fb 缓存的 R 位域＊/
    struct fb_bitfield green;   /＊fb 缓存的 G 位域＊/
    struct fb_bitfield blue;    /＊fb 缓存的 B 位域＊/
    struct fb_bitfield transp;  /＊透明度＊/

    __u32 nonstd;               /＊非标准像素格式＊/
    __u32 activate;
    __u32 height;               /＊高度＊/
    __u32 width;                /＊宽度＊/
    __u32 accel_flags;
    /＊定时:除了 pixclock 本身外,其他的都以像素时钟为单位＊/
    __u32 pixclock;             /＊像素时钟（皮秒）＊/
    __u32 left_margin;          /＊行切换，从同步到绘图之间的延迟＊/
    __u32 right_margin;         /＊行切换，从绘图到同步之间的延迟＊/
```

```
        __u32 upper_margin;                /*帧切换,从同步到绘图之间的延迟*/
        __u32 lower_margin;                /*帧切换,从绘图到同步之间的延迟*/
        __u32 hsync_len;                   /*水平同步的长度*/
        __u32 vsync_len;                   /*垂直同步的长度*/
        __u32 sync;
        __u32 vmode;
        __u32 rotate;
        __u32 reserved[5];                 /*保留*/
    };
```

（3）fb_fix_screeninfo 结构。

这个结构在显卡被设定模式后创建,它描述显卡的属性,并且在系统运行时不能被修改。它依赖于被设定的模式,当一个模式被设定后,内存信息由显卡硬件给出,内存的位置等信息就不可以修改。

```
    struct fb_fix_screeninfo {
        char id[16];                       /*字符串形式的标示符 */
        unsigned long smem_start;          /*fb 缓存的开始位置 */
        __u32 smem_len;                    /*fb 缓存的长度 */
        __u32 type;                        /*查看 FB_TYPE_* */
        __u32 type_aux;                    /*分界*/
        __u32 visual;                      /*查看 FB_VISUAL_* */
        __u16 xpanstep;                    /*如果没有硬件,panning 就赋值为 0 */
        __u16 ypanstep;                    /*如果没有硬件,panning 就赋值为 0 */
        __u16 ywrapstep;                   /*如果没有硬件,ywrap 就赋值为 0 */
        __u32 line_length;                 /*一行的字节数 */
        unsigned long mmio_start;          /*内存映射 I/O 的开始位置*/
        __u32 mmio_len;                    /*内存映射 I/O 的长度*/
        __u32 accel;
        __u16 reserved[3];                 /*保留*/
    };
```

（4）fb_ops 结构。

fb_ops 结构体是对底层硬件操作的函数指针,用户应用可以使用 ioctl( )系统调用来操作设备,这个结构就是用于支持 ioctl( )的这些操作的。该结构体中定义了对硬件的操作如下所示（这里只列出了常用的操作）。

```
    struct fb_ops {

        struct module * owner;

        //检查可变参数并进行设置
```

```
int( * fb_check_var)(struct fb_var_screeninfo * var, struct fb_info * info);

//根据设置的值进行更新，使之有效
int( * fb_set_par)(struct fb_info * info);

//设置颜色寄存器
int( * fb_setcolreg)(unsigned regno, unsigned red, unsigned green,
        unsigned blue, unsigned transp, struct fb_info * info);

//显示空白
int( * fb_blank)(int blank, struct fb_info * info);

//矩形填充
void( * fb_fillrect)(struct fb_info * info, const struct fb_fillrect * rect);

//复制数据
void( * fb_copyarea)(struct fb_info * info, const struct fb_copyarea * region);

//图形填充
void( * fb_imageblit)(struct fb_info * info, const struct fb_image * image);
};
```

2. fbmem. c 文件分析

fbmem. c 处于 Framebuffer 设备驱动技术的中心位置。它既为上层应用程序提供系统调用，也为下一层的特定硬件驱动提供接口。那些底层硬件驱动需要用到这些接口来向系统内核注册它们自己。fbmem. c 为所有支持 FrameBuffer 的设备驱动提供了通用的接口，以避免重复工作。

（1）全局变量。

```
struct fb_info * registered_fb[FB_MAX];
int num_registered_fb;
```

这两个变量记录了所有 fb_info 结构的实例，fb_info 结构描述显卡的当前状态，所有设备对应的 fb_info 结构都保存在这个数组中，当一个 FrameBuffer 设备驱动向系统注册自己时，其对应的 fb_info 结构就会添加到这个结构中。同时，num_registered_fb 自动加 1。

```
static struct {
    const char * name;
    int( * init)(void);
    int( * setup)(void);
} fb_drivers[] __initdata = {....};
```

如果 FrameBuffer 设备被静态链接到内核，其对应的入口就会添加到这个表中；如果是动态加载的，即使用 insmod/rmmod，就无须关心这个表。

（2）fbmem. c 实现了如下函数。

```
register_framebuffer( struct fb_info * fb_info) ;
unregister_framebuffer( struct fb_info * fb_info) ;
```

这两个函数是提供给下层 FrameBuffer 设备驱动的接口，设备驱动通过这两个函数向系统注册或注销自己。几乎底层设备驱动所要做的所有事情就是填充 fb_info 结构，然后向系统注册或注销它。

9.3　Linux 内核中的 platform 机制

在分析 S3C2440 的 LCD 驱动程序前先学习相关的知识——platform 机制。从 Linux 2. 6 版本起引入了一套新的驱动管理和注册机制：platform_device 和 platform_driver。Linux 中大部分的设备驱动都可以使用这套机制：设备用 platform_device 表示，驱动用 platform_driver 进行注册。

Linux platform driver 机制与传统的 device driver 机制（通过 driver_register 函数进行注册）相比，一个十分明显的优势在于 platform 机制将设备本身的资源注册进内核，由内核统一管理，在驱动程序中使用这些资源时通过 platform_device 提供的标准接口进行申请并使用。这样就提高了驱动和资源管理的独立性，并且拥有较好的可移植性和安全性（这些标准接口是安全的）。platform 机制的本身使用并不复杂，由两部分组成：platform_device 和 platfrom_driver。通过 platform 机制开发底层设备驱动的大致流程如图 9. 2 所示。

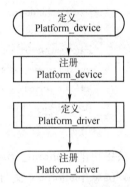

图 9.2　platform 机制开发驱动流程

platform_device 结构体用来描述设备的名称、资源信息等。该结构被定义在 include/linux/platform_device. h 中，定义原型如下：

```
struct platform_device {
    const char * name;             //定义平台设备的名称
    int id;
    struct device dev;
    u32 num_resources;
    struct resource * resource;    //定义平台设备的资源
};
```

下面来看一下 platform_device 结构体中最重要的一个成员 struct resource * resource。struct resource 被定义在 include/linux/ioport. h 中，定义原型如下：

```
struct resource {
    rcsource_size_t start;            //定义资源的起始地址
    resource_size_t end;              //定义资源的结束地址
    const char *name;                 //定义资源的名称
    unsigned long flags;              //定义资源的类型，如 MEM, I/O, IRQ, DMA 类型
    struct resource *parent, *sibling, *child;   //资源链表指针
};
```

通过调用函数 platform_add_devices( ) 向系统中添加该设备，该函数内部调用 platform_device_register( ) 进行设备注册。需要注意的是，这里的 platform_device 设备的注册过程必须在相应设备驱动加载之前被调用，即执行 platform_driver_register( ) 之前，原因是驱动注册时需要匹配内核中所有已注册的设备名。

接下来讲解 platform_driver 结构体的原型定义，该定义在 include/linux/platform_device.h 中，代码如下：

```
struct platform_driver {
    int( *probe )( struct platform_device * );
    int( *remove )( struct platform_device * );
    void( *shutdown )( struct platform_device * );
    int( *suspend )( struct platform_device * , pm_message_t state );
    int( *suspend_late )( struct platform_device * , pm_message_t state );
    int( *resume_early )( struct platform_device * );
    int( *resume )( struct platform_device * );
    struct device_driver driver;
};
```

内核提供的 platform_driver 结构体的注册函数为 platform_driver_register( )，其原型定义在 driver/base/platform.c 文件中，具体实现代码如下：

```
int platform_driver_register( struct platform_driver * drv )
{
    drv -> driver. bus = &platform_bus_type;
    if( drv -> probe )
    drv -> driver. probe = platform_drv_probe;
    if( drv -> remove )
    drv -> driver. remove = platform_drv_remove;
    if( drv -> shutdown )
    drv -> driver. shutdown = platform_drv_shutdown;
    if( drv -> suspend )
    drv -> driver. suspend = platform_drv_suspend;
    if( drv -> resume )
    drv -> driver. resume = platform_drv_resume;
    return driver_register( &drv -> driver );
}
```

总结，通常情况下，只要和内核本身运行依赖性不大的外围设备，相对独立的、拥有各自独自的资源（地址总线和 IRQs），都可以用 platform_driver 实现。例如，LCD、网卡、USB 和 UART 等，都可以用 platfrom_driver 编写，而 timer、irq 等内核密切相关的设备则最好不用 platfrom_driver 机制。

9.4　S3C2440 LCD 驱动分析

在 S3C2440 中，LCD 控制器被集成在芯片的内部作为一个相对独立的单元，所以 Linux 把它看作一个平台设备，在内核代码/arch/arm/plat – s3c24xx/devs. c 中定义了 LCD 相关的平台设备及资源，代码如下：

```
/ *  LCD Controller  */

//LCD 控制器的资源信息
static struct resource s3c_lcd_resource[ ] = {
    [0] = {
        . start = S3C24XX_PA_LCD,                      //控制器 I/O 端口开始地址
        . end = S3C24XX_PA_LCD + S3C24XX_SZ_LCD – 1,   //控制器 I/O 端口结束地址
        . flags = IORESOURCE_MEM,                      //标志为 LCD 控制器 I/O 端口，在驱动
                                                       中引用这个就表示引用 I/O 端口
    },
    [1] = {
        . start = IRQ_LCD,                             //LCD 中断
        . end = IRQ_LCD,
        . flags = IORESOURCE_IRQ,                      //标志为 LCD 中断
    }
};

static u64 s3c_device_lcd_dmamask = 0xffffffffUL;

struct platform_device s3c_device_lcd = {
    . name          = " s3c2410 – lcd" ,              //作为平台设备的 LCD 设备名称
    . id            = – 1 ,
    . num_resources = ARRAY_SIZE( s3c_lcd_resource) , //资源数量
    . resource      = s3c_lcd_resource,               //引用上面定义的资源
    . dev = {
        . dma_mask = &s3c_device_lcd_dmamask ,
        . coherent_dma_mask = 0xffffffffUL
    }
};

/ * 导出定义的 LCD 平台设备，以便从 mach – smdk2440. c 的 smdk2440_devices[ ]中添加到平台
设备列表中 */
EXPORT_ SYMBOL( s3c_device_lcd);
```

Linux 还在/arch/arm/mach – s3c2410/include/mach/fb. h 中为 LCD 平台设备定义了一个 s3c2410fb_mach_info 结构体，该结构体主要是记录 LCD 的硬件参数信息（如该结构体的 s3c2410fb_display 成员结构中用于记录 LCD 的屏幕尺寸、屏幕信息、可变的屏幕参数、LCD 配置寄存器等信息），这样在写驱动时就可以直接使用这个结构体。下面，讲解内核是如何使用这个结构体的。在/arch/arm/mach – s3c2440/mach – smdk2440. c 中定义如下。

```
/* LCD driver info */

/* LCD 硬件的配置信息，注意这里使用的 LCD 是 NEC 3.5 寸 TFT 屏，这些参数要根据具体的
LCD 屏进行设置 */
static struct s3c2410fb_display smdk2440_lcd_cfg __initdata = {

/* 这个地方的设置是配置 LCD 寄存器 5，这些宏定义在 regs – lcd. h 中 */
    . lcdcon5 = S3C2410_LCDCON5_FRM565 |
                S3C2410_LCDCON5_INVVLINE |
                S3C2410_LCDCON5_INVVFRAME |
                S3C2410_LCDCON5_PWREN |
                S3C2410_LCDCON5_HWSWP,
    . type      = S3C2410_LCDCON1_TFT, //TFT 类型

    /* NEC 3.5 寸 */
    . width        = 240,   //屏幕宽度
    . height       = 320,   //屏幕高度
    /* 以下一些参数的值请跟据具体的 LCD 屏数据手册结合时序分析设定 */
    . pixclock     = 100000,   //像素时钟
    . xres         = 240,      //水平可见的有效像素
    . yres         = 320,      //垂直可见的有效像素
    . bpp          = 16,       //色位模式
    . left_margin  = 19,       //行切换，从同步到绘图之间的延迟
    . right_margin = 36,       //行切换，从绘图到同步之间的延迟
    . hsync_len    = 5,        //水平同步的长度
    . upper_margin = 1,        //帧切换，从同步到绘图之间的延迟
    . lower_margin = 5,        //帧切换，从绘图到同步之间的延迟
    . vsync_len    = 1,        //垂直同步的长度
};

static struct s3c2410fb_mach_info smdk2440_fb_info __initdata = {
    . displays        = &smdk2440_lcd_cfg, //应用上面定义的配置信息
    . num_displays    = 1,
    . default_display = 0,
```

```
    . gpccon          = 0xaaaa555a,        //将 GPC0、GPC1 配置为 LEND 和 VCLK, 将 GPC8 ~ GPC15
                                            配置成 VD0 ~ VD7, 其他配置成普通输出 I/O 端口
    . gpccon_mask     = 0xffffffff,
    . gpcup           = 0x0000ffff,        //禁止 GPIOC 的上拉功能
    . gpcup_mask      = 0xffffffff,
    . gpdcon          = 0xaaaaaaaa,        //将 GPD0 ~ GPD15 配置为 VD8 ~ VD23
    . gpdcon_mask     = 0xffffffff,
    . gpdup           = 0x0000ffff,        //禁止 GPIOD 的上拉功能
    . gpdup_mask      = 0xffffffff,
    . lpcsel          = 0x0,               //这个是三星 TFT 屏的参数,这里不用
};
```

上面 smdk2440_fb_info 结构体变量成员 gpccon 到 lpcsel 的参数是与选用的开发板 LCD 控制器密切相关的。

开发板原理图中使用了 GPC8 ~ GPC15 和 GPD0 ~ GPD15 来用作 LCD 控制器 VD0 ~ VD23 的数据端口,又分别使用 GPC0、GPC1 端口用作 LCD 控制器的 LEND 和 VCLK 信号,GPC2 ~ GPC7 则是用作 STN 屏或者三星专业 TFT 屏的相关信号。然而,S3C2440 的各个 I/O 端口并不是单一的端口,都是复用端口,要在使用它们之前对它们进行配置。因此,在本段代码中把 GPC 和 GPD 的部分端口配置为 LCD 控制功能模式。

从以上讲述的内容来看,要使 LCD 控制器支持其他 LCD 屏,重要的是根据 LCD 的数据手册修改以上这些参数的值。下面,讲解在驱动中是如何引用 s3c2410fb_mach_info 结构体的(注意上面讲的是在内核中如何使用的)。在 mach – smdk2440.c 中代码如下:

```
//S3C2440 初始化函数
static void __init smdk2440_machine_init(void)
{

    //调用该函数,将上面定义的 LCD 硬件信息保存到平台数据中
    s3c24xx_fb_set_platdata(&smdk2440_fb_info);

    s3c_i2c0_set_platdata(NULL);

    platform_add_devices(smdk2440_devices, ARRAY_SIZE(smdk2440_devices));
    smdk_machine_init();

}
```

s3c24xx_fb_set_platdata 定义在 plat – s3c24xx/devs.c 中,代码如下:

```
void __init s3c24xx_fb_set_platdata(struct s3c2410fb_mach_info * pd)
{
    struct s3c2410fb_mach_info * npd;
```

```
    npd = kmalloc( sizeof( * npd) ,GFP_KERNEL) ;
    if( npd) {
        memcpy( npd,pd,sizeof( * npd) ) ;

        /* 这里就是将内核中定义的 s3c2410fb_mach_info 结构体数据保存到 LCD 平台数据
            中, 所以在写驱动时就可以直接在平台数据中获取 s3c2410fb_mach_info 结构体的
            数据 ( 即 LCD 各种参数信息) 进行操作 */
        s3c_device_lcd. dev. platform_data = npd;
    } else {
        printk( KERN_ERR "no memory for LCD platform data\n" ) ;

    }

}
```

在平台设备驱动中, platform_data 可以保存各自平台设备实例的数据, 但这些数据的类型都是不同的, 为什么都可以保存? 这就要查看 platform_data 的定义, 定义在/linux/device. h 中, void * platform_data 是一个 void 类型的指针, 在 Linux 中 void 可保存任何数据类型。

如图 9.3 所示是 s3c2410fb. c 程序的框架图, 其中 . probe 函数是整个驱动程序中最核心的部分。

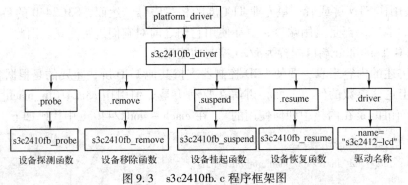

图 9.3　s3c2410fb. c 程序框架图

分析驱动程序还是按常规首先找到模块入口函数, 在 s3c2410fb. c 有 module_init (s3c2410fb_ init), 其中 s3c2410fb_init( )函数就是这个驱动程序的入口, 以下对这个入口进行分析。

1. s3c2410fb_init( )函数

```
    int __init s3c2410fb_init( void)
    {
        int ret = platform_driver_register( &s3c2410fb_driver) ;    //注册 2410 驱动到内核


        if( ret = = 0)
            ret = platform_driver_register( &s3c2412fb_driver) ;    //注册 2412 驱动到内核



        return ret;

    }
```

因为本驱动同时支持 2410 和 2412，所以初始化程序中首先用 2410 进行注册，若没有注册成功则认为是 2412，则进行 2412 的注册。本书所讲的实例都是基于 2440 芯片，2440 和 2410LCD 驱动相同，所以以下仅对 2410 程序进行分析。函数中调用 platform_driver_register( )，进行平台驱动的注册。参数为 s3c2410fb_driver。以下对 s3c2410fb_driver 结构进行分析。

2. s3c2410fb_driver 结构

```
static struct platform_driver s3c2410fb_driver = {
    . probe     = s3c2410fb_probe,        //驱动探测函数
    . remove    = s3c2410fb_remove,       //驱动删除函数
    . suspend   = s3c2410fb_suspend,      //驱动挂起函数
    . resume    = s3c2410fb_resume,       //驱动恢复函数
    . driver    = {
        . name = "s3c2410 – lcd",         //驱动名称，这个名字一定要与设备名称相同
        . owner = THIS_MODULE,            //模块固定值，所有驱动模块值都相同
    },
};
```

platform_driver 结构是平台设备驱动的核心部分，写平台驱动程序最终目标就是实现 platform_driver 结构中的成员。以下对这结构中的成员进行分析。

3. s3c2410fb_probe( ) 函数

```
static int __init s3c24xxfb_probe(struct platform_device *pdev,
            enum s3c_drv_type drv_type)
{
    struct s3c2410fb_info *info;//s3c2410fb_info 结构在 driver/video/s3c2410fb. h 中定义，可以
    说该结构记录了 s3c2410fb 驱动的所有信息

    struct s3c2410fb_display *display;


    / * fb_info 为内核提供的 buffer 驱动的接口数据结构，每个帧缓冲驱动都对应一个这样的结构
    s3c2410fb_probe 的最终目的是填充该结构，并向内核注册 */
    struct fb_info *fbinfo;

    / * 在 include/asm – arm/arch – s3c2410/fb. h 中定义，从它的位置可以看出它和平台相关，也即它不
    是内核认知的数据结构，而只是驱动程序设计者设计的结构描述 LCD 初始化时所用的值 */
    struct s3c2410fb_mach_info *mach_info;
    struct resource *res;//定义资源变量
    int ret;
    int irq;
    int i;
    int size;
    u32 lcdcon1;
```

```
/*检测是否配置了平台设备数据，如果没有，则直接退出函数*/
mach_info = pdev -> dev. platform_data;
if( mach_info == NULL) {
    dev_err(&pdev -> dev,
        "no platform data for lcd, cannot attach\n" );
    return - EINVAL;
}


/*检查参数是否正确，如果默认的屏编号大于等于（编号从0开始）显示屏数量则返回*/
if( mach_info -> default_display >= mach_info -> num_displays) {
    dev_err(&pdev -> dev,"default is % d but only % d displays\n",
        mach_info -> default_display,mach_info -> num_displays);
    return - EINVAL;
}


/*计算指向默认显示屏的参数存放的首地址*/
display = mach_info -> displays + mach_info -> default_display;


/*该函数获得中断号，通过比较 struct resource 的 flags 域，得到 irq 中断号，在 s3c_lcd_re-
    source[ ]中，platform_get_irq 函数检测到 flags == IORESOURCE_IRQ 时就返回中断号
    IRQ_LCD。详细的内容请阅读它的源代码*/
irq = platform_get_irq( pdev,0);
if( irq <0) {//没有找到可用的中断号，返回 - ENOENT
    dev_err(&pdev -> dev,"no irq for device\n" );
    return - ENOENT;
}

/* framebuffer_alloc 可以在 include/linux/fb. h 文件中找到其原型
    truct fb_info * framebuffer_alloc( size_t size,struct device * dev);它的功能是向内核申请
    一段大小为 sizeof( struct fb_info) + size 的空间，其中 size 的大小代表设备的私有数据
    空间，并用 fb_info 的 par 域指向该私有空间*/
fbinfo = framebuffer_alloc( sizeof( struct s3c2410fb_info) ,&pdev -> dev);
if( ! fbinfo)
    return - ENOMEM;

/*该函数的实现非常简单，实际的操作为 pdev -> dev. driver_data = fbinfo, device 结构的
    driver_data 域指向驱动程序的私有数据空间*/
```

```
    platform_set_drvdata( pdev , fbinfo ) ;

    //填充 fbinfo
    info = fbinfo −> par ;
    info −> dev = &pdev −> dev ;
    info −> drv_type = drv_type ;

/∗获取资源∗/
    res = platform_get_resource( pdev , IORESOURCE_MEM , 0 ) ;
    if( res == NULL ) {
        dev_err( &pdev −> dev , "failed to get memory registers\n" ) ;
        ret = − ENXIO ;
        goto dealloc_fb ;
    }

    /∗计算资源大小∗/
    size = ( res −> end − res −> start ) + 1 ;
```

/∗向内核申请 I/O 内存, 如果 request_mem_region 返回 0 表示申请失败, 此时程序跳到 deal-loc_fb 处开始执行, 在该处调用 framebuffer_release 释放前面由 framebuffer_alloc 申请的 fb_info 空间 ∗/

```
    info −> mem = request_mem_region( res −> start , size , pdev −> name ) ;
    if( info −> mem == NULL ) {
        dev_err( &pdev −> dev , "failed to get memory region\n" ) ;
        ret = − ENOENT ;
        goto dealloc_fb ;
    }

    /∗内存重映射, 把物理地址转换为虚拟地址∗/
    info −> io = ioremap( res −> start , size ) ;
    if( info −> io == NULL ) {
        dev_err( &pdev −> dev , "ioremap( ) of registers failed\n" ) ;
        ret = − ENXIO ;
        goto release_mem ;
    }
    /∗获得 LCD 中断挂起寄存器的基地址∗/
    info −> irq_base = info −> io + ( ( drv_type == DRV_S3C2412 )? S3C2412_LCDINTBASE :
S3C2410_LCDINTBASE ) ;

    dprintk( "devinit\n" ) ;

    /∗前面定义了 static char driver_name[ ] = "s3c2410fb";保存驱动名称∗/
```

```
strcpy(fbinfo -> fix. id, driver_name);

/* 暂时关闭 LCD 控制器 */
lcdcon1 = readl(info -> io + S3C2410_LCDCON1);
writel(lcdcon1 & ~ S3C2410_LCDCON1_ENVID, info -> io + S3C2410_LCDCON1);

/* 填充 fbinfo 结构 */
fbinfo -> fix. type        = FB_TYPE_PACKED_PIXELS;
fbinfo -> fix. type_aux      = 0;
fbinfo -> fix. xpanstep      = 0;
fbinfo -> fix. ypanstep      = 0;
fbinfo -> fix. ywrapstep     = 0;
fbinfo -> fix. accel       = FB_ACCEL_NONE;

fbinfo -> var. nonstd      = 0;
fbinfo -> var. activate     = FB_ACTIVATE_NOW;
fbinfo -> var. accel_flags    = 0;
fbinfo -> var. vmode       = FB_VMODE_NONINTERLACED;

fbinfo -> fbops        = &s3c2410fb_ops;/* 将底层操作函数与上层联系起来 */
fbinfo -> flags       = FBINFO_FLAG_DEFAULT;
fbinfo -> pseudo_palette        = &info -> pseudo_pal;
//初始化调色板缓冲区
for(i = 0; i < 256; i ++)
    info -> palette_buffer[i] = PALETTE_BUFF_CLEAR;

/* 向内核注册中断, 如果注册失败, 则程序跳转到 release_regs 处运行, 此处释放 fb_info
   和由 request_mem_region 申请的内存空间 */
ret = request_irq(irq, s3c2410fb_irq, IRQF_DISABLED, pdev -> name, info);
if(ret) {
    dev_err(&pdev -> dev, "cannot get irq % d - err % d\n", irq, ret);
    ret = - EBUSY;
    goto release_regs;
}

/* 该函数得到时钟源, 并与硬件紧密相连。对于本书所用开发板, 可以在
arch\arm\common\Clkdev. c 看到它的原型和实现 */
info -> clk = clk_get(NULL, "lcd");
if( !info -> clk || IS_ERR(info -> clk)) {
    printk(KERN_ERR "failed to get lcd clock source\n");
    ret = - ENOENT;
    goto release_irq;// 该处释放上面申请的 fb_info、内存和 IRQ 资源
```

```
        }

    clk_enable(info->clk);//打开时钟
    dprintk("got and enabled clock\n");

    msleep(1);/*初始化 LCD 控制器之前要延迟一段时间*/

    info->clk_rate = clk_get_rate(info->clk);//获取 LCD 时钟频率
```

/*计算缓冲区需要的最大内存，即缓冲区一共占多少字节，xres * yres * bpp/8 这一段实际是修
正 Framebuffer 缓冲区大小，如果在所有申请的缓冲区中存在比预先设定的长度大的则进行
修正，并扩大缓冲区*/

```
    for(i = 0;i < mach_info->num_displays;i++){
        unsigned long smem_len = mach_info->displays[i].xres;

        smem_len *= mach_info->displays[i].yres;
        smem_len *= mach_info->displays[i].bpp;
        smem_len >>= 3;
        if(fbinfo->fix.smem_len < smem_len)
            fbinfo->fix.smem_len = smem_len;
    }
    /* initialize video memory 此函数的作用是申请帧缓冲区内存空间 */
    ret = s3c2410fb_map_video_memory(fbinfo);
    if(ret){
        printk(KERN_ERR "Failed to allocate video RAM:%d\n",ret);
        ret = -ENOMEM;
        goto release_clock;  // 释放所有已得到的资源
    }

    dprintk("got video memory\n");

    fbinfo->var.xres = display->xres;
    fbinfo->var.yres = display->yres;
    fbinfo->var.bits_per_pixel = display->bpp;

    s3c2410fb_init_registers(fbinfo);/*初始化相关寄存器*/

    s3c2410fb_check_var(&fbinfo->var,fbinfo);/*检查 fb_info 中的可变参数*/

    ret = s3c2410fb_cpufreq_register(info);
    if(ret < 0){
        dev_err(&pdev->dev,"Failed to register cpufreq\n");
```

```
                    goto free_video_memory;
            }
        ret = register_framebuffer(fbinfo);//向内核正式注册
        if(ret<0){//注册失败就释放所有的资源
            printk(KERN_ERR "Failed to register framebuffer device:%d\n",ret);
            goto free_cpufreq;
        }

        /* create device files */
        ret = device_create_file(&pdev->dev,&dev_attr_debug);
        if(ret){
            printk(KERN_ERR "failed to add debug attribute\n");
        }

        printk(KERN_INFO "fb%d:%s frame buffer device\n",
            fbinfo->node,fbinfo->fix.id);

        return 0;//程序执行到这里,则表示已成功初始化驱动程序

    free_cpufreq:
        s3c2410fb_cpufreq_deregister(info);
    free_video_memory:
        s3c2410fb_unmap_video_memory(fbinfo);
    release_clock:
        clk_disable(info->clk);
        clk_put(info->clk);
    release_irq:
        free_irq(irq,info);
    release_regs:
        iounmap(info->io);
    release_mem:
        release_resource(info->mem);
        kfree(info->mem);
    dealloc_fb:
        platform_set_drvdata(pdev,NULL);
        framebuffer_release(fbinfo);
        return ret;
    }
```

总结探测函数完成的任务如下所述。

（1）申请 fb_info 结构体的内存空间，初始化 fb_info 结构中固定和可变的内存参数，即填充 fb_info 中的 fb_var_screeninfo var 和 struct fb_fix_screeninfo fix 成员。

（2）申请帧缓冲设备的显示缓冲区空间。

（3）注册帧缓冲设备。

4. s3c2410fb_remove( )函数

```
static int s3c2410fb_remove(struct platform_device * pdev)
{
    /* 该函数从 platform_device 中，得到 fb_info 信息 */
    struct fb_info * fbinfo = platform_get_drvdata(pdev);
    struct s3c2410fb_info * info = fbinfo -> par;//得到私有数据
    int irq;

    unregister_framebuffer(fbinfo);//向内核注销该帧缓冲
    s3c2410fb_cpufreq_deregister(info);

    s3c2410fb_lcd_enable(info,0);//该函数停止 LCD 控制器
    msleep(1);//等待 LCD 停止

    s3c2410fb_unmap_video_memory(fbinfo);//该函数释放缓冲区

    if(info -> clk){//停止时钟
        clk_disable(info -> clk);
        clk_put(info -> clk);
        info -> clk = NULL;
    }

    irq = platform_get_irq(pdev,0);//得到中断，以便释放
    free_irq(irq,info);//释放该中断

    iounmap(info -> io);//释放 I/O 内存

    release_resource(info -> mem);//释放资源
    kfree(info -> mem);//释放资源占用的内存

    platform_set_drvdata(pdev,NULL);//设置 pdev 的私有数据为空
    framebuffer_release(fbinfo);//释放 fbinfo 占用的内存

    return 0;
}
```

5. s3c2410fb_suspend( )函数

在实际的设备中，常常可以看到 LCD 在不需要的时候进入休眠状态，当需要使用的时候又开始工作。例如，手机在不需要的时候 LCD 就熄灭，当需要使用的时候 LCD 又被点

亮。下面看看这是如何实现的。

```
static int s3c2410fb_suspend( struct platform_device  * dev,pm_message_t state)
{
    struct fb_info         * fbinfo = platform_get_drvdata( dev) ;
    struct s3c2410fb_info  * info = fbinfo -> par;

    s3c2410fb_lcd_enable( info,0) ;

    / * sleep before disabling the clock,we need to ensure
      * the LCD DMA engine is not going to get back on the bus
      * before the clock goes off again( bjd) * /

    msleep( 1) ;
    clk_disable( info -> clk) ;

    return 0;
}
```

6. s3c2410fb_resume( )函数

```
static int s3c2410fb_resume( struct platform_device  * dev)
{
    struct fb_info         * fbinfo = platform_get_drvdata( dev) ;
    struct s3c2410fb_info  * info = fbinfo -> par;

    clk_enable( info -> clk) ;
    msleep( 1) ;

    s3c2410fb_init_registers( fbinfo) ;

    / * re – activate our display after resume * /
    s3c2410fb_activate_var( fbinfo) ;
    s3c2410fb_blank( FB_BLANK_UNBLANK,fbinfo) ;

    return 0;
}
```

7. s3c2410fb_ops 变量详解

在上面的文字中，较为详细地解释了 platform device 相关的代码，通过上面的代码的执行，一个 platform 设备（FrameBuffer 被当作 platform 设备）就加载到内核中去了。就像一个 PCI 的网卡被加入到内核一样，不同的是 PCI 的网卡占用的是 PCI 总线，内核会直接支持它。而对于 platform 设备需要用本书前面的方法加载到内核，同 PCI 网卡一样，设备需要驱

动程序，本书前面只是将 platform 设备注册到内核中，现在它还需要驱动程序，本节中就来
讲解这些驱动。

```
static struct fb_ops s3c2410fb_ops = {

    . owner       = THIS_MODULE,
    . fb_check_var = s3c2410fb_check_var,
    . fb_set_par = s3c2410fb_set_par,

    . fb_blank = s3c2410fb_blank,
    . fb_setcolreg = s3c2410fb_setcolreg,
    . fb_fillrect = cfb_fillrect,
    . fb_copyarea = cfb_copyarea,
    . fb_imageblit = cfb_imageblit,
};
```

上面的代码描述了支持的相关操作，下面主要会解释 s3c2410×××的函数，从 . fb_
fillrect 开始的三个函数将不会被提及，当然也可以去查看它们的行为是什么。这里还有一个
问题要说明一下，就是 s3c2410fb_ops 是在什么时候被注册的，这个问题的答案可以在
s3c2410fb_probe 函数中找到，请查看本书前面关于 s3c2410fb_probe 源码的分析。

8. s3c2410fb_check_var( )函数

在前面提到，对于一个 LCD 显示屏来说，内核提供了两组数据结构来描述它，一组是可
变属性（fb_var_screeninfo 描述），另一组是不变属性（fb_fix_screeninfo 描述）。对于可变属
性，应该防止在操作的过程中出现超出限定范围的情况，因此内核应该可以调用相关函数来检
测，并将这些属性固定在限定的范围内，完成这个操作的函数是 s3c2410_check_var( )。下面简
单说明一下该函数要做的事情，在这里最好了解一下 fb_var_screeninfo 和 fb_info 的定义。

```
static int s3c2410fb_check_var( struct fb_var_screeninfo * var,
        struct fb_info * info)
{
    struct s3c2410fb_info * fbi = info -> par;//得到驱动的私有数据信息，注意 info - par 的值
    struct s3c2410fb_mach_info * mach_info = fbi -> dev -> platform_data;
    struct s3c2410fb_display * display = NULL;
    struct s3c2410fb_display * default_display = mach_info -> displays +
                                        mach_info -> default_display;
    int type = default_display -> type;
    unsigned i;

    dprintk( "check_var( var = % p, info = % p) \n", var, info);

    /* 下面检查 fb_var_screeninfo 的 xres 和 yres 的值是否超出限定范围,
        如果超出，则将其设定为正确的值 */
```

```
/* validate x/y resolution */
/* choose default mode if possible */
if( var -> yres == default_display -> yres &&
    var -> xres == default_display -> xres &&
    var -> bits_per_pixel == default_display -> bpp)
    display = default_display;
else
    for( i = 0 ; i < mach_info -> num_displays ; i ++ )
        if( type == mach_info -> displays[ i ]. type &&
            var -> yres == mach_info -> displays[ i ]. yres &&
            var -> xres == mach_info -> displays[ i ]. xres &&
            var -> bits_per_pixel == mach_info -> displays[ i ]. bpp) {
            display = mach_info -> displays + i ;
            break ;
        }


if( !display ) {
    dprintk( "wrong resolution or depth % dx% d at % d bpp\n",
        var -> xres , var -> yres , var -> bits_per_pixel) ;
    return - EINVAL ;
}


/* 配置屏的虚拟解析度和高度宽度 */
var -> xres_virtual = display -> xres ;
var -> yres_virtual = display -> yres ;
var -> height = display -> height ;
var -> width = display -> width ;


/* 这里设置时序、时钟像素、行帧切换值、水平同步和垂直同步切换值 */
var -> pixclock = display -> pixclock ;
var -> left_margin = display -> left_margin ;
var -> right_margin = display -> right_margin ;
var -> upper_margin = display -> upper_margin ;
var -> lower_margin = display -> lower_margin ;
var -> vsync_len = display -> vsync_len ;
var -> hsync_len = display -> hsync_len ;

fbi -> regs. lcdcon5 = display -> lcdcon5 ;
/* set display type */
fbi -> regs. lcdcon1 = display -> type ;


/* 设置透明度 */
```

```
var -> transp. offset = 0;
var -> transp. length = 0;

/* 像素数据格式设置 */
switch( var -> bits_per_pixel ) {
case 1:
case 2:
case 4:
    var -> red. offset = 0;
    var -> red. length = var -> bits_per_pixel;
    var -> green = var -> red;
    var -> blue = var -> red;
    break;
case 8:
    if( display -> type ! = S3C2410_LCDCON1_TFT) {
        /* 8 bpp 332 */
        var -> red. length      = 3;
        var -> red. offset      = 5;
        var -> green. length    = 3;
        var -> green. offset    = 2;
        var -> blue. length     = 2;
        var -> blue. offset     = 0;
    } else {
        var -> red. offset      = 0;
        var -> red. length      = 8;
        var -> green            = var -> red;
        var -> blue             = var -> red;
    }
    break;
case 12:
    /* 12 bpp 444 */
    var -> red. length          = 4;
    var -> red. offset          = 8;
    var -> green. length        = 4;
    var -> green. offset        = 4;
    var -> blue. length         = 4;
    var -> blue. offset         = 0;
    break;

default:
case 16:
    if( display -> lcdcon5 & S3C2410_LCDCON5_FRM565) {
```

第 9 章

```
                    /* 16 bpp,565 format */
                    var -> red. offset      = 11;
                    var -> green. offset    = 5;
                    var -> blue. offset     = 0;
                    var -> red. length      = 5;
                    var -> green. length    = 6;
                    var -> blue. length     = 5;
               } else {
                    /* 16 bpp,5551 format */
                    var -> red. offset      = 11;
                    var -> green. offset    = 6;
                    var -> blue. offset     = 1;
                    var -> red. length      = 5;
                    var -> green. length    = 5;
                    var -> blue. length     = 5;
               }
               break;
          case 32:
               /* 24 bpp 888 and 8 dummy */
               var -> red. length      = 8;
               var -> red. offset      = 16;
               var -> green. length    = 8;
               var -> green. offset    = 8;
               var -> blue. length     = 8;
               var -> blue. offset     = 0;
               break;
          }
          return 0;
     }
```

9. s3c2410fb_set_par( )函数

该函数的主要工作是重新设置驱动的私有数据信息，主要改变的属性包括 bpp 和行的长度（以字节为单位）。这些属性值其实是存放在 fb_fix_screeninfo 结构中的，且这些值在运行时基本是不会改变的，这些不可改变的值又可分为绝对不能改变和允许改变两种类型，前一种类型的例子就是帧缓冲区的起始地址，后一种类型的例子就是在 s3c2410fb_set_par 函数中提到的属性。假如应用程序需要修改硬件的显示状态时，这个函数就显得十分重要。

```
     static int s3c2410fb_set_par( struct fb_info  * info)
     {
```

```
struct fb_var_screeninfo * var = &info -> var;//可变的数据属性

/ * 根据 bpp 设置不变属性信息的颜色模式 * /
switch( var -> bits_per_pixel) {
case 32 :
case 16 :
case 12 :
    info -> fix. visual = FB_VISUAL_TRUECOLOR;//真彩色
    break ;
case 1 :
    info -> fix. visual = FB_VISUAL_MONO01;// 单色
    break ;
default :
    info -> fix. visual = FB_VISUAL_PSEUDOCOLOR;//伪彩色
    break ;
}
/ * 修改行长度信息(以字节为单位),计算方法是一行中的 (像素总数×表达每个像素的位数)
÷8 * /
info -> fix. line_length = ( var -> xres_virtual  *  var -> bits_per_pixel)/ 8 ;

/ * activate this new configuration * /
s3c2410fb_activate_var( info) ;//该函数实际是设置硬件寄存器
return 0 ;
}
```

10. s3c2410fb_blank( )函数

s3c2410fb_blank( )函数实现的功能非常简单，是用来设置 LCD 工作模式的，包括是否关闭 LCD、TPAL 寄存器、临时调色板。例如，当用户要使用一个颜色填满整个帧时，则使用临时调试板将其使能，然后在临时调色板里面写颜色就可以。

```
/ *
 *      s3c2410fb_blank
 *   @ blank_mode : the blank mode we want.
 *   @ info : frame buffer structure that represents a single frame buffer
 *
 *   Blank the screen if blank_mode ! = 0,else unblank.  Return 0 if
 *   blanking succeeded, ! = 0 if un - /blanking failed due to e. g.  a
 *   video mode which doesn't support it.  Implements VESA suspend
 *   and powerdown modes on hardware that supports disabling hsync/vsync :
 *
 *   Returns negative errno on error,or zero on success.
```

第 9 章

```
    *
    */
static int s3c2410fb_blank(int blank_mode,struct fb_info * info)
{
    struct s3c2410fb_info  * fbi = info -> par;
    void __iomem  * tpal_reg = fbi -> io;

    dprintk("blank(mode=%d,info=%p)\n",blank_mode,info);

    tpal_reg += is_s3c2412(fbi)? S3C2412_TPAL:S3C2410_TPAL;

    /* blank_mode 有五种模式, 是一个枚举类型, 定义在 include/linux/fb.h 中 */
    if(blank_mode == FB_BLANK_POWERDOWN){
        s3c2410fb_lcd_enable(fbi,0);            //如果是空白模式, 则关闭 LCD
    } else {
        s3c2410fb_lcd_enable(fbi,1);
    }

    if(blank_mode == FB_BLANK_UNBLANK)
        /* 临时调色板无效 */
        writel(0x0,tpal_reg);
    else {
        /* 临时调色板有效 */
        dprintk("setting TPAL to output 0x000000\n");
        writel(S3C2410_TPAL_EN,tpal_reg);
    }

    return 0;
}
```

11. s3c2410fb_setcolreg( ) 函数

s3c2410fb_setcolreg( )函数的功能是设置颜色寄存器, 它需要 6 个参数, 分别代表寄存器编号、红色、绿色、蓝色、透明和 fb_info 结构。

```
static int s3c2410fb_setcolreg(unsigned regno,
            unsigned red,unsigned green,unsigned blue,
            unsigned transp,struct fb_info * info)
{
    struct s3c2410fb_info  * fbi = info -> par;//得到私有数据信息
    void __iomem  * regs = fbi -> io;
    unsigned int val;
```

```
    /* dprintk("setcol:regno = %d,rgb = %d,%d,%d\n",
        regno,red,green,blue); */

    switch(info -> fix.visual){
    case FB_VISUAL_TRUECOLOR:              //真彩色,使用了调色板

        if(regno < 16){
            u32 * pal = info -> pseudo_palette;

            /* 根据颜色值生成需要的数据 */
            val = chan_to_field(red,&info -> var.red);
            val |= chan_to_field(green,&info -> var.green);
            val |= chan_to_field(blue,&info -> var.blue);

            pal[regno] = val;
        }
        break;

    case FB_VISUAL_PSEUDOCOLOR:            //伪彩色
        if(regno < 256){
            /* 当前假设为 RGB 5 - 6 - 5 模式 */

            val = (red >> 0) & 0xf800;
            val |= (green >> 5) & 0x07e0;
            val |= (blue >> 11) & 0x001f;

            writel(val,regs + S3C2410_TFTPAL(regno));//将此值直接写入寄存器
            schedule_palette_update(fbi,regno,val);
        }
        break;
    default:
        return 1;/* unknown type */
    }

    return 0;
}
```

12. s3c2410fb_irq( )函数 (中断服务函数)

该函数主要调用了 s3c2410fb_write_palette( )函数, s3c2410fb_write_palette( )函数的功能是将调色板中的数据显示到 LCD 上。

```
static irqreturn_t s3c2410fb_irq(int irq,void * dev_id)
{
    struct s3c2410fb_info * fbi = dev_id;
    void __iomem * irq_base = fbi -> irq_base;      /*LCD 中断挂起寄存器基地址 */

    /*读取 LCD 中断挂起寄存器值 */
    unsigned long lcdirq = readl(irq_base + S3C24XX_LCDINTPND);

    /*如果 FrameBuffer 发出了中断请求 */
    if(lcdirq & S3C2410_LCDINT_FRSYNC){
        if(fbi -> palette_ready)
            /*填充调色板 */
            s3c2410fb_write_palette(fbi);

        /*设置帧已插入中断请求 */
        writel(S3C2410_LCDINT_FRSYNC,irq_base + S3C24XX_LCDINTPND);
        writel(S3C2410_LCDINT_FRSYNC,irq_base + S3C24XX_LCDSRCPND);
    }

    return IRQ_HANDLED;
}
```

到目前为止，整个驱动的主要部分已经解释完了。

9.5　S3C2440 LCD 驱动移动移植

9.5.1　代码修改

（1）修改 linux - 2.6.32.2\arch\arm\plat - s3c24xx\devs.c 文件，在文件中添加平台设备 LCD 占用的资源。打开 devs.c 文件，查找是否有以下代码，如果没有就添加。

```
/* LCD Controller */
static struct resource s3c_lcd_resource[ ] = {
    [0] = {
        . start = S3C24XX_PA_LCD,        //寄存器地址
        . end  = S3C24XX_PA_LCD + S3C24XX_SZ_LCD - 1,
        . flags = IORESOURCE_MEM,
    },
    [1] = {
        . start = IRQ_LCD,
        . end  = IRQ_LCD,
        . flags = IORESOURCE_IRQ,
    }
};
```

（2）修改 linux – 2. 6. 32. 2\arch\arm\plat – s3c24xx\devs. c 文件，在文件中添加平台设备 s3c_devce_lcd，代码如下所示，如果已经有如下代码则不用添加。

```
static u64 s3c_device_lcd_dmamask = 0xffffffffUL;
struct platform_device s3c_device_lcd = {
    . name            = "s3c2410 – lcd",
    . id              = – 1,
    . num_resources   = ARRAY_SIZE( s3c_lcd_resource) ,
    . resource        = s3c_lcd_resource,
    . dev        = {
                . dma_mask         = &s3c_device_lcd_dmamask,
                . coherent_dma_mask   = 0xffffffffUL
        }
};
```

（3）修改 arch\arm\mach – s3c2440\mach – smdk2440. c 文件，在文件中配置 s3c2440_de-vices 平台设备数据，注册 s3c2440_devices 平台设备。

```
static struct platform_device * s3c2440_devices[ ] __initdata = {
&s3c_device_usb,
&s3c_device_wdt,
&s3c_device_lcd,          //添加 s3c2440_device_lcd 平台设备到平台设备列表数组中
&s3c_device_i2c0,
&s3c_device_rtc,
&s3c_device_usbgadget,
&s3c2440_device_eth,
&s3c_device_nand,
&s3c_device_sdi,
&s3c_device_iis,
};
```

（4）修改 arch\arm\mach – s3c2440\mach – smdk2440. c 文件，在文件中配置 s3c2440_de-vices_lcd 平台设备数据。

```
static struct s3c2410fb_display s3c2440_lcd_cfg __initdata = {
#if! defined( LCD_CON5)
    //编写 s3c2440_devices_lcd 平台设备的初始化数据，即 LCD 控制寄存器的配置
    . lcdcon5    = S3C2410_LCDCON5_FRM565 |
        S3C2410_LCDCON5_INVVLINE |
        S3C2410_LCDCON5_INVVFRAME |
```

第 9 章

```
                    S3C2410_LCDCON5_PWREN |
                    S3C2410_LCDCON5_HWSWP,
#else
        . lcdcon5          = LCD_CON5 ,
#endif
        . type             = S3C2410_LCDCON1_TFT ,

        . width            = LCD_WIDTH ,
        . height           = LCD_HEIGHT ,

        . pixclock         = LCD_PIXCLOCK ,
        . xres             = LCD_WIDTH ,
        . yres             = LCD_HEIGHT ,
        . bpp              = 16 ,
        . left_margin      = LCD_LEFT_MARGIN + 1 ,
        . right_margin     = LCD_RIGHT_MARGIN + 1 ,
        . hsync_len        = LCD_HSYNC_LEN + 1 ,
        . upper_margin     = LCD_UPPER_MARGIN + 1 ,
        . lower_margin     = LCD_LOWER_MARGIN + 1 ,
        . vsync_len        = LCD_VSYNC_LEN + 1 ,
    } ;
```

（5）修改 mach – smdk2440. c 文件，在文件中添加 x35 屏支持，添加如下代码。

```
#elif defined( CONFIG_FB_S3C2410_X240320 )
#define LCD_WIDTH 240
#define LCD_HEIGHT 320
#define LCD_PIXCLOCK 100000

#define LCD_RIGHT_MARGIN 25
#define LCD_LEFT_MARGIN 2
#define LCD_HSYNC_LEN 4

#define LCD_UPPER_MARGIN 0
#define LCD_LOWER_MARGIN 10
#define LCD_VSYNC_LEN 4
#define LCD_CON5( S3 C2410_LCDCON5_FRM565 | \
                  S3C2410_LCDCON5_INVVFRAME | \
                  S3C2410_LCDCON5_INVVLINE | \
                  S3C2410_LCDCON5_INVVFRAME | \
                  S3C2410_LCDCON5_INVVDEN | \
                  S3C2410_LCDCON5_PWREN | \
                  S3C2410_LCDCON5_BSWP)
```

（6）修改 arch\arm\mach – s3c2440\mach – smdk2440. c 文件，在文件中配置 s3c2440_de-vices 平台设备数据。

```
static void __init s3c2440_machine_init(void)
{
#if defined(LCD_WIDTH)
    s3c24xx_fb_set_platdata(&s3c2440_fb_info);
#endif
    s3c_i2c0_set_platdata(NULL);

    s3c2410_gpio_cfgpin(S3C2410_GPC(0),S3C2410_GPC0_LEND);

    s3c_device_nand. dev. platform_data = &s3c_arm_nand_info;
    s3c_device_sdi. dev. platform_data = &s3c2440_mmc_cfg;
    //注册 s3c2440_devices 平台驱动设备
    platform_add_devices(s3c2440_devices,ARRAY_SIZE(s3c2440_devices));
    s3c_pm_init();
}

//以下用这个结构注册 LCD 平台设备的初始化数据
static struct s3c2410fb_mach_info s3c2440_fb_info __initdata = {
    . displays      = &s3c2440_lcd_cfg,
    . num_displays  = 1,
    . default_display = 0,
    . gpccon        =       0xaa955699,
    . gpccon_mask   =       0xffc003cc,
    . gpcup         =       0x0000ffff,
    . gpcup_mask    =       0xffffffff,
    . gpdcon        =       0xaa95aaa1,
    . gpdcon_mask   =       0xffc0fff0,
    . gpdup         =       0x0000faff,
    . gpdup_mask    =       0xffffffff,
    . lpcsel        =       0xf82,
};
```

9.5.2　修改 Kconfig——添加新屏支持到内核菜单

修改 linux – 2. 6. 32. 2/drivers/video/Kconfig 文件，如图9.4 所示。

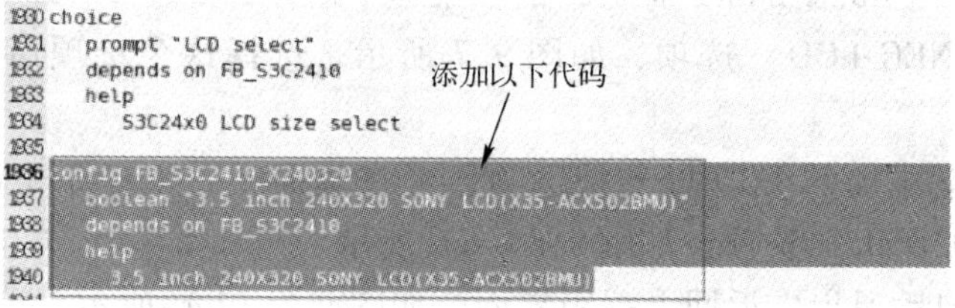

图 9.4　Kconfig 文件的修改

9.5.3 修改内核配置

（1）配置内核。进入 Linux 源码目录打开终端输入命令 make menuconfig，在弹出的图形界面中进入 Devices Drivers，找到 Graphics support 选项，如图9.5 所示。

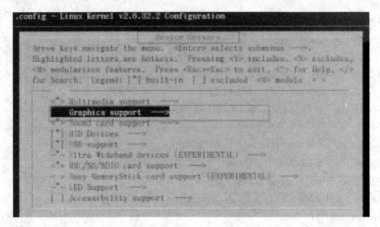

图9.5 找到 Graphics support 选项

（2）在 Graphics support 选项中，选择 Support for frame buffer devices，如图9.6 所示。再按回车键进入其子项菜单。

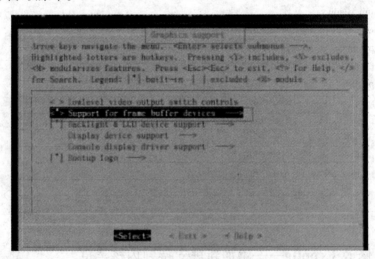

图9.6 选择 Support for frame buffer devices

（3）在 Support for frame buffer devices 的子菜单中选择 S3C2410 LCD 后，出现 LCD select（3.5 inch 320X240 NEC LCD）选项，如图9.7 所示。选择这个选项后按回车键进入其子菜单。

（4）可以看到新添加的 LCD 屏支持选项已经在里面了。选择 3.5 inch 240X320 SONY LCD（X35－ACX502BMU）选项，如图9.8（a）所示。

（5）选择后会自动退出，返回上一级界面，如图9.8（b）所示。退出内核菜单的配置界面，保存修改后的配置结果，如图9.9 所示。

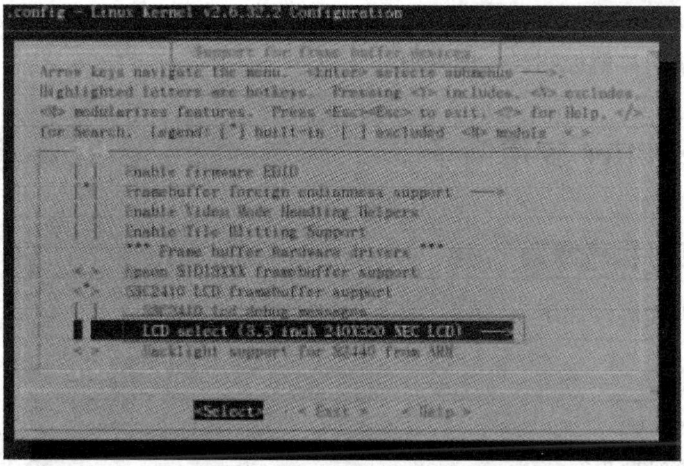

图 9.7　选中 S3C2410 LCD 后的效果

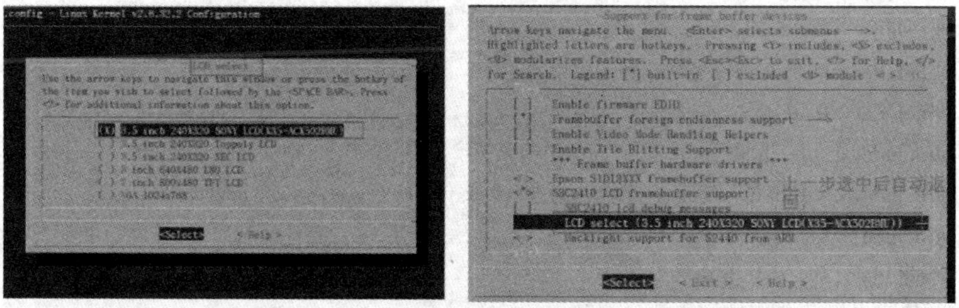

（a）　　　　　　　　　　　　　　　（b）

图 9.8　新添加的 LCD 屏支持选项

图 9.9　保存修改后的配置

（6）保存后进入 Linux 内核源码，打开终端，进行如下操作。

```
[root@ localhost linux – 2.6.32.2]# make
[root@ localhost linux – 2.6.32.2]# make uImage
```

（7）将生成的 uImage 文件用 TFTP 下载到内存中启动，就可以看到 Linux 开机 logo 了。如果可以看到企鹅图片就说明已经配置成功了。

9.6 FrameBuffer 应用例子

9.6.1 应用程序源码

应用程序源码代码段如下。

```c
/ * fb_main. c * /
#include <unistd. h >
#include <stdio. h >
#include <fcntl. h >
#include <linux/fb. h >
#include <sys/mman. h >
#include <sys/stat. h >
#include <fcntl. h >
#include <stdio. h >
#include <stdlib. h >//exit( )函数在这个头文件中
#include <sys/time. h >
#include <sys/wait. h >
#include <sys/ipc. h >

int main(void) {
    int fp = 0;
    struct fb_var_screeninfo vinfo;
    struct fb_fix_screeninfo finfo;
    long screensize = 0;
    char * fbp = 0;
    int x = 0, y = 0;
    long location = 0;
    fp = open("/dev/fb0", O_RDWR);
    if(fp < 0) {
        printf("Error:Can not open framebuffer device\n");
        exit(1);
    }
    puts("hello,world. \n");
    printf("open framebuffer device\n");
    if(ioctl(fp, FBIOGET_FSCREENINFO, &finfo)) {
        printf("Error reading fixed information\n");
        exit(2);
    }
```

```
if( ioctl( fp,FBIOGET_VSCREENINFO,&vinfo) ) {
    printf("Error reading variable information\n");
    exit(3);
}

screensize = vinfo. xres * vinfo. yres * vinfo. bits_per_pixel / 8;        //单帧画面空间

/* 这就是把 fp 所指的文件中从开始到 screensize 大小的内容映射出来,得到一个指向这块
   空间的指针 */
fbp = ( char * ) mmap( 0,screensize,PROT_READ | PROT_WRITE,MAP_SHARED,fp,0);
if( ( int) fbp == -1)
{
    printf("Error:failed to map framebuffer device to memory. \n");
    exit(4);
}


/* 这是需要的点的位置坐标,(0,0) 点在屏幕左上角 */
for( x = 100;x < 150;x ++ )
{
    for( y = 100;y < 150;y ++ )
    {
        location = x * ( vinfo. bits_per_pixel/8) + y * finfo. line_length;

        *( fbp + location) = 0x00;
        *( fbp + location + 1) = 0xF8;/* 显示纯红色 */

        /* 注:该赋值是针对 16 位位深来设置的 */
        /* 从高位到低位依次为红、绿、蓝,RGB:565 */
    }
}
munmap( fbp,screensize);/* 解除映射 */
close( fp);/* 关闭文件 */
return 0;
}
```

9.6.2　操作步骤

1. 编译 FrameBuffer 测试程序

进入到 LCD 测试程序源码所在目录,输入 arm – linux – gcc – g – o lcd – app fb_main. c
(说明: – g 是为了可以使用 GDB 调试程序, – g 选项编译得到的可执行文件带调试信息)。
这样,可以在当前目录中生成一个可执行文件 lcd_app。既可以把这个程序复制到 NFS 网络

文件系统的 home 目录中，也可以直接在当前目录直接输入 cp lcd_app/opt/s3c2440/root_nfs/home/命令进行复制。

2. 运行测试程序

启动开发板，挂接上 NFS 文件系统后，在串口终端中输入命令 cd /home 进入到 NFS 文件系统的 home 目录中，输入命令运行 LCD 测试程序。在串口终端中输入命令 cd /home 进入到 NFS 文件系统的 home 目录中，输入命令 ./lcd_app 后按回车键可以看到开发板上的 LCD 屏上有一个红色的矩形。

输入子系统和触摸屏

10.1　认识输入子系统

▶ 10.1.1　为什么需要输入子系统

针对输入设备的多种多样及输入事件的多样性,内核通过输入子系统来实现输入设备的驱动、输入事件的提交及对输入事件的读取。

▶ 10.1.2　相关 API

1. 相关头文件

```
#include < linux/input. h >
```

2. 相关数据结构与注册注销等函数

输入设备结构体如下。

```
struct input_dev  * idev;
```

该结构体用于注册输入设备,提交输入事件等。
输入事件结构体如下。

```
struct input_event {
    struct timeval time;
    __u16 type;
    __u16 code;
    __s32 value;
};
```

一个输入事件使用该类型的结构体变量表示。
主要成员包括如下几项。

（1）type：决定事件的类型，如下所示。

```
#define EV_SYN          0x00
#define EV_KEY          0x01
#define EV_REL          0x02
#define EV_ABS          0x03
#define EV_MSC          0x04
#define EV_SW           0x05
#define EV_LED          0x11
#define EV_SND          0x12
#define EV_REP          0x14
#define EV_FF           0x15
#define EV_PWR          0x16
#define EV_FF_STATUS    0x17
#define EV_MAX          0x1f
#define EV_CNT          (EV_MAX + 1)
```

（2）code：决定对应事件类型的编码，如果为按键事件则为对应按键编码，如下所示。

```
#define KEY_RESERVED    0
#define KEY_ESC         1
#define KEY_1           2
#define KEY_2           3
#define KEY_3           4
#define KEY_4           5
#define KEY_5           6
#define KEY_6           7
#define KEY_7           8
#define KEY_8           9
#define KEY_9           10
#define KEY_0           11
#define KEY_MINUS       12
#define KEY_EQUAL       13
#define KEY_BACKSPACE   14
```

（3）value 对应事件类型的值，如果为按键事件，则是 up、down（使用 0、1 表示）两个值或者对应绝对值事件的具体的数值。

相关函数如下所示。

① 申请设备结构体空间函数。

```
idev = input_allocate_device();
if( !idev )
    return - ENOMEM;
```

② 释放设备结构体空间函数。

```
input_free_device(idev);
```

③ 注册输入设备函数。

```
input_register_device(idev);
```

④ 注销输入设备函数。

```
input_unregister_device(idev);
```

3. 工作方式

输入事件发生→触发中断（按键、TS、KEY 等）→提交事件（在中断处理代码里执行）
例如：

```
input_event(idev,EV_KEY,KEY_1,!gpio_get_value(S3C2410_GPG(0)));
input_sync(idev);
```

4. 中断注册与注销

```
ret = request_irq(IRQ_EINT(8),key_handler,
            IRQF_TRIGGER_RISING |
            IRQF_TRIGGER_FALLING,"key",idev);
free_irq(IRQ_EINT(8),idev);
```

5. 输入设备驱动实现过程

（1）为 input_dev 结构体申请内存空间，例如：

```
input_allocate_device()
```

（2）初始化结构体，例如：

```
_set_bit(EV_KEY,idev -> evbit);
_set_bit(KEY_1,idev -> keybit);
```

evbit、keybit 是 input_dev 结构体的两个成员，分别用来设置该设备支持提交的事件类型及按键的值，当需要提交输入事件时，就对应的事件类型的位置位。位使用对应的宏表示（在 linux/input.h 头文件内定义）。

（3）注册输入设备，如 ret = input_register_device(idev)。

（4）注册中断，实现中断处理函数，输入事件一般对应中断，在中断处理函数里提交输入事件，例如：

```
input_event(idev,EV_KEY,KEY_1,
                !gpio_get_value(S3C2410_GPG(0)));
input_sync(idev);
```

注意：input_event 用于给上层上报一个按键动作，提交输入事件后必须提交同步事件才能提交输入事件。

▶ 10.1.3 一个简单的按键驱动的例子

下面讲解一个简单的按键驱动的例子（针对 xyd2440 开发板的 key1）。

```
#include <linux/module.h>
#include <linux/gpio.h>
#include <linux/interrupt.h>
#include <linux/input.h>

static irqreturn_t key_handler(int irq,void * data)
{
    struct input_dev * idev = data;

    input_event(idev,EV_KEY,KEY_1,
                ! gpio_get_value(S3C2410_GPG(0)));
    input_sync(idev);

    return IRQ_HANDLED;
}

static struct input_dev * idev;

static int __init key_init(void)
{
    int ret;

    idev = input_allocate_device();
    if(!idev)
        return - ENOMEM;

    idev -> name = "key";
```

```
        __set_bit(EV_KEY,idev->evbit);
        __set_bit(KEY_1,idev->keybit);

    ret = input_register_device(idev);
    if(ret)
        goto ret_input_allocate;

    ret = request_irq(IRQ_EINT(8),key_handler,
                IRQF_TRIGGER_RISING |
                IRQF_TRIGGER_FALLING,"key",idev);
    if(ret)
        goto ret_input_reg;
    return 0;

ret_input_reg:
    input_unregister_device(idev);
ret_input_allocate:
    input_free_device(idev);
    return ret;
}

static void __exit key_exit(void)
{
    free_irq(IRQ_EINT(8),idev);
    input_unregister_device(idev);
    input_free_device(idev);
}

module_init(key_init);
module_exit(key_exit);

MODULE_LICENSE("GPL");
MODULE_AUTHOR("MC");
```

这个示例代码比较简单，首先在初始化函数里注册了一个中断处理例程，然后注册了一个 input device。在中断处理程序里，将接收到的按键上报给输入子系统。

10.2 触摸屏驱动分析

▶ 10.2.1 Linux 内核定时器

由于触摸屏驱动要用到定时器（在屏幕被按下时连续提交坐标值绝对值事件），因此本书首先分析定时器的实现。相关数据结构如下。

（1）定时器结构体变量用于设置定时器相关 API 函数。

```
struct timer_list timer;
```

（2）设置定时器函数。

```
setup_timer(&timer,timer_main,10);
```

其中，time_main 是事件到期时执行的函数，第三个参数是传递给函数的参数。

（3）设定事件。

```
mod_timer(&timer,jiffies + 100);
```

其中，Jiffies + 100 表示 100 个时钟滴答之后到期。

（4）删除定时器。

```
del_timer(&timer);
```

一个简单的定时器实现代码如下所示。

```
#include  <linux/module.h>
#include  <linux/timer.h>

struct timer_list timer;

void timer_main(unsigned long data)
{
    printk("hello %ld\n",data);
    mod_timer(&timer,jiffies + 100);
}

static int __init xyd_init(void)
{
    setup_timer(&timer,timer_main,10);
    mod_timer(&timer,jiffies + 100);
    return 0;
}

static void __exit xyd_exit(void)
{
    del_timer_sync(&timer);
```

```
        |

        module_init(xyd_init);
        module_exit(xyd_exit);
        MODULE_LICENSE("GPL");
```

该定时器在 HZ 是 200（在编译内核的 . CONFIG 文件中查找 CONFIG_HZ 的值）的系统上每隔 0.5 秒打印一次。

10.2.2　触摸屏驱动代码分析

S3C2440 开发板的一个触摸屏驱动的实现代码如下所示（本驱动通过头文件获取 MEM 及 IRQ 资源，也可以用 platform 总线设备获取）。

```
#include <linux/module.h>
#include <linux/input.h>
#include <linux/interrupt.h>
#include <linux/clk.h>
#include <linux/gpio.h>
#include <linux/io.h>

#include <plat/regs-adc.h>


#define WAIT4INT(x)(((x)<<8) | \
                S3C2410_ADCTSC_YM_SEN | S3C2410_ADCTSC_YP_SEN | S3C2410_ADCTSC_XP_SEN | \
                S3C2410_ADCTSC_XY_PST(3))

#define AUTOPST          (S3C2410_ADCTSC_YM_SEN | S3C2410_ADCTSC_YP_SEN | S3C2410_
ADCTSC_XP_SEN | \
                S3C2410_ADCTSC_AUTO_PST | S3C2410_ADCTSC_XY_PST(0))


staticstruct input_dev * dev;
static struct clk * adc_clock;
static void __iomem * base_addr;
static struct timer_list touch_timer;
static unsigned int xp;
static unsigned int yp;
static unsigned int count;
```

```
static void timer_main(unsigned long data)
{
    unsigned int tmp;
    if( !data)
    {
        xp >>= 2;
        yp >>= 2;

        xp ^= yp;
        yp ^= xp;
        xp ^= yp;

        input_event(dev,EV_ABS,ABS_X,xp);
        input_event(dev,EV_ABS,ABS_Y,yp);
        input_event(dev,EV_KEY,BTN_TOUCH,1);
        input_event(dev,EV_ABS,ABS_PRESSURE,1);

        input_sync(dev);
        xp = yp = count = 0;
    }


    iowrite32 ( S3C2410 _ ADCTSC _ PULL _ UP _ DISABLE | AUTOPST, base _ addr + S3C2410 _
ADCTSC);
    tmp = ioread32( base_addr + S3C2410_ADCCON);
    iowrite32( tmp | S3C2410_ADCCON_ENABLE_START,base_addr + S3C2410_ADCCON);

    mod_timer( &touch_timer,jiffies +4);
}


static irqreturn_t touch_handler( int irq,void * dev_id)
{
    bool updown;

    updown =! ( ioread32( base_addr + S3C2410_ADCDAT0) & S3C2410_ADCDAT0_UPDOWN);
    if( updown)
    {
        timer_main(1);
    }
    else
    {
        del_timer_sync( &touch_timer);
```

```
        input_event( dev, EV_KEY, BTN_TOUCH, 0) ;
        input_event( dev, EV_ABS, ABS_PRESSURE, 0) ;
        input_sync( dev) ;

        iowrite32( WAIT4INT( 0) , base_addr + S3C2410_ADCTSC) ;
    }

    return IRQ_HANDLED;
}

static irqreturn_t adc_handler( int irq, void * dev_id)
{
    unsigned int tmp;

    xp += ioread32( base_addr + S3C2410_ADCDAT0) & S3C2410_ADCDAT0_XPDATA_MASK;
    yp += ioread32( base_addr + S3C2410_ADCDAT1) & S3C2410_ADCDAT1_YPDATA_MASK;
    count ++ ;

    if( count < 4)
    {
        iowrite32( S3C2410_ADCTSC_PULL_UP_DISABLE | AUTOPST, base_addr + S3C2410_
ADCTSC) ;
        tmp = ioread32( base_addr + S3C2410_ADCCON) ;
        iowrite32( tmp | S3C2410_ADCCON_ENABLE_START, base_addr + S3C2410_ADCCON) ;
    }
    else
    {
        iowrite32( WAIT4INT( 1) , base_addr + S3C2410_ADCTSC) ;
    }

    return IRQ_HANDLED;
}

static void input_init_device( struct input_dev * idev)
{
    idev -> name = "touch screen";
    __set_bit( EV_KEY, idev -> evbit) ;
    __set_bit( BTN_TOUCH, idev -> keybit) ;

    __set_bit( EV_ABS, idev -> evbit) ;
    input_set_abs_params( idev, ABS_X, 0, 0x3ff, 0, 0) ;
```

```
        input_set_abs_params(idev,ABS_Y,0,0x3ff,0,0);
        input_set_abs_params(idev,ABS_PRESSURE,0,1,0,0);
}


static int __init ts_init(void)
{
    int ret;

    adc_clock = clk_get(NULL,"adc");
    if(IS_ERR(adc_clock))
    {
        printk(KERN_ERR "failed to get adc clock source\n");
        return - ENOENT;
    }


    clk_enable(adc_clock);
    setup_timer(&touch_timer,timer_main,0);

    base_addr = ioremap(S3C2410_PA_ADC,0x20);
    if(base_addr == NULL)
    {
        printk(KERN_ERR "Failed to remap register block\n");
        ret = - ENOMEM;
        goto ret_ioremap;
    }


    /* 配置寄存器功能，设置为等待 down IRQ 功能 */
    iowrite32(S3C2410_ADCCON_PRSCEN | S3C2410_ADCCON_PRSCVL(0xFF),\
            base_addr + S3C2410_ADCCON);
    iowrite32(0xffff,base_addr + S3C2410_ADCDLY);
    iowrite32(WAIT4INT(0),base_addr + S3C2410_ADCTSC);

    /* 为输入设备数据结构分配内存空间并初始化 */
    dev = input_allocate_device();
    if(! dev)
    {
        printk(KERN_ERR "Unable to allocate the input device!! \n");
        ret = - ENOMEM;
        goto ret_input_alloc;
    }


    input_init_device(dev);
```

```
    /* 注册中断:ADC & TS */
    if(request_irq(IRQ_ADC,adc_handler,IRQF_SHARED | IRQF_SAMPLE_RANDOM,
        "s3c2410_action",dev))
    {
        printk(KERN_ERR "s3c2410_ts.c:Could not allocate ts IRQ_ADC! \n");
        ret = -EIO;
        goto ret_IRQ_ADC;
    }
    if(request_irq(IRQ_TC,touch_handler,IRQF_SAMPLE_RANDOM,
            "s3c2410_action",dev))
    {
        printk(KERN_ERR "s3c2410_ts.c:Could not allocate ts IRQ_TC! \n");
        ret = -EIO;
        goto ret_IRQ_TC;
    }


    /* 注册输入设备 */
    ret = input_register_device(dev);
    if(ret)
    {
        printk(KERN_ERR "input dev register failed!!! \n");
        ret = -EAGAIN;
        goto ret_input_register;
    }


    return 0;

ret_input_register:
    free_irq(IRQ_TC,dev);
ret_IRQ_TC:
    free_irq(IRQ_ADC,dev);
ret_IRQ_ADC:
    input_free_device(dev);
ret_input_alloc:
    iounmap(base_addr);
ret_ioremap:
    clk_disable(adc_clock);
    clk_put(adc_clock);

    return ret;
}
```

第10章

```
static void __exit ts_exit( void)
{
    input_unregister_device( dev) ;
    free_irq( IRQ_TC, dev) ;
    free_irq( IRQ_ADC, dev) ;
    input_free_device( dev) ;
    iounmap( base_addr) ;
    del_timer_sync( &touch_timer) ;
    clk_disable( adc_clock) ;
    clk_put( adc_clock) ;
}


module_init( ts_init) ;
module_exit( ts_exit) ;


MODULE_LICENSE( "GPL") ;
MODULE_AUTHOR( "lzc") ;
```

对应测试应用程序代码如下所示（实现访问输入设备节点，获取输入事件）。

```
#include < stdio. h >
#include < fcntl. h >
#include < unistd. h >
#include < linux/input. h >

int main( int argc, char  * argv[ ])
{
    int fd, ret;
    struct input_event ev;

    fd = open( argv[ 1], O_RDONLY) ;
    if( - 1 == fd)
    {
        perror( argv[ 1]) ;
        return  - 1;
    }

    while( 1)
    {
        ret = read( fd, &ev, sizeof( struct input_event) ) ;
        if( ret! = sizeof( struct input_event) )
```

```
            continue;

        if( ev. type == EV_KEY)
        {
            if( ev. code == BTN_TOUCH)
            {
                if( ev. value)
                    printf( "Touch Down. \n" );
                else
                    printf( "Touch Up. \n" );
            }

        }
        else if( ev. type == EV_ABS)
        {

            if( ev. code == ABS_X)
                printf( "x = % d," ,ev. value);
            else if( ev. code == ABS_Y)
                printf( "y = % d\n" ,ev. value);
            else if( ev. code == ABS_PRESSURE)
                printf( "Pressure = % d. \n" ,ev. value);
            else
                printf( "Unkown event\n" );


        }
    }
    close( fd);
    return 0;
}
```

10.3 触摸屏的校准

10.3.1 触摸屏的校准介绍

在实际应用中，需要把从触摸屏采集到的坐标与 LCD 的显示坐标经过一定的算法进行对应，一般把这个对应过程称为触摸屏的校准。现在比较常用的算法包括线性校准算法和三点校准算法。线性校准算法假定触摸屏在横向和纵向的触屏坐标都具有线性特点，然而实际生产的触摸屏很难完全线性，所以其校准后的坐标不是很精确，尤其当触摸屏坐标的非线性度非常大时差异更加明显。三点算法则具有更好的校准效果。这里不对这两种算法作具体说明，网上可搜索到相关的算法介绍。

10.3.2　tslib 库的编译使用

在 Linux 系统中，为了方便进行触摸屏的校准和应用，GNU 开发者编写了一个触摸屏库，它提供了滤波、消抖等功能，为不同的触摸屏提供了一个统一的接口，它就是 tslib 库。下面对 tslib 1.4 的移植和使用进行详细说明（Linux 内核为 2.6.32.2）。

编译如下代码。

```
tar xzf tslib - 1.4. tar. gz
cd tslib
. /autogen. sh
mkdir tmp                    #创建库文件的生成目录
echo "ac_cv_func_malloc_0_nonnull = yes" > arm - linux. cache
. /configure  -- host = arm - linux  -- cache - file = arm - linux. cache  -- prefix = $( pwd)/tmp
make
make install
cd tmp
cp * - rf /opt/s3c2440/root_nfs/  //将生成的库文件复制到开发板的根文件系统目录
```

（1）修改 /etc/ts. conf 第 1 行代码（去掉#号和第一个空格）：

```
# module_raw input
```

改为如下代码：

```
module_raw input
```

（2）在开发板根文件系统主目录/etc/profile 文件中添加如下代码：

```
# Ash profile
# vim: syntax = sh
#指定触摸屏设备节点为/dev/event0( 根据不同的触屏驱动可能有所不同)
export set TSLIB_TSDEVICE = /dev/event0
#指定校准文件存放位置,存放校准后的参数
export set TSLIB_CALIBFILE = /etc/pointercal
#tslib 的配置文件路径
export set TSLIB_CONFFILE = /etc/ts. conf
#指定 tslib 库文件路径
export set TSLIB_PLUGINDIR = /lib/ts
#指定控制台设备为 none
export set TSLIB_CONSOLEDEVICE = none
#指定帧缓冲设备为/dev/fb0
export set TSLIB_FBDEVICE = /dev/fb0
```

```
USER = "'id - un'"
LOGNAME = $USER
PS1 ='[ \u@ \h \W]#'
PATH = $PATH
HOSTNAME ='/bin/hostname'
export USER LOGNAME PS1 PATH
```

（3）tslib 库提供了一些范例程序，源码存放在 tslib 源码目录下的 test 目录中，在编译 tslib 时，范例程序也已被编译，在开发板端执行如下代码：

```
./ts_calibrate
./ts_test
```

即可进行校准和测试。

10.3.3　将 tslib 校准引用到自己的项目中

在实际编程时，tslib 一般和一些 GUI 系统配合使用，为 GUI 程序提供触屏校准接口。然而许多初学者对于使用 GUI 系统进行编程并不熟悉，有时一些简单的程序用不到高深的 GUI 系统。许多初学者接触到 tslib 库后，移植了 tslib 库，当用到触摸屏时，却不知道如何利用。本节为读者提供一个范例来讲解利用 tslib 编写自己的触摸屏程序。

```
#include < stdio. h >
#include" tslib. h"
#include < string. h >
#include < stdlib. h >

int main( void)
{
    struct tsdev * ts;//声明一个 tsdev 结构体指针
    char * tsdevice = "/dev/input/event0";

    ts = ts_open( tsdevice,0);//打开触摸屏设备
    if( !ts) {
        perror( tsdevice);
        return(1);
    }
    if( ts_config( ts)) {//配置 tsdev 结构体信息
        perror( "ts_config");
        exit(1);
    }
    while(1) {
```

```
            struct ts_sample samp;//声明存放校准后的触摸屏坐标信息的结构体
            int ret;

            ret = ts_read(ts,&samp,1);//读取校准后的触摸坐标等信息
        if(ret! = 1)
            continue;
        printf("%6d %6d %6d\n",samp. x,samp. y,samp. pressure);//打印结果
    }
            return 0;
    }
```

其中，用到的结构体原型如下所示。

```
    struct tsdev{
        int fd;//触摸屏设备文件描述符
        struct tslib_module_info  * list;//插件指针
        struct tslib_module_info  * list_raw;
    };
    struct ts_sample{
        int x;//x 坐标
        int y;//y 坐标
        unsigned int pressure;//按下抬起状态
        struct timeval tv;//发生时间
    }
```

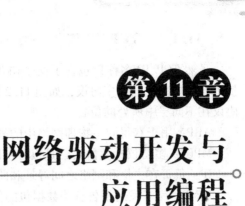

第11章

网络驱动开发与应用编程

11.1 TCP/IP 概述

OSI 协议参考模型是基于国际标准化组织（ISO）的建议发展起来的，从上到下共分为七层，包括应用层、表示层、会话层、传输层、网络层、数据链路层及物理层。这个七层的协议模型虽然规定得非常细致和完善，但在实际中却应用得不广泛，其重要的原因之一就在于它过于复杂。但它仍是此后很多协议模型的基础，这种分层架构的思想在很多领域都得到了广泛的应用。

与此相区别的 TCP/IP 协议模型从一开始就遵循简单明确的设计思路，它将 TCP/IP 的七层协议模型简化为四层，从而更有利于实现和使用。OSI 协议参考模型和 TCP/IP 协议参考模型的对应关系如图 11.1 所示。下面分别对 TCP/IP 的四层模型进行简要介绍。

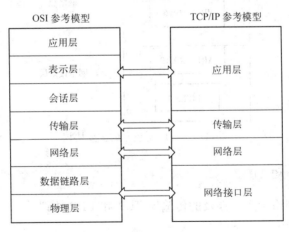

图 11.1 OSI 模型和 TCP/IP 参考模型对应关系

网络接口层：负责将二进制流转换为数据帧，并进行数据帧的发送和接收。需要注意的是，数据帧是独立的网络信息传输单元。

网络层：负责将数据帧封装成 IP 数据报，并进行必要的路由算法。

传输层：负责端对端之间的通信会话连接与建立。传输协议的选择根据数据传输方式而定。

应用层：负责应用程序的网络访问，这里通过端口号来识别各个不同的进程。

11.1.1　TCP/IP 族

虽然 TCP/IP 名称只包含了两个协议，但实际上，TCP/IP 是一个庞大的协议族，它包括了各个层次上的众多协议，如图 11.2 所示列举了各层中一些重要的协议，并给出了各个协议在不同层中所处的位置。

ARP：用于获得同一物理网络中的硬件主机地址。

MPLS：多协议标签协议，是很有发展前景的下一代网络协议。

IP：负责在主机和网络之间寻址和路由数据包。

ICMP：用于发送报告有关数据包的传送错误的协议。

IGMP：被 IP 主机用来向本地多路广播路由器报告主机组成员的协议。

TCP：为应用程序提供可靠的通信连接。适合于一次传输大批数据的情况，并适用于要求得到响应的应用程序。

UDP：提供了无连接通信，且不对传送包进行可靠性保证。适合于一次传输少量数据，可靠性则由应用层来负责。

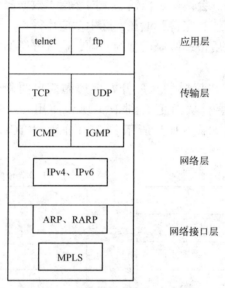

图 11.2　各层所包含的主要协议

11.1.2　TCP 和 UDP

在此主要介绍在网络编程中涉及的传输层 TCP 和 UDP 协议。

1. TCP

同其他任何协议栈一样，TCP 向相邻的高层提供服务。因为 TCP 的上一层就是应用层，所以 TCP 数据传输实现了从一个应用程序到另一个应用程序的数据传递。应用程序通过编程调用 TCP 并使用 TCP 服务，提供需要准备发送的数据，用来区分接收数据应用的目的地址和端口号。

通常，应用程序通过打开一个 socket 来使用 TCP 服务，TCP 管理其他 socket 的数据传递。可以说，通过 IP 的源/目的可以唯一地区分网络中两个设备的关联，通过 socket 的源/

目的可以唯一地区分网络中两个应用程序的关联。

2. UDP

UDP 即用户数据报协议，它是一种无连接协议，因此不需要像 TCP 那样通过三次握手来建立一个连接。同时，一个 UDP 应用可同时作为应用的客户方或服务器方。由于 UDP 协议并不需要建立一个明确的连接，所以建立 UDP 应用要比建立 TCP 应用简单得多。

UDP 协议从问世至今已经被使用了很多年，虽然其最初的光彩已经被一些类似的协议所掩盖，但是在网络质量越来越高的今天，UDP 的应用得到了大大的增强。它比 TCP 协议更为高效，也能更好地解决实时性的问题。如今，包括网络视频会议系统在内的众多的客户/服务器模式的网络应用都使用 UDP 协议。

3. 协议的选择

协议的选择应该考虑到以下三个方面。

（1）对数据可靠性的要求。

对数据要求可靠性高的应用需选择 TCP 协议，如验证、密码字段的传送都是不允许出错的，而对数据的可靠性要求不高的应用可选择 UDP 传送。

（2）应用的实时性。

由于 TCP 协议在传送过程中要通过三次握手、重传确认等手段来保证数据传输的可靠性，所以使用 TCP 协议会有较大的延时。因此，TCP 协议不适合对实时性要求较高的应用，如 VOIP、视频监控等。相反，UDP 协议则在这些应用中能够发挥很好的作用。

（3）网络的可靠性。

由于 TCP 协议的提出主要是解决网络的可靠性问题，它通过各种机制来减少错误发生的概率。因此，在网络状况不是很好的情况下需选用 TCP 协议（如在广域网等情况），但是若在网络状况很好的情况下（如局域网等）就不需要再采用 TCP 协议，而应选择 UDP 协议来减少网络负荷。

11.2 TCP/IP 网络基础编程

11.2.1 socket 概述

1. socket 定义

在 Linux 中的网络编程是通过 socket 接口来进行的。人们常说的 socket 接口是一种特殊的 I/O，它也是一种文件描述符。每一个 socket 都用一个半相关描述（协议、本地地址、本地端口）来表示；一个完整的套接字则用一个相关描述（协议、本地地址、本地端口、远程地址、远程端口）来表示。socket 也由一个类似于打开文件的函数调用，该函数返回一个整型的 socket 描述符，随后的连接建立、数据传输等操作都是通过 socket 来实现的。

2. socket 类型

常见的 socket 包括以下三种类型。

（1）流式 socket（SOCK5STREAM）。

流式套接字提供可靠的、面向连接的通信流。它使用 TCP 协议，从而保证了数据传输的正确性和顺序性。

（2）数据报 socket（SOCK_DGRAM）。

数据报套接字定义了一种无连接的服务，数据通过相互独立的报文进行传输，是无序的，并且不保证是可靠、无差错的。它使用数据报协议 UDP。

（3）原始 socket。

原始套接字允许对底层协议（如 IP 或 ICMP）进行直接访问，它虽然功能强大但使用较为不便，主要用于一些协议的开发。

11.2.2　地址及顺序处理

1. 地址结构相关处理

（1）数据结构介绍。

下面首先介绍两个重要的数据类型：sockaddr 和 sockaddr_in。这两个结构类型都是用来保存 socket 信息的，代码如下所示。

```
struct sockaddr {
    unsigned short sa_family;        /* 地址簇 */
    char sa_data[14];                /* 14 字节的协议地址，包含该 socket 的 IP 地址和端口号 */
};

struct sockaddr_in {
    short int sa_family;             /* 地址簇 */
    unsigned short int sin_port;     /* 端口号 */
    struct in_addr sin_addr;         /* IP 地址 */
    unsigned char sin_zero[8];       /* 填充 0 以保持与 struct sockaddr 具有同样大小 */
};
```

这两个数据类型是等效的，可以相互转化，通常 sockaddr_in 数据类型使用更为方便。在建立 socketaddr 或 sockaddr_in 后，就可以对该 socket 进行适当的操作了。

（2）结构字段。

表 11.1 中列出了该结构 sa_family 字段可选的常见值。

表 11.1　sa_family 字段可选的常见值

结构定义头文件	#include < netinet/in. h >
sa_family	AF_INET：IPv4 协议
	AF_INET6：IPv6 协议
	AF_LOCAL：UNIX 域协议
	AF_LINK：链路地址协议
	AF_KEY：密钥套接字（socket）

2. 数据存储优先顺序

（1）函数说明。

计算机数据存储有两种字节优先顺序：高位字节优先和低位字节优先。Internet 上数据以高位字节优先顺序在网络上传输，因此在有些情况下，需要对这两个字节的存储优先顺序进行相互转化。这里用到了四个函数：htons、ntohs、htonl、ntohl。这四个函数分别实现网络字节序和主机字节序的转化，这里的 h 代表 host，n 代表 network，s 代表 short，l 代表 long。通常 16 位的 IP 端口号用 s 代表，而 IP 地址用 l 来代表。

（2）函数格式说明。

表 11.2 中列出了这四个函数的语法格式。

表 11.2 htons 等函数的语法格式

所需头文件	#include ＜netinet/in. h＞
函数原型	uint16_t htons(unit16_t host16bit) uint32_t htonl(unit32_t host32bit) uint16_t ntohs(unit16_t net16bit) uint32_t ntohs(unit32_t net32bit)
函数传入值	host16bit：主机字节序的 16 位数据
	host32bit：主机字节序的 32 位数据
	net16bit：网络字节序的 16 位数据
	net32bit：网络字节序的 32 位数据
函数返回值	返回要转换的字节序

注意：

调用这四个函数只是使其得到相应的字节序，用户无须清楚了解该系统的主机字节序和网络字节序是否真正相等。如果是相等则不需要转换，且该系统的这些函数会定义成空宏。

3. 地址格式转化

（1）函数说明。

通常，用户在表达地址时采用的是点分十进制表示的数值（或者是以冒号分开的十进制 IPv6 地址）而在通常使用 socket 编程时所使用的则是二进制值，这就需要将这两个数值进行转换。本书在 IPv4 中用到的函数有 inet_aton、inet_addr 和 inet_ntoa，而 IPv4 和 IPv6 兼容的函数有 inet_pton 和 inet_ntop。由于 IPv6 是下一代互联网的标准协议，所以本书讲解的函数都同时兼容 IPv4 和 IPv6，但在具体举例时仍以 IPv4 为例。

这里，inet_pton 函数是将点分十进制地址映射为二进制地址，而 inet_ntop 是将二进制地址映射为点分十进制地址。

（2）函数格式。

表 11.3 列出了 inet_pton 函数的语法要点。

表 11.3 inet_pton 函数的语法要点

所需头文件	#include ＜arpa/inet. h＞
函数原型	int inet_pton(int family,const char ＊ src,void ＊ dst);

函数传入值	family	AF_INET：IPv4 协议
		AF_INET6：IPv6 协议
	src：要转换的字符串指针	
	dst：保存转换结果的指针	
函数返回值	成功：1（注意：此处和其他函数不一样，大部分函数成功返回0）	
	出错：当 family 无效时返回 -1，当 src 无效时返回 0	

表 11.4 列出了 inet_ ntop 函数的语法要点。

表 11.4　inet_ntop 函数的语法要点

所需头文件	#include ＜arpa/inet. h＞	
函数原型	const char ＊inet_ntop(int af,const void ＊src,char ＊dst,socklen_t size);	
函数传入值	family	AF_INET：IPv4 协议
		AF_INET6：IPv6 协议
	src：要转化的地址结构指针	
	dst：目标指针，保存转换后的字符串内容	
	size：转化后值的长度	
函数返回值	成功：返回指向 dst 的指针	
	出错：返回 NULL	

4. 名字地址转化

（1）函数说明。

通常，人们在使用过程中都不愿意记忆冗长的 IP 地址，尤其到 IPv6 时，地址长度多达 128 位，这时就更加不可能每次记忆那么长的 IP 地址了。因此，使用主机名将会是很好的选择。在 Linux 中，同样有一些函数可以实现主机名和地址的转化，最为常见的有 gethost-byname、gethostbyaddr、getaddrinfo 等，它们都可以实现 IPv4 和 IPv6 的地址和主机名之间的转化。其中，gethostbyname 是将主机名转化为 IP 地址；gethostbyaddr 则是逆操作，是将 IP 地址转化为主机名；getaddrinfo 实现自动识别 IPv4 地址和 IPv6 地址。

gethostbyname 和 gethostbyaddr 都涉及一个 hostent 的结构体，调用该函数后就能返回 hostent结构体的相关信息，如下所示。

```
struct hostent{
char ＊h_name;          /＊正式主机名＊/
char ＊＊h_aliases;      /＊主机别名＊/
int h_addrtype;         /＊地址类型＊/
int h_length;           /＊地址长度＊/
char ＊＊h_addr_list;   /＊指向 IPv4 或 IPv6 的地址指针数组＊/
}
```

getaddrinfo 函数涉及一个 addrinfo 的结构体，如下所示。

```
struct addrinfo{

int ai_flags;                    /* AI_PASSIVE,AI_CANONNAME; */
int ai_family;                   /* 地址族 */
int ai_socktype;                 /* socket 类型 */
int ai_protocol;                 /* 协议类型 */
size_t ai_addrlen;               /* 地址长度 */
char * ai_canoname;              /* 主机名 */
struct sockaddr * ai_addr;       /* socket 结构体 */
struct addrinfo * ai_next;       /* 下一个指针链表 */
}
```

相对 hostent 结构体而言，addrinfo 结构体包含更多的信息。

（2）函数格式。

表 11.5 列出了 gethostbyname 函数的语法要点。

表 11.5 **gethostbyname** 函数的语法要点

所需头文件	#include < netdb. h >
函数原型	struct hostent * gethostbyname(const char * hostname)
函数传入值	hostname：主机名
函数返回值	成功：hostent 类型指针
	出错：NULL

调用该函数时可以首先对 addrinfo 结构体中的 h_addrtype 和 h_length 进行设置，若为 IPv4 则可设置为 AF_INET 和 4；若为 IPv6 则可设置为 AF_INET6 和 16；若不设置则默认为 IPv4 地址类型。表 11.6 列出了 getaddrinfo 函数的语法要点。

表 11.6 **getaddrinfo** 函数的语法要点

所需头文件	#include < netdb. h >
函数原型	int getaddrinfo(const char * hostname,const char * service,const struct addrinfo * hints, struct addrinfo ** result)
函数传入值	hostname：一个主机名或者地址串（IPv4 的点分十进制地址串或者 IPv6 的十六进制地址串）
	service：一个服务名或者十进制端口号数据串
	hints：服务线索
	result：返回结果
函数返回值	成功：0
	出错：−1

在调用之前，首先要对 hints 服务线索进行设置。它是一个 addrinfo 结构体，表 11.7 列举了该结构体常见的选项值。

第 11 章

表 11.7　addrinfo 结构体常见的选项值

结构休头文件	#include ＜netdb. h＞
ai_flags	AI_PASSIVE：该套接口用作被动地打开
	AI_CANONNAME：通知 getaddrinfo 函数返回主机的名字
family	AF_INET：IPv4 协议
	AF_INET6：IPv6 协议
	AF_UNSPE：IPv4 或 IPv6 均可
ai_socktype	SOCK_STREAM：字节流套接字 socket（TCP）
	SOCK_DGRAM：数据报套接字 socket（UDP）
ai_protocol	IPPROTO_IP：IP 协议
	IPPROTO_IPV4：IPv4 协议
	IPPROTO_IPV6：IPv6 协议
	IPPROTO_UDP：UDP
	IPPROTO_TCP：TCP

注意：

① 通常，服务器端在调用 getaddrinfo 之前，ai_flags 设置 AI_PASSIVE，用于 bind 函数（用于端口和地址的绑定），主机名 nodename 通常会设置为 NULL。

② 客户端调用 getaddrinfo 时，ai_flags 一般不设置 AI_PASSIVE，但是主机名 nodename 和服务名 servname（端口）则不应为空。

③ 即使不设置 ai_flags 为 AI_PASSIVE，取出的地址也并非不可以被绑定（bind），很多程序中 ai_flags 直接设置为 0，即三个标志位都不设置，这种情况下只要 hostname 和 servname 设置的没有问题就可以正确 bind。

（3）使用实例。

```
/ * getaddrinfo. c * /
#include ＜stdio. h＞
#include ＜stdlib. h＞
#include ＜errno. h＞
#include ＜string. h＞
#include ＜netdb. h＞
#include ＜sys/types. h＞
#include ＜netinet/in. h＞
#include ＜sys/socket. h＞

int main( )
{
    struct addrinfo hints, * res = NULL;
    int rc;
    memset( &hints,0,sizeof( hints) ) ;
```

```
    /* 设置 addrinfo 结构体中的各参数 */
    hints. ai_family = PF_UNSPEC;
    hints. ai_socktype = SOCK_DGRAM;
    hints. ai_protocol = IPPROTO_UDP;

    /* 调用 getaddrinfo 函数 */
    rc = getaddrinfo("127. 0. 0. 1","123",&hints,&res);
    if(rc! = 0){
        perror("getaddrinfo");
        exit(1);
    }
    else
        printf("getaddrinfo success\n");
}
```

运行结果如下所示：

```
[root@ localhost net]# cc getaddrinfo. c  - o getaddrinfo
[root@ localhost net]# . / getaddrinfo
getaddrinfo success
```

11. 2. 3 socket 基础编程

1. 函数说明

进行 socket 编程的基本函数包括 socket、bind、listen、accept、send、sendto、recv、re-cvfrom。其中，对于客户端、服务器端、TCP 和 UDP 的操作流程都有区别，这里首先对每个函数进行一定的说明，再给出不同情况下的流程图。

socket：该函数用于建立一个 socket 连接，可指定 socket 类型等信息。在建立了 socket 连接后，可对 socketadd 或 sockaddr_in 进行初始化，以保存所建立的 socket 信息。

bind：该函数是用于将本地 IP 地址绑定端口号的，若绑定其他地址则不能成功。另外，它主要用于 TCP 的连接，而在 UDP 的连接中则无必要。

connect：该函数在 TCP 中是用于 bind 的之后的客户端，用于与服务器端建立连接，而在 UDP 中由于没有了 bind 函数，所以使用 connect 有点类似 bind 函数的作用。

send 和 recv：这两个函数用于接收和发送数据，既可以用在 TCP 中，也可以用在 UDP 中。当用在 UDP 中时，可以在 connect 函数建立连接之后再使用。

sendto 和 recvfrom：这两个函数的作用与 send 和 recv 函数类似，也可以用在 TCP 和 UDP 中。当用在 TCP 中时，后面的几个与地址有关的参数不起作用，函数作用等同于 send 和 recv；当用在 UDP 中时，可以用在之前没有使用 connect 的情况下，这两个函数可以自动寻找指定地址并进行连接。

服务器端和客户端使用 TCP 协议 socket 编程流程图如图 11.3 所示。

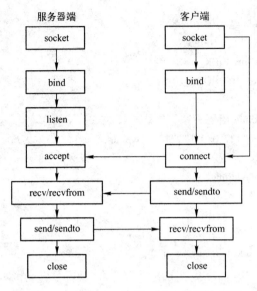

图 11.3　使用 TCP 协议 socket 编程流程图

服务器端和客户端使用 UDP 协议 socket 编程流程图如图 11.4 所示。

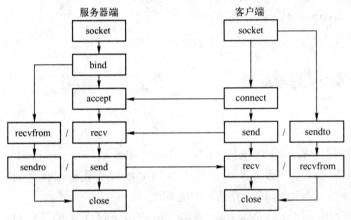

图 11.4　使用 UDP 协议 socket 编程流程图

2. 函数格式

表 11.8 列出了 socket 函数的语法要点。

表 11.8　**socket 函数的语法要点**

所需头文件	#include ＜ sys/socket. h ＞	
函数原型	int socket(int？ family,？ int？ type,int？ protocol)	
函数传入值	family：协议族	AF_INET：IPv4 协议
		AF_INET6：IPv6 协议
		AF_LOCAL：UNIX 域协议
		AF_ROUTE：路由套接字（socket）
		AF_KEY：密钥套接字（socket）

函数传入值	type：套接字类型	SOCK_STREAM：字节流套接字 socket
		SOCK_DGRAM：数据报套接字 socket
		SOCK_RAW：原始套接字 socket
	protoco：0（原始套接字除外）	
函数返回值	成功：非负套接字描述符	
	出错：−1	

表 11.9 列出了 bind 函数的语法要点。

表 11.9 bind 函数的语法要点

所需头文件	#include ＜sys/socket.h＞
函数原型	int bind(int sockfd,struct sockaddr ∗ my_addr,int addrlen)
函数传入值	socktd：套接字描述符
	my_addr：本地地址
	addrlen：地址长度
函数返回值	成功：0
	出错：−1

端口号和地址在 my_addr 中给出了，若不指定地址，则内核随意分配一个临时端口给该应用程序。表 11.10 列出了 listen 函数的语法要点。

表 11.10 listen 函数的语法要点

所需头文件	#include ＜sys/socket.h＞
函数原型	int listen(int sockfd, int backlog)
函数传入值	socktd：套接字描述符
	Backlog：请求队列中允许的最大请求数，大多数系统默认值为 20
函数返回值	成功：非负套接字描述符，表示新的客户端套接字描述符号
	出错：−1

表 11.11 列出了 accept 函数的语法要点。

表 11.11 accept 函数的语法要点

所需头文件	#include ＜sys/socket.h＞
函数原型	int accept(int sockfd,struct sockaddr ∗ addr,socklen_t ∗ addrlen)
函数传入值	socktd：套接字描述符
	addr：客户端地址
	addrlen：地址长度
函数返回值	成功：返回新的套接字描述符
	出错：−1

第11章

表 11.12 列出了 connect 函数的语法要点。

表 11.12　connect 函数的语法要点

所需头文件	#include < sys/socket. h >
函数原型	int connect(int sockfd,struct sockaddr ∗ serv_addr,int addrlen)
函数传入值	socktd：套接字描述符
	serv_addr：服务器端地址
	addrlen：地址长度
函数返回值	成功：0
	出错：−1

表 11.13 列出了 send 函数的语法要点。

表 11.13　send 函数的语法要点

所需头文件	#include < sys/socket. h >
函数原型	int send(int sockfd,const void ∗ msg,int len,int flags)
函数传入值	socktd：套接字描述符
	msg：指向要发送数据的指针
	len：数据长度
	flags：一般为 0
函数返回值	成功：发送的字节数
	出错：−1

表 11.14 列出了 recv 函数的语法要点。

表 11.14　recv 函数的语法要点

所需头文件	#include < sys/socket. h >
函数原型	int recv(int sockfd,void ∗ buf,int len,unsigned int flags)
函数传入值	buf：存放接收数据的缓冲区
	len：数据长度
	flags：一般为 0
函数返回值	成功：接收的字节数
	出错：−1

表 11.15 列出了 sendto 函数的语法要点。

表 11.15　sendto 函数的语法要点

所需头文件	#include < sys/socket. h >
函数原型	int sendto(int sockfd,const void ∗ msg,int len,unsigned int flags,const struct sockaddr ∗ to,int tolen)
函数传入值	socktd：套接字描述符
	msg：指向要发送数据的指针
	len：数据长度
	flags：一般为 0
	to：目地机的 IP 地址和端口号信息
	tolen：地址长度
函数返回值	成功：发送的字节数
	出错：−1

表 11. 16 列出了 recvfrom 函数的语法要点。

表 11.16　recvfrom 函数的语法要点

所需头文件	#include ＜ sys/socket. h ＞
函数原型	int recvfrom(int sockfd, void ＊ buf, int len, unsigned int flags, struct sockaddr ＊ from, int ＊ fromlen)
函数传入值	socktd：套接字描述符
	buf：存放接收数据的缓冲区
	len：数据长度
	flags：一般为 0
	from：源机的 IP 地址和端口号信息
	tolen：地址长度
函数返回值	成功：接收的字节数
	出错：－1

3. 使用实例

本实例分为服务器端和客户端两部分。其中，服务器端首先建立 socket，然后调用本地端口的绑定，接着就开始与客户端建立联系，并接收客户端发送的消息。客户端则在建立 socket 之后调用 connect 函数来建立连接。

服务器端源代码如下所示。

```
/ ＊ server. c ＊ /

#include ＜ sys/types. h ＞
#include ＜ sys/socket. h ＞
#include ＜ stdio. h ＞
#include ＜ stdlib. h ＞
#include ＜ errno. h ＞
#include ＜ string. h ＞
#include ＜ unistd. h ＞
#include ＜ netinet/in. h ＞


#define SERVPORT 3333
#define BACKLOG 10
#define MAX_CONNECTED_NO 10
#define MAXDATASIZE 100


int main( )
{
    struct sockaddr_in server_sockaddr, client_sockaddr;


    int sin_size, recvbytes;
```

```
int sockfd,client_fd;
char buf[MAXDATASIZE];

/* 建立 socket 连接 */
if((sockfd = socket(AF_INET,SOCK_STREAM,0)) == -1){
    perror("socket");
    exit(1);
}

printf("socket success!,sockfd = %d\n",sockfd);

/* 设置 sockaddr_in 结构体中的相关参数 */
server_sockaddr.sin_family = AF_INET;
server_sockaddr.sin_port = htons(SERVPORT);
server_sockaddr.sin_addr.s_addr = INADDR_ANY;
bzero(&(server_sockaddr.sin_zero),8);

/* 绑定函数 bind */
if(bind(sockfd,(struct sockaddr *)&server_sockaddr,sizeof(struct sockaddr)) == -1){
    perror("bind");
    exit(1);
}

printf("bind success!\n");

/* 调用 listen 函数 */
if(listen(sockfd,BACKLOG) == -1){
    perror("listen");
    exit(1);
}

printf("listening....\n");
/* 调用 accept 函数,等待客户端的连接 */
if((client_fd = accept(sockfd,(struct sockaddr *)&client_sockaddr,&sin_size)) == -1){
    perror("accept");
    exit(1);
}

/* 调用 recv 函数接收客户端的请求 */
if((recvbytes = recv(client_fd,buf,MAXDATASIZE,0)) == -1){
    perror("recv");
    exit(1);
```

```
    }

    printf("received a connection:%s\n",buf);

    close(sockfd);
}
```

客户端部分源代码如下所示。

```
/ * client. c * /

#include < stdio. h >
#include < stdlib. h >
#include < errno. h >
#include < string. h >
#include < netdb. h >
#include < sys/types. h >
#include < netinet/in. h >
#include < sys/socket. h >

#define SERVPORT 3333
#define MAXDATASIZE 100

int main( int argc, char * argv[ ] ) {

    int sockfd,sendbytes;

    char buf[MAXDATASIZE];

    struct hostent * host;

    struct sockaddr_in serv_addr;

    if( argc < 2 ) {

        fprintf( stderr,"Please enter the server's hostname! \n" );

        exit(1);
    }

    / * 地址解析函数 * /
    if( ( host = gethostbyname( argv[ 1 ] ) ) == NULL) {
```

```
        perror("gethostbyname");

        exit(1);

    }

    /* 创建 socket */
    if((sockfd = socket(AF_INET,SOCK_STREAM,0)) == -1){
        perror("socket");

        exit(1);
    }
    /* 设置 sockaddr_in 结构体中相关参数 */
    serv_addr. sin_family = AF_INET;
    serv_addr. sin_port = htons(SERVPORT);
    serv_addr. sin_addr = *((struct in_addr *)host->h_addr);

    bzero(&(serv_addr. sin_zero),8);

    /* 调用 connect 函数主动发起对服务器端的连接 */
    if(connect(sockfd,(struct sockaddr *)&serv_addr,sizeof(struct sockaddr)) == -1){
        perror("connect");
        exit(1);
    }

    /* 发送消息给服务器端 */
    if((sendbytes = send(sockfd,"hello",5,0)) == -1){
        perror("send");

        exit(1);

    }
    close(sockfd);
}
```

在运行时需要首先启动服务器端，再启动客户端。这里可以把服务器端下载到开发板上，客户端在宿主机上运行，然后配置双方的 IP 地址，确保在双方可以通信（如使用 ping 命令验证）的情况下运行该程序即可（在下面的操作中为了方便，是在 x86 环境下进行演示的，如果下载到 ARM 开发板，则下面的编译命令 cc 要修改为 arm – linux – gcc）。

```
[root@ localhost tcp_]# cc  – o client client. c        #编译客户端(注意 cc 是 X86 平台编译器)
[root@ localhost tcp_]# cc  – o server server. c        #编译服务器端
[root@ localhost tcp_]# pwd
```

```
                    /home/fyyy/module/net/tcp_
                    [root@ localhost tcp_]# ls
                    client client. c server server. c
                    [root@ localhost tcp_]# . /server              #运行服务器端
                    socket success! ,sockfd = 3
                    bind success!
                    listening. . . .
                    received a connection:hello      #这一句是执行后面的操作后才会出现的结果
```

下面是在相同目录下打开另一个终端的操作和结果。

```
                    [root@ localhost tcp_]# pwd
                    /home/fyyy/module/net/tcp_
                    [root@ localhost tcp_]# ls
                    client client. c server server. c
                    [root@ localhost tcp_]# . /client 192. 168. 0. 101    #运行客户端
```

使用 TCP 套接字完成一个基于字符界面的聊天程序，client. c 和 server. c 分别是客户端
程序、服务器程序的源码，两者在建立起连接后可以进行"聊天"。

client. c 源码如下所示。

```c
#include < stdio. h >
#include < unistd. h >
#include < arpa/inet. h >
#include < sys/types. h >
#include < sys/socket. h >
#include < pthread. h >
#include < string. h >

#define PORT    8888

void  * chat_main( void  * arg)
{
    int sd = ( int) arg;
    char buf[ 1024 ] = {};

    while(1)
    {
        read( sd, buf, sizeof( buf) ) ;
        printf( " % s\n" , buf) ;

        memset( buf, 0, sizeof( buf) ) ;
    }
```

```
        pthread_exit(0);
}

int main(void)
{
    int sd,ret;
    struct sockaddr_in srv;
    socklen_t len = sizeof(srv);
    char buf[1024] = {};
    pthread_t id;


    sd = socket(PF_INET,SOCK_STREAM,0);
    if(-1 == sd)
    {
        perror("socket");
        return -1;
    }

    srv.sin_family = PF_INET;
    srv.sin_port = htons(PORT);
    srv.sin_addr.s_addr = inet_addr("192.168.0.101");

    ret = connect(sd,(struct sockaddr *)&srv,len);
    if(-1 == ret)
    {
        perror("connect");
        return -1;
    }

    pthread_create(&id,NULL,chat_main,(void *)sd);
    pthread_detach(id);

    while(1)
    {
        fgets(buf,sizeof(buf),stdin);
        ret = strlen(buf);
        buf[ret-1] ='\0';
        write(sd,buf,strlen(buf));
```

```
            memset(buf,0,sizeof(buf));
        }

        pthread_cancel(id);

        close(sd);
        return 0;
    }
```

server. c 源码如下所示。

```
#include < stdio. h >
#include < unistd. h >
#include < string. h >
#include < arpa/inet. h >
#include < sys/types. h >
#include < sys/socket. h >
#include < pthread. h >

#define PORT   8888

void  * chat_main( void  * arg)
{
    int ret;
    int cd = (int)arg;
    char buf[1024] = {};

    while(1)
    {
        fgets(buf,sizeof(buf),stdin);
        ret = strlen(buf);
        buf[ret - 1] = '\0';
        write(cd,buf,strlen(buf));

        memset(buf,0,sizeof(buf));
    }

    pthread_exit(0);
}

int main(void)
{
    int sd,cd,ret;
```

```
struct sockaddr_in srv,cli;
socklen_t len = sizeof(srv);
char buf[1024] = {};
pthread_t id;

sd = socket(PF_INET,SOCK_STREAM,0);
if( -1 == sd)
{
    perror("socket");
    return -1;
}

srv.sin_family = PF_INET;
srv.sin_port = htons(PORT);
srv.sin_addr.s_addr = inet_addr("192.168.0.101");

ret = bind(sd,(struct sockaddr * )&srv,len);
if( -1 == ret)
{
    perror("bind");
    return -1;
}

ret = listen(sd,5);
if( -1 == ret)
{
    perror("listen");
    return -1;
}

cd = accept(sd,(struct sockaddr * )&cli,&len);
if( -1 == cd)
{
    perror("accept");
    return -1;
}

pthread_create(&id,NULL,chat_main,(void * )cd);
pthread_detach(id);

while(1)
{
```

```
                read( cd,buf,sizeof( buf) ) ;
                printf( "%s:%s\n" ,inet_ntoa( cli. sin_addr) ,buf) ;
                memset( buf,0,sizeof( buf) ) ;
        }

        pthread_cancel( id) ;

        close( cd) ;
        close( sd) ;

        return 0;
}
```

11.3　DM9000 网卡驱动程序移植

11.3.1　DM9000 网卡特性

DM9000 是一款高度集成的、低成本的单片快速以太网 MAC 控制器，包含带有通用处理器接口、10M/100M 物理层和 16KB 的 SRAM。它的目的是在低功耗和高性能进程的 3.3V 与 5V 支持宽容。

DM9000 还提供了介质无关的接口，用于连接所有提供支持介质无关接口功能的家用电话线网络设备或其他收发器。DM9000 支持 8 位、16 位和 32 位接口访问内部存储器，以支持不同的处理器。DM9000 物理协议层接口完全支持使用 10Mbps 下 3 类、4 类、5 类非屏蔽双绞线和 100Mbps 下 5 类非屏蔽双绞线，这完全符合 IEEE 802.3u 规格。它的自动协调功能将自动完成配置，以最大限度地适合其线路带宽。DM9000 还支持 IEEE 802.3x 全双工流量控制，这个工作是非常简单的，所以用户可以很容易地移植任何系统下的端口驱动程序。

DM9000 有如下几个特点。

（1）支持处理器读写内部存储器的数据操作命令，以字节/字/双字的长度进行。

（2）集成 10M/100M 自适应收发器。

（3）支持介质无关接口。

（4）支持背压模式半双工流量控制模式。

（5）IEEE802.3x 流量控制的全双工模式。

（6）支持唤醒帧，链路状态改变和远程的唤醒。

（7）16K 双字 SRAM。

（8）支持自动加载 EEPROM 里面的生产商 ID 和产品 ID。

（9）支持 4 个通用输入/输出口。

（10）超低功耗模式。

（11）功率降低模式。

（12）电源故障模式。

第11章

（13）可选择 1∶1 YL18－2050S、YT37－1107S 或 5∶4 变压比例的变压器降低额外功率。

（14）兼容 3.3V 和 5.0V 输入/输出电压。

（15）100 脚 CMOS 工艺、LQFP 封装。

▶ 11.3.2　DM9000 网卡与 S3C2440 硬件连接

DM9000 的内部框架图如图 11.5 所示。

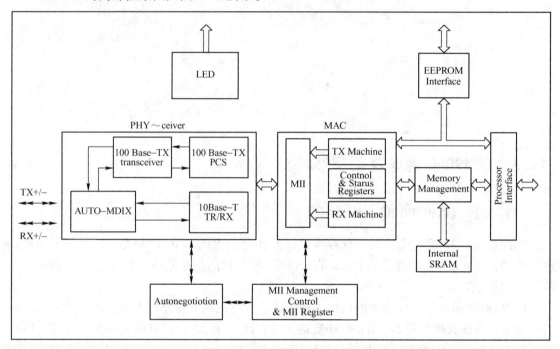

图 11.5　DM9000 内部框架图

这里重要的是物理层 PHY receiver 和 MAC（Media Access Control）层，这与软件中的协议栈不同，在硬件上 MAC 是 PHY 的下一层。DM9000A 将 MAC 和 PHY 做到一起，也可以像 IIS 设备那样，SOC 内有 IIS 的控制器，而声卡 UDA1341 放在片外。网卡当然也有这种设计，它是把 PHY 的下层 MAC 放入 SOC 内，片外是 PHY。DM9000A 的输入是并行的总线，可以和 CPU 直接 I/O。而 IIS 则需要通过 CPU CORE BUS→I2S 控制器→外设。通过对比，可以了解 DM9000A 怎样进行 I/O。如果双方都是自适应的，则依据误码率来选择。图 11.5 中的 EEPROM 中存放的是 MAC 的地址，驱动得到 MAC 地址的方式有：① 手工设置，然后写入到 EEPROM 里；② EEPROM 里面已设置好。图 11.5 中的 MII 称为媒体独立接口，是为与 PHY 连接而设计的。

开发板上，DM9000 与 S3C2440 的连接关系如图 11.6 所示。

（1）DM9000 的访问基址为 0x20000000（BANK4 的基址），这是物理地址。

（2）只用到一条地址线：ADDR2 是由 DM9000 的特性决定的。DM9000 地址信号和数据信号复用，使用 CMD 引脚来区分它们（CMD 为低时，数据总线上传输的是地址信号；CMD 为高时，传输的是数据信号）。访问 DM9000 内部寄存器时，需要首先将 CMD 置为低电平，发出地址信号；然后将 CMD 置为高电平，读写数据。

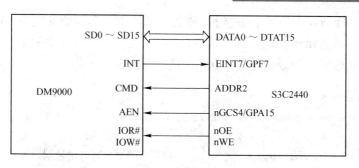

图 11.6　DM9000 与 S3C2440 硬件连接关系

（3）总线宽度为 16，用到 nWAIT 信号。

（4）中断引脚为 EINT7。

11.3.3　DM9000 与开发板接口定义

片选信号 AEN 使用了 nGCS4，所以网卡的内存区域在 BANK4，也就是从地址 0x20000000 开始。DM9000 的 TXD[2:0] 作为 strap pin 在电路图中是空接的，所以 IO base 是 300H。中断使用了 EINT7。其中，BWSCON 为总线宽度等待控制寄存器。DM9000 控制寄存器描述见表 11.17。

表 11.17　DM9000 控制寄存器描述

寄　存　器	地　址	读　写	描　述	复　位　值
BWSCON	0x48000000	R/W	总线宽度 & 等待状态控制寄存器	0x000000

其中，第 [19:18] 位的作用见表 11.18。

表 11.18　DM9000 控制寄存器位描述

ST4	[19]	决定 SRAM 对 bank4 是否使用 UB/LB 0 = 不使用 UB/LB（引脚对应 nWBE[3:0]） 1 = 使用 UB/LB（引脚对应 nWBE[3:0]）	0
WS4	[18]	决定对于 bank4 的等待状态 0 = WAIT 无效，1 = WAIT 使能	0

下面的函数中将这两位都设置为 1，也就是 WAIT 使能，bank4 使用 UB/LB。

DM9000 对外来说只有两个端口——地址口和数据口。地址口用于输入内部寄存器的地址，而数据口则完成对某一寄存器的读写。DM9000 的 CMD 引脚用来区分这两个端口，当 CMD 引脚为 0 时，DM9000 的数据线上传输的是寄存器地址；当 CMD 引脚为 1 时，传输的是读写数据。若把 DM9000 的 A8 和 A9 接为高电平，把 A4 ～ A7 接为低电平，并且把 DM9000 的 AEN 接到 S3C2440 的 nGCS4 引脚上，则 DM9000 的端口基址为 0x20000300，如果再把 DM9000 的 CMD 引脚接到 S3C2440 的 ADDR2 引脚上，则可以定义 DM9000 的这两个端口地址，它们分别为：

```
#define DM_ADDR_PORT( * ( ( volatile unsigned short * )0x20000300 ) )//地址口
#define DM_DATA_PORT( * ( ( volatile unsigned short * )0x20000304 ) )//数据口
```

第11章

如果要写入 DM9000 中的某个寄存器，则首先把该寄存器的地址赋予 DM_ADDR_PORT，然后再把要写入的数据赋予 DM_DATA_PORT 即可。读取 DM9000 中的某个寄存器的操作过程也类似。下面函数的作用分别是 DM9000 的读、写寄存器操作。

```
//写 DM9000 寄存器
void __inline dm_reg_write( unsigned char reg, unsigned char data)
{
    DM_ADDR_PORT = reg;              //将寄存器地址写到地址端口
    DM_DATA_PORT = data;            //将数据写到数据端口
}
//读 DM9000 寄存器
unsigned char __inline dm_reg_read( unsigned char reg)
{
    DM_ADDR_PORT = reg;
    return DM_DATA_PORT;            //将数据从数据端口读出
}
```

11.3.4 DM9000 驱动移植到 S3C2440 的步骤

（1）定义网卡驱动使用的资源。设备资源就是前面定义的 I/O 端口和中断资源。打开内核目录下的 arch/arm/mach – s3c2440. c，添加如下代码。

```
#define MACH_S3C2440_DM9K_BASE(S3C2410_CS4 + 0x300)//网卡基地址:0x20000000 + 0x300
static struct resource xyd2440_dm9k_resource[ ] __initdata = {//两个内存资源，一个中断资源
    [0] = {
        . start = MACH_S3C2440_DM9K_BASE,          //实际地址 0x20000300
        . end  = MACH_S3C2440_DM9K_BASE + 3,       //0x200003003
        . flags = IORESOURCE_MEM                    //资源标志:地址资源
    },
    [1] = {
        . start = MACH_S3C2440_DM9K_BASE + 4,
        . end  = MACH_S3C2440_DM9K_BASE + 7,
        . flags = IORESOURCE_MEM
    },
    [2] = {
        . start = IRQ_EINT7,                        //中断为外部中断
        . end  = IRQ_EINT7,
        . flags = IORESOURCE_IRQ | IORESOURCE_IRQ_HIGHEDGE,//资源标志:中断资源
    }
};
```

（2）定义平台数据和平台设备，设备名称为 DM9000。

```
//定义平台数据
static struct dm9000_plat_data s3c2440_dm9k_pdata __initdata = {
    . flags          = ( DM9000_PLATF_16BITONLY | DM9000_PLATF_NO_EEPROM ),
};
//定义平台设备
static struct platform_device s3c2440_device_eth __initdata = {        //网卡注册
    . name           = "dm9000",//设备名,该名称与平台设备驱动中的名称一致
    . id             = -1,
    . num_resources  = ARRAY_SIZE( s3c2440_dm9k_resource ),
    . resource       = s3c2440_dm9k_resource,              //定义设备的资源
    . dev            = {
        . platform_data    = &s3c2440_dm9k_pdata,          //定义平台数据
    },
};
```

（3）设备启动的初始化过程。

DM9000 平台设备作为众多平台设备中的一个,在开发板初始化时就已经被添加到了总线上,见如下代码所示内容。

```
MACHINE_START( S3C2440, "s3cARM s3c2440 development board" )
    . phys_io        = S3C2410_PA_UART,        //串口
    . io_pg_offst    = ( ( (u32)S3C24XX_VA_UART ) > >18 ) & 0xfffc,
    . boot_params    = S3C2410_SDRAM_PA +0x100,//U – Boot 传给内核的启动参数,告知内
                                               //核如何挂接文件系统的一些参数
    . map_io         = s3c2440_map_io,
    . init_machine   = s3c2440_init,           //定义设备初始化函数
    . init_irq       = s3c24xx_init_irq,       //初始化中断
    . timer          = &s3c24xx_timer,
MACHINE_END


static void __init s3c2440_machine_init( void )
{
#if defined ( LCD_WIDTH )
    s3c24xx_fb_set_platdata( &s3c2440_fb_info );
#endif
    s3c_i2c0_set_platdata( NULL );
    s3c_device_nand. dev. platform_data = &s3c_arm_nand_info;
    s3c_device_sdi. dev. platform_data = &s3c2440_mmc_cfg;
    /* 上面设备的驱动添加到内核, ARRAY_SIZE 求设备个数 */
    platform_add_devices( s3c2440_devices, ARRAY_SIZE( s3c2440_devices ) );
    s3c_pm_init( );
}
```

第11章

（4）设备资源列表代码如下。

```
static struct platform_device * s3c2440_devices[] __initdata = {
    &s3c_device_usb,
    &s3c_device_wdt,
    &s3c_device_lcd,
    &s3c_device_i2c0,
    &s3c_device_rtc,
    &s3c_device_usbgadget,
    &s3c2440_device_eth,              //网卡设备
    &s3c_device_nand,
    &s3c_device_sdi,
    &s3c_device_iis,
};
```

在内核启动初始化过程中，会将该数组中各个成员指向的平台设备层都注册到平台设备总线上。

11.4 DM9000 网卡驱动源码解析

▶ 11.4.1 两个重要的结构体的简单介绍：sk_buff 和 net_device

1. sk_buff 简单介绍

sk_buff 是 Linux 网络代码中最重要的结构体之一。它是 Linux 在其协议栈里传送的结构体，也就是所谓的"包"，在它里面包含了各层协议的头部，如 Ethernet、IP、TCP、UDP 等，以及相关的操作等。熟悉它是进一步了解 Linux 网络协议栈的基础。

此结构定义在 < include/linux/skbuff.h > 头文件中，结构体布局大致可分为以下四部分。

（1）布局（layout）。

（2）通用（general）。

（3）功能专用（feature – specific）。

（4）管理函数（management functions）。

下面首先来看 sk_buff_head 的结构。它也是所有 sk_buff 的头。

```
struct sk_buff_head {
    /* These two members must be first. */
    struct sk_buff    * next;
    struct sk_buff    * prev;

    __u32             qlen;
    spinlock_t        lock;
};
```

　　这里可以看到前两个域是和 sk_buff 一致的，而且内核的注释必须放到最前面。这使得两个不同的结构可以放到同一个链表中，尽管 sk_buff_head 要比 sk_buff 小巧得多。另外，相同的函数可以同样应用于 sk_buff 和 sk_buff_head。qlen 域表示当前的 sk_buff 链上包含多少个 skb。lock 域是自旋锁。skb 的结构如下所示（这里注释了一些简单的域，复杂的域后面会单独解释）。

```
struct sk_buff {
    /* These two members must be first. */
    struct sk_buff          * next;
    struct sk_buff          * prev;

    //表示从属于哪个 socket，主要是被 4 层用到
    struct sock             * sk;
    //表示这个 skb 被接收的时间
    ktime_t                 tstamp;
    //表示一个网络设备。当 skb 为输出时，表示 skb 将要输出的设备；当为接收时，表示输入
    //设备。需要注意，这个设备有可能会是虚拟设备（在 3 层以上看）
    struct net_device       * dev;
    //这里其实应该是 dst_entry 类型，不知道为什么内核要改为 ul。这个域主要用于路由子系
    //统。这个数据结构保存了一些路由相关信息
    unsigned long           _skb_dst;
#ifdef CONFIG_XFRM
    struct      sec_path    * sp;
#endif
    //这个域很重要，本书后面会详细说明。这里只需要知道这个域是保存每层的控制信息的
    //就够了
    char                    cb[48];

    //这个长度表示当前的 skb 中的数据的长度，这个长度既包括 buf 中的数据也包括切片的
    //数据（也就是保存在 skb_shared_info 中的数据）。这个值会随着从一层到另一层而改变
    unsigned int            len,

    //这个长度只表示切片数据的长度，也就是 skb_shared_info 中的长度
                            data_len;

    //这个长度表示 MAC 头的长度（2 层的头的长度）
    __u16                   mac_len,

    //这个主要用于 clone 时，表示 clone 的 skb 的头的长度
                            hdr_len;

    //接下来是校验相关的域
```

```
union {
    __wsum          csum;
    struct {
        __u16       csum_start;
        __u16       csum_offset;
    };
};
//优先级，主要用于 QOS
__u32               priority;
kmemcheck_bitfield_begin(flags1);

//接下来是一些标志位
//是否可以本地切片的标志
__u8                local_df:1,

//为1说明头可能被 clone
                    cloned:1,

//这个表示校验相关的一个标志，表示硬件驱动是否已经进行了校验（前面的 blog 有介绍）
                    ip_summed:2,

//这个域如果为1，则说明这个 skb 的头域指针已经分配完毕，因此这个时候计算头的长
//度只需要 head 和 data 的差就可以了
                    nohdr:1,

                    nfctinfo:3;

//pkt_type 主要是表示数据包的类型，如多播、单播、回环等
__u8                pkt_type:3,
//这个域是一个 clone 标志。主要是在 fast clone 中被设置，本书后面讲到 fast clone 时会详
//细介绍这个域
                    fclone:2,
//IPVs 拥有的域
                    ipvs_property:1,
//这个域应该是 UDP 使用的一个域。表示只是查看数据
                    peeked:1,
//netfilter 使用的域。是一个 trace 标志
                    nf_trace:1;
//这个表示 L3 层的协议。如 IP、IPV6 等
__be16              protocol:16;
kmemcheck_bitfield_end(flags1);
```

```
//skb 的析构函数，一般都设置为 sock_rfree 或者 sock_wfree
void            ( * destructor) ( struct sk_buff * skb) ;


//netfilter 相关的域
#if defined( CONFIG_NF_CONNTRACK) || defined( CONFIG_NF_CONNTRACK_MODULE)
    struct nf_conntrack    * nfct;
    struct sk_buff         * nfct_reasm ;
#endif
#ifdef CONFIG_BRIDGE_NETFILTER
    struct nf_bridge_info  * nf_bridge ;
#endif


    //接收设备的 index
    int            iif;

//流量控制的相关域
#ifdef CONFIG_NET_SCHED
    __u16          tc_index;    / * traffic control index * /
#ifdef CONFIG_NET_CLS_ACT
    __u16          tc_verd;     / * traffic control verdict * /
#endif
#endif


    kmemcheck_bitfield_begin( flags2) ;
    //多队列设备的映射，也就是说映射到哪个队列
    __u16          queue_mapping:16;
#ifdef CONFIG_IPV6_NDISC_NODETYPE
    __u8           ndisc_nodetype:2;
#endif
    kmemcheck_bitfield_end( flags2) ;


    / * 0/14 bit hole * /


#ifdef CONFIG_NET_DMA
    dma_cookie_t   dma_cookie;
#endif
#ifdef CONFIG_NETWORK_SECMARK
    __u32          secmark;
#endif
    //skb 的标志
    __u32          mark;
```

```
                    //vlan 的控制 tag
                    __u16              vlan_tci;

                    //传输层的头
                    sk_buff_data_t     transport_header;
                    //网络层的头
                    sk_buff_data_t     network_header;
                    //链路层的头
                    sk_buff_data_t     mac_header;
                    //接下来就是几个操作 skb 数据的指针。本书后面会详细介绍
                    sk_buff_data_t     tail;
                    sk_buff_data_t     end;
                    unsigned char      * head, * data;
                    //这个表示整个 skb 的大小, 包括 skb 本身及数据
                    unsigned int       truesize;
                    //skb 的引用计数
                    atomic_t           users;
                };
```

下面讲解几个比较重要的域 len、data、tail、head 和 end。

这几个域都很简单, 图 11.7 表示了 buffer 从 TCP 层到链路层的过程中 len、head、data、tail 及 end 的变化, 通过这个图可以非常清晰地了解到这几个域的区别。

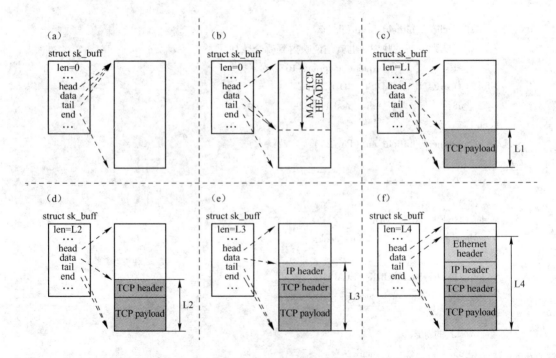

图 11.7　buffer 从 TCP 层到链路层的过程中各个域的变化

可以很清楚地看到 head 指针为分配的 buffer 的起始位置，end 为结束位置，而 data 为当前数据的起始位置，tail 为当前数据的结束位置，len 就是数据区的长度。

下面讲解 transport_header、network_header 及 mac_header 的变化，这几个指针都是随着数据包到达不同的层次才会有对应的值，图 11.8 表示了当从 2 层到达 3 层时对应的指针的变化。

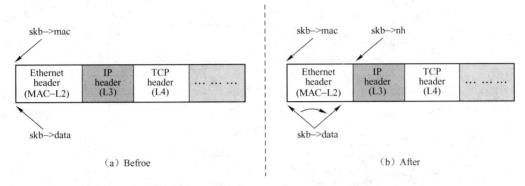

（a）Befroe　　　　　　　　　　　　（b）After

图 11.8　从 2 层到达 3 层时对应的指针的变化

这里可以看到 data 指针会由于数据包到了 3 层而跳过 2 层的头，从而得知 data 起始真正指的是本层的头及数据的起始位置。以下讲解 skb 的几个重要操作函数。

首先是 skb_put、skb_push、skb_pull 及 skb_reserve 这几个最常用的操作 data 指针的函数。内核 skb_XXX 都有一个 __skb_XXX 函数，这是因为前一个只是将后一个函数进行了一个包装，加了一些校验。

再来看 __skb_put 函数，它只是将 tail 指针移动 len 个位置，然后 len 也相应地增加 len 个大小。

```
static inline unsigned char * __skb_put( struct sk_buff * skb,unsigned int len)
{
    unsigned char * tmp = skb_tail_pointer( skb) ;
    SKB_LINEAR_ASSERT( skb) ;
    //改变相应的域
    skb -> tail += len;
    skb -> len  += len;
    return tmp;
}
```

然后是 __skb_push，它是将 data 指针向上移动 len 个位置，对应的 len 也增加 len 个大小。

```
static inline unsigned char * __skb_push( struct sk_buff * skb,unsigned int len)
{
    skb -> data -= len;
    skb -> len  += len;
    return skb -> data;
}
```

　　_skb_pull 是将 data 指针向下移动 len 个位置，然后 len 减小 len 个大小。_skb_reserve 是将整个数据区，也就是 data 及 tail 指针一起向下移动 len 个大小。这个函数一般是用来对齐地址用的。

　　如图 11.9 所示，描述了四个函数的操作。

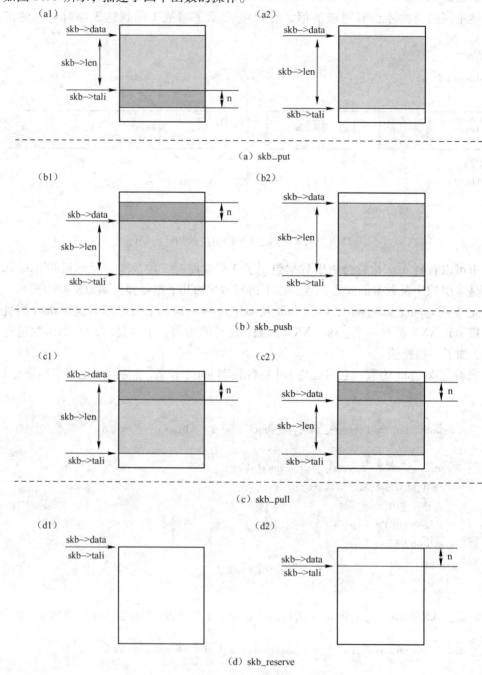

图 11.9　skb 函数的操作

2. net_device 的简单介绍

　　net_device 结构保存与网络设备相关的所有信息，每一个网络设备都对应一个这样的结构，包括真实设备（如以太网卡）和虚拟设备（如 Bonding 或 VLAN）。

Bonding 也称作 EtherChannel（Cisco 的术语）和 trunking（Sun 的术语），允许把一定数量的接口组合起来当作一个新的设备。这个特性在系统需要把多个点对点设备组合起来以获取更高带宽时有用。新设备的速度可以成倍增加，一般来说，新设备的吞吐量是单个设备吞吐量的总和。

VLAN 代表虚拟局域网。VLAN 的作用是在双层交换机上划分不同的广播域，从而把不同广播域的流量隔离开。它通过在链路层上增加一个标志来实现这个功能。可以在网页 http://www.linuxjournal.com/article/7268 找到 VLAN 的简介及它在 Linux 中的使用方法。

所有设备的 net_device 结构都放在一个全局链表中，链表的头指针是 dev_base。net_device 结构的定义在 include/linux/netdevice.h 中。

与 sk_buff 类似，net_device 结构比较大，而且包含了与很多特性相关的参数，这些参数在不同的协议层中使用。出于这个原因，net_device 结构的组织会有一些改变，用于优化协议栈的性能。

网络设备可以分为不同的类型，如以太网卡和令牌环网卡。net_device 结构中的某些变量对同一类型的设备来说取值是相同的；而某些变量在同一设备的不同工作模式下，取值必须不同。因此，对于几乎所有类型的设备，Linux 内核提供了一个通用的函数用于初始化那些在所有模式下取值相同的变量。每一个设备驱动在调用这个函数的同时，还初始化那些在当前模式下取值不同的变量。设备驱动同样可以覆盖那些由内核初始化的变量（如在优化设备性能时）。它在内核中就是指代了一个网络设备。驱动程序需要在探测的时候分配并初始化这个结构体，然后使用 register_netdev 来注册它，这样就可以把操作硬件的函数与内核挂接在一起。具体结构源码请参考 Linux 2.6.32 版本内核源码。

11.4.2 驱动代码具体分析

在分析各个函数前首先进行驱动架构的分析，DM9000 整个架构可以用图 11.10 来表示。

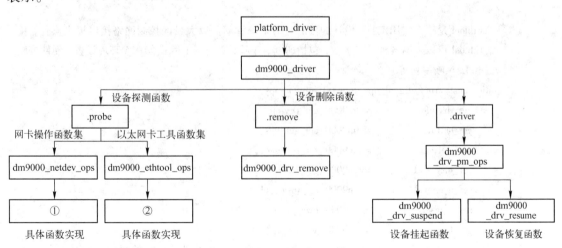

图 11.10 DM9000 驱动构架图

11.4.3 dm9000_netdev_ops 和 dm9000_ethtod_ops

（1）结构体变量 dm9000_netdev_ops。

dm9000_netdev_ops 变量是 net_device_ops 结构体变量，其中定义了操作 net_device 的重要函数，在驱动程序中需要实现这些函数。代码清单如下。

```
//设备操作函数集
static const struct net_device_ops dm9000_netdev_ops = {
    . ndo_open              = dm9000_open,
    . ndo_stop              = dm9000_stop,
    . ndo_start_xmit        = dm9000_start_xmit,     //启动发送
    . ndo_tx_timeout        = dm9000_timeout,
    . ndo_set_multicast_list = dm9000_hash_table,    //设置组播地址表
    . ndo_do_ioctl          = dm9000_ioctl,          //I/O 命令控制
    . ndo_change_mtu        = eth_change_mtu,         //改变最大传输值（初始化时已赋值）
    . ndo_validate_addr     = eth_validate_addr,
    . ndo_set_mac_address   = eth_mac_addr,           //设置设备的 MAC 地址（初始化时已赋值）
#ifdef CONFIG_NET_POLL_CONTROLLER                     //轮询控制
    . ndo_poll_controller   = dm9000_poll_controller,
#endif
};
```

（2）dm9000_ethtool_ops 变量是 ethtool_ops 结构体变量，用于支持 Ethtool。其中的函数主要用于查询和设置网卡参数（当然也有些驱动程序可能不支持 Ethtool）。代码清单如下。

```
/*
    Ethtool 是一个实用工具，设计的目的是为系统管理员以大量的控制网络接口提供操作，用
    Ethtool 可以控制各种接口参数，包括速度、介质类型、双工模式、DMA 环境设置、硬件校验
    和 LAN 唤醒作等 */
static const struct ethtool_ops dm9000_ethtool_ops = {
    . get_drvinfo       = dm9000_get_drvinfo,
    . get_settings      = dm9000_get_settings,
    . set_settings      = dm9000_set_settings,
    . get_msglevel      = dm9000_get_msglevel,
    . set_msglevel      = dm9000_set_msglevel,
    . nway_reset        = dm9000_nway_reset,
    . get_link          = dm9000_get_link,
    . get_eeprom_len    = dm9000_get_eeprom_len,     /* 得到 eeprom 长度 */
    . get_eeprom        = dm9000_get_eeprom,
```

```
        . set_eeprom              = dm9000_set_eeprom,
        . get_rx_csum             = dm9000_get_rx_csum,
        . set_rx_csum             = dm9000_set_rx_csum,
        . get_tx_csum             = ethtool_op_get_tx_csum,
        . set_tx_csum             = dm9000_set_tx_csum,
    };
```

board_info 结构体：用来保存芯片相关的一些私有信息。具体在如下代码中分析。

```
    typedef struct board_info {
        void __iomem    * io_addr;      //寄存器 I/O 首地址 */
        void __iomem    * io_data;      //数据 I/O 地址 */
        u16     irq;                    //中断号 */

        u16     tx_pkt_cnt;             //发送数据包计数
        u16     queue_pkt_len;          //发送队列数据包的长度
        u16     queue_start_addr;
        u16     queue_ip_summed;        //队列中发送包中 IP 包的校验和，长度和校验和要保存起
                                        //来传递给发送函数使用
        u16     dbug_cnt;               //调试次数
        u8      io_mode;                / * 0 : word, 2 : byte * /
        u8      phy_addr;               //PHY 地址
        u8      imr_all;                //中断使能值

        unsigned int    flags;          //工作标志 DM9000_PLATF_EXT_PHY 等
        unsigned int    in_suspend : 1; //设备挂起标志
        int     debug_level;            //调试等级

        enum dm9000_type type;          //芯片类型 A、B、E

        void( * inblk)( void __iomem * port, void * data, int length);      //读取 I/O 口函数
        void( * outblk)( void __iomem * port, void * data, int length);     //写入 I/O 口函数
        void( * dumpblk)( void __iomem * port, int length);

        struct device       * dev;          //父设备
        struct resource     * addr_res;     //地址资源
        struct resource     * data_res;     //数据资源
        struct resource     * addr_req;     //addr_res 申请的 I/O 内存
        struct resource     * data_req;     //data_res 申请的 I/O 内存
        struct resource     * irq_res;      //中断资源
        struct mutex        addr_lock;      /PHY and eeprom access lock * /
```

```
        struct delayed_work phy_poll;        //定时的工作队列
        struct net_device * ndev;             //对应的网络设备

        spinlock_t       lock;                //自旋锁

        struct mii_if_info mii;               //MII 接口控制芯片信息（MII 是 MAC 层和 PHY 层之间
                                                的标准接口，MII 标准定义了一组寄存器，只要向这组
                                                寄存器写入一些数据就可以操纵数据发送了）
        u32              msg_enable;          //调试信息等级值
        int              rx_csum;             //接收校验和
        int              can_csum;            //是否校验和功能
        int              ip_summed;;          //发送包中 IP 包的校验和
    | board_info_t;
```

11.4.4 平台设备驱动的结构体定义

```
/ * 平台设备驱动的结构体定义 * /
static struct platform_driver dm9000_driver = |
    . driver    = |
        . name = "dm9000",              / * 该名称和系统初始化中平台设备的名称一致 * /
        . owner     = THIS_MODULE,
        . pm        = &dm9000_drv_pm_ops,  //电源操作函数
    |,
    . probe = dm9000_probe,             //资源探测函数

    / * 删除函数_devexit_p 用于初始化由__devexit 标志的函数的指针 * /
    . remove = __devexit_p(dm9000_drv_remove),   / * 设备删除函数 * /
|;
```

11.4.5 驱动初始化函数

驱动加载或执行 insmod 命令后会自动调用以下初始化函数。主要完成的任务是将驱动添加到总线上，完成驱动和设备的匹配，并执行驱动的 probe 函数。

```
/ *
 * DM9000 驱动初始化函数
 * /
static int __init dm9000_init( void)
|
//2440 开发板 DM9000 是接在 bank4 上的，以下对 bank4 相关寄存器进行配置
#if defined( CONFIG_ARCH_S3C2410)
```

```
        unsigned int oldval_bwscon = * ( volatile unsigned int * ) S3C2410_BWSCON;

        unsigned int oldval_bankcon4 = * ( volatile unsigned int * ) S3C2410_BANKCON4;

        * ( ( volatile unsigned int * ) S3C2410_BWSCON) =
        ( oldval_bwscon & ~ ( 3 << 16) ) | S3C2410_BWSCON_DW4_16 | S3C2410_BWSCON_WS4 |
    S3C2410_BWSCON_ST4;

        * ( ( volatile unsigned int * ) S3C2410_BANKCON4) = 0x1f7c;
#endif

        printk( KERN_INFO "% s Ethernet Driver, V% s\n", CARDNAME, DRV_VERSION);

        return platform_driver_register( &dm9000_driver);        //作为平台设备注册
    }
```

dm9000_init( )中调用函数 platform_driver_register( )函数注册驱动。

▶ 11.4.6　probe 函数

在上一步中执行初始化函数后，驱动和设备匹配成功后会自动执行驱动的 probe 函数，以进行资源的探测和申请资源。probe 函数主要完成的任务是探测设备获得并保存资源信息，根据这些信息申请内存和中断，最后调用 register_netdev 注册这个网络设备。这样，最后网络设备的数据保存到总线上，并将网络设备注册到内核。其中，函数 db = netdev_priv(ndev)；实际上是返回网卡私有成员的数据结构地址函数（定义在 include/linux/net_device.h 中）。

```
    static inline void * netdev_priv( const struct net_device * dev)
    {
        return( char * ) dev + ALIGN( sizeof( struct net_device), NETDEV_ALIGN);
    }
```

以下是对 probe 函数的代码分析。
（1）首先定义了几个局部变量。

```
    struct dm9000_plat_data * pdata = pdev –> dev. platform_data;        //获取私有数据，
    struct board_info * db;        / * Point a board information structure * /
    struct net_device * ndev;
```

（2）初始化一个网络设备，关键系统函数：alloc_etherdev( )。

```
    / * 为 DM9000 分配一个 net_device 结构体 ndev 并申请内存(包含平台私有数据 priv)，
        并完成结构体公有成员的赋值(在函数 alloc_etherdev 中调用函数
```

```
            alloc_netdev_mq(sizeof_priv,"eth% d",ether_setup,queue_count);)
    */
    ndev = alloc_etherdev(sizeof(struct board_info));   //分配 net_device 结构,初始化公共成员
```

（3）通过 SET_NETDEV_DEV(netdev,&pdev -> dev)宏设置为当前设备的资源信息,并将其保存在 board_info 变量 db 中。

关键系统函数：netdev_priv( )、platform_get_resource( )。根据资源信息分配内存,申请中断,将申请后的资源信息也保存到 db 中,并且填充 ndev 中的参数。

关键系统函数：request_mem_region( )、ioremap( )。

自定义函数：dm9000_set_io( )。

```
    /* setup board info structure
    将包含 DM9000 相关信息的结构体 board_info 赋值给 net_device 的成员 priv,
    包括 board_info 成员 dev、ndev、lock、addr_lock、phy_poll（函数 dm9000_poll_work）、
    addr_res（地址寄存器）、data_res（数据寄存器）和 irq_res（中断号）
    */
    db = netdev_priv(ndev);              //获取私有数据

    db -> dev = &pdev -> dev;            //父设备
    db -> ndev = ndev;                   //初始化锁

    spin_lock_init(&db -> lock);         //初始化地址锁
    mutex_init(&db -> addr_lock);

    //提交一个任务给一个工作队列(初始化工作队列和定时器)
    INIT_DELAYED_WORK(&db -> phy_poll,dm9000_poll_work);

    /*
        获取 addr_res 地址大小,调用 request_mem_region（作用:检查申请的资源是否可用,如果
        可用则申请成功,并标志为已经使用,若其他驱动想再次申请该资源就会失败）向内核申
        请 I/O 内存;调用 ioremap 将 I/O 内存映射到虚拟内存,将其保存在 board_info 的成员 io_ad-
        dr 中
    */

    db -> addr_res = platform_get_resource(pdev,IORESOURCE_MEM,0);//获取资源结构
    /*
        获取 data_res 地址大小,调用 request_mem_region 向内核申请 I/O 内存;调用 ioremap 将 I/O 内
        存映射到虚拟内存,将其保存在 board_info 的成员 io_data 中
    */
    db -> data_res = platform_get_resource(pdev,IORESOURCE_MEM,1);
```

```
/*填充结构体 net_device 成员 base_addr(为 io_addr)、irq */
db -> irq_res = platform_get_resource(pdev,IORESOURCE_IRQ,0);


if(db -> addr_res == NULL || db -> data_res == NULL ||
    db -> irq_res == NULL){
    dev_err(db -> dev,"insufficient resources\n");
    ret = - ENOENT;
    goto out;
}
iosize = resource_size(db -> addr_res);
db -> addr_req = request_mem_region(db -> addr_res -> start,iosize,
                pdev -> name);        //为寄存器地址申请 I/O 内存


if(db -> addr_req == NULL){            //失败
    dev_err(db -> dev,"cannot claim address reg area\n");
    ret = - EIO;
    goto out;
}


/*
ioremap 建立新页表；不同于 vmalloc，但是，它实际上不分配任何内存。
ioremap 的返回值是一个特殊的虚拟地址，可用来存取特定的物理地址范围。
获得的虚拟地址应当最终通过调用 iounmap 来释放。
在许多系统中 I/O 内存根本不是可以用这种方式直接存取的，
因此必须首先设置一个映射，这是 ioremap 函数的功能
*/
db -> io_addr = ioremap(db -> addr_res -> start,iosize);    //动态映射地址
iosize = resource_size(db -> data_res);
db -> data_req = request_mem_region(db -> data_res -> start,iosize,
                pdev -> name);                              //为数据 I/O 地址申请 I/O 内存


if(db -> data_req == NULL){                                 //失败
    dev_err(db -> dev,"cannot claim data reg area\n");
    ret = - EIO;
    goto out;
}


db -> io_data = ioremap(db -> data_res -> start,iosize);
```

```
    if( db -> io_data == NULL) {                    //失败
        dev_err( db -> dev,"failed to ioremap data reg\n" );
        ret = - EINVAL;
        goto out;
    }


    /* fill in parameters for net - dev structure */
    ndev -> base_addr = (unsigned long)db -> io_addr;        //初始化设备 I/O 地址
    ndev -> irq     = db -> irq_res -> start;                //初始化设备中断号


    /* ensure at least we have a default set of IO routines
设置 DM9000 默认的传输字节宽度:设置结构体 board info 成员 dumpblk、outblk、inblk 的值(默
认为 32bit);根据 iosize 来设定网卡 I/O 数据线宽度和 I/O 操作函数
    */
    dm9000_set_io( db,iosize);                               //没有定义私有数据作为默认值


    /* check to see if anything is being over - ridden */
    if( pdata != NULL) {
    /*
根据设备平台私有数据成员 flags 的值调用函数 dm9000_set_io 判定设置 DM9000 传输字节宽度
(设定为 16bit)
    */
        if( pdata -> flags & DM9000_PLATF_8BITONLY)
            dm9000_set_io( db,1);

        if( pdata -> flags & DM9000_PLATF_16BITONLY)    //使用 16 位宽度
            dm9000_set_io( db,2);

        if( pdata -> flags & DM9000_PLATF_32BITONLY)
            dm9000_set_io( db,4);

        /* check to see if there are any I/O routine
         * over - rides */

        if( pdata -> inblk != NULL)                     //若没有赋值则使用默认函数
            db -> inblk = pdata -> inblk;

        if( pdata -> outblk != NULL)                    //若没有赋值则使用默认函数
            db -> outblk = pdata -> outblk;
```

```
        if( pdata –> dumpblk ! = NULL)        //若没有赋值则使用默认函数
            db –> dumpblk = pdata –> dumpblk;

        db –> flags = pdata –> flags; //DM9000_PLATF_16BITONLY | DM9000_PLATF_NO_EEPROM
    }
```

db 和 ndev 中所包括的内容如下所示。

```
struct board_info * db:
            addr_res    ——地址资源;
            data_res    ——数据资源;
            irq_res     ——中断资源;
            addr_req    ——分配的地址内存资源;
            io_addr     ——寄存器 I/O 基地址;
            data_req    ——分配的数据内存资源;
            io_data     ——数据 I/O 基地址;
            dumpblk     ——I/O 模式;
            outblk      ——I/O 模式;
            inblk       ——I/O 模式;
            lock        ——自旋锁(已经被初始化);
            addr_lock   ——互斥锁(已经被初始化)。
struct net_device * ndev:
            base_addr   ——设备 IO 地址;
            irq         ——设备 IRQ 号。
```

（4）设备复位。硬件操作函数 dm9000_reset( )。

```
//如果配置 DM9000 物理轮询, 则将 DM9000_PLATF_SIMPLE_PHY 赋值给 board_info 成员 flags
#ifdef CONFIG_DM9000_FORCE_SIMPLE_PHY_POLL        //使用片内 PHY 判断连接状态
    db –> flags | = DM9000_PLATF_SIMPLE_PHY;       //使用片内 PHY
#endif

    dm9000_reset( db);                              //复位后选择 EEPROM
```

（5）读取生产商和制造商的 ID。
应该是 0x9000 0A46。关键函数：ior( )。

```
/ *
VID (28H~29H):生产厂家序列号 (Vendor ID)
7~0:VIDL:低半字节 (28H), 只读, 默认 46H
7~0:VIDH:高半字节 (29H), 只读, 默认 0AH
```

```
PID (2AH~2BH):产品序列号 (Product ID)
7~0:PIDL:低半字节 (2AH), 只读, 默认 00H
7~0:PIDH:高半字节 (2BH), 只读, 默认 90H
*/
/* try multiple times, DM9000 sometimes gets the read wrong
读取 DM9000 的寄存器 VID (vendor ID) 和 PID (产品 ID), 并与 DM9000_ID (0x90000A46) 比
对, 正确则继续
*/
for(i = 0;i < 8;i ++) {                                    //读取多次, 有时读错
    id_val = ior(db,DM9000_VIDL);
    id_val |= (u32)ior(db,DM9000_VIDH) << 8;              //读取 Vendor ID
    id_val |= (u32)ior(db,DM9000_PIDL) << 16;
    id_val |= (u32)ior(db,DM9000_PIDH) << 24;             //读取 Product ID

    if(id_val == DM9000_ID)
        break;
    dev_err(db -> dev,"read wrong id 0x%08x\n",id_val);
}

if(id_val != DM9000_ID) {                                 //芯片不符合程序
    dev_err(db -> dev,"wrong id: 0x%08x\n",id_val);
    ret = - ENODEV;
    goto out;
}
```

（6）读取芯片类型。

```
/* Identify what type of DM9000 we are working on
    读取 DM9000 的 CHIPR (芯片版本) 寄存器, 并将其赋值给 board_info 的成员 type(type 有
    三个值:TYPE_DM9000A、TYPE_DM9000B、TYPE_DM9000E)
*/
id_val = ior(db,DM9000_CHIPR);
dev_dbg(db -> dev,"dm9000 revision 0x%02x\n",id_val);

switch(id_val) {                                          //判断芯片版本
case CHIPR_DM9000A:
    db -> type = TYPE_DM9000A;          //A 型
    break;
case CHIPR_DM9000B:
    db -> type = TYPE_DM9000B;          //B 型
    break;
default:
```

```
        dev_dbg(db -> dev,"ID %02x => defaulting to DM9000E\n",id_val);
        db -> type = TYPE_DM9000E;
    }

    /*DM9000A 或 DM9000B 具有硬件检验和的能力，如果 type 是 DM9000A 或 DM9000B，则将
    board_info 的成员 can_csum, rx_csum 置为 1（表示要进行数据校验），将 ndev 的成员 features 置
    为 NETIF_F_IP_CSUM
    */
    if(db -> type == TYPE_DM9000A || db -> type == TYPE_DM9000B){
        db -> can_csum = 1;
        db -> rx_csum = 1;
        ndev -> features  |= NETIF_F_IP_CSUM;     //设备传输层使能校验和
    }
```

以上步骤结束后，就可以认为已经找到了 DM9000。

（7）借助 ether_setup( ) 函数来部分初始化 ndev。

对以太网设备来讲，很多操作与属性是固定的，内核可以帮助其完成。

```
    /*driver system function 以下为初始化网络设备数据结构的私有成员为结构体 ndev 的部分成员
       (header_ops, type, hard_header_len, mtu, addr_len, tx_queue_len, flags, broadcast)填充通用值
    */
    ether_setup(ndev);   //借助 ether_setup( ) 函数来部分初始化 ndev。对以太网设备来讲，很多操
                         //作与属性是固定的，内核可以帮助其完成
```

（8）手动初始化 ndev 的 ops 和 db 的 MII 部分。

```
    ndev -> netdev_ops      = &dm9000_netdev_ops;        //网络设备操作集
    ndev -> watchdog_timeo  = msecs_to_jiffies(watchdog);  //看门狗溢出时间

    /*
       对 Ethtool 支持的相关声明可在 < linux/ethtool.h > 中找到。它的核心是一个 ethtool_ops 类型
       的结构，里面包含 24 种不同方法来支持 Ethtool
    */
    ndev -> ethtool_ops     = &dm9000_ethtool_ops;       //Ethtool 框架

    db -> msg_enable = NETIF_MSG_LINK;                   //连接消息

    /*以下为使用片外 PHY 时 MII 接口芯片的信息
       PHY 地址寄存器 5～0：EROA：EEPROM 字地址或 PHY 寄存器地址。
       结构体 board_info 的成员包括 msg_enable、mii. phy_id_mask、mii. reg_num_mask、mii. force_
       media、mii. full_duplex、mii. dev、mii. mdio_read(dm9000_phy_read)、mii. mdio_write(dm9000_
       phy_write)
    */
    db -> mii. phy_id_mask  = 0x1f;                      //PHY ID 掩码
```

```
db -> mii. reg_num_mask = 0x1f;              //寄存器数量掩码
db -> mii. force_media = 0;                  //关闭自适应功能
db -> mii. full_duplex = 0;                  //非全双工
db -> mii. dev        = ndev;

//对介质无关接口的支持
db -> mii. mdio_read = dm9000_phy_read;      //MII 接口读取函数
db -> mii. mdio_write = dm9000_phy_write;    //MII 接口写函数
```

（9）从 EEPROM 中读取节点地址（如果有的话）。

这里可以看到 xyd2440 开发板上的 DM9000 没有外挂 EEPROM，所以读取出来的全部是 0xff（见函数 dm9000_read_eeprom）。

```
mac_src = "eeprom" ;//MAC 地址来源为 EEPROM

/* try reading the node address from the attached EEPROM */
/* 在 EEPROM 的 0～5 这 6 字节里放着 MAC 地址，读取 MAC 到 dev_addr 数组 */
for(i =0;i<6;i +=2)    //读取 MAC 到 dev_addr 数组
    dm9000_read_eeprom(db,i /2,ndev -> dev_addr +i);

if( !is_valid_ether_addr(ndev -> dev_addr)&& pdata!= NULL){   //非有效以太网地址时
    mac_src = "platform data";                   //MAC 码保存器件名称为平台设备
    memcpy(ndev -> dev_addr,pdata -> dev_addr,6); //此处没有设置 pdata -> dev_addr
}

if( !is_valid_ether_addr(ndev -> dev_addr)){        //非有效以太网地址时
    /* try reading from MAC
      PAR(10H～15H)：物理地址（MAC）寄存器（Physical Address Register）
      7 -0：PAD0～PAD5：物理地址字节 0～字节 5（10H～15H）。用来保存 6 个字节的
      MAC 地址。
    */
    mac_src = "chip";                  //MAC 码保存器件名称为网络设备
    for(i =0;i<6;i ++ )                //读取 Physical Address Register（10H～15H）
        ndev -> dev_addr[i] =ior(db,i + DM9000_PAR);
}
/* 将 MAC 地址传给结构体 ndev 的成员 dev_addr */
memcpy(ndev -> dev_addr,"\x08\x90\x90\x90\x90\x90",6);

/* 物理地址可以自己通过 pdata -> dev_addr 设定或是直接读取芯片中的物理地址 */
if( !is_valid_ether_addr(ndev -> dev_addr))
    dev_warn(db -> dev,"% s：Invalid ethernet MAC address.  Please "
        "set using ifconfig\n" ,ndev -> name);
```

（10）保存成平台总线设备的私有数据。

很显然，ndev 是在 probe 函数中定义的局部变量，如果需要在其他地方使用它怎么办呢？这就需要把它保存起来。内核提供了一个方法，即使用函数 platform_set_drvdata( ) 可以将 ndev 保存成平台总线设备的私有数据。以后再要使用它时只需调用 platform_get_drvdata( ) 就可以了。

```
platform_set_drvdata( pdev,ndev) ;    //将驱动结构数据 ndev 传给平台设备 pdev 的成员 pdev ->
                                      //driver_data
```

（11）使用 register_netdev( ) 注册 ndev。

```
ret = register_netdev( ndev) ;        //注册网络驱动，将其加入到数组链表注册
```

probe 的代码清单如下所示。

```
/*探测设备获得并保存资源信息，根据这些信息申请内存和中断调用 register_netdev 注册这个
网络设备*/
static int __devinit dm9000_probe( struct platform_device * pdev)
{
    /*
     *结构体 dm9000_plat_data 在文件 mach – smdk2440. c 中，形式如下
     *     static struct dm9000_plat_data s3c_dm9k_platdata = {
     *       . flags = DM9000_PLATF_16BITONLY,
     *     };
     */
    struct dm9000_plat_data * pdata = pdev -> dev. platform_data;   //私有数据
    struct board_info * db;          /* Point a board information structure

    struct net_device * ndev;
    const unsigned char * mac_src;
    int ret = 0;
    int iosize;
    int i;
    u32 id_val;

    /* 为 DM9000 分配一个 net_device 结构体 ndev 并申请内存（包含平台私有数据成员 priv），
       完成结构体公有成员的赋值（在函数 alloc_etherdev 中调用函数 alloc_netdev_mq( sizeof_
       priv,"eth% d",ether_setup,queue_count);)
    */
    ndev = alloc_etherdev( sizeof( struct board_info) );
    if( ! ndev) {
        dev_err( &pdev -> dev,"could not allocate device. \n") ;
        return – ENOMEM;
```

```
}

/* SET_NETDEV_DEV 宏实现为系统文件系统中的物理设备创建一个与网络类逻辑设备的
    链接, 也就是说将物理设备与网络设备联系起来 */
SET_NETDEV_DEV(ndev,&pdev -> dev);

dev_dbg(&pdev -> dev,"dm9000_probe()\n");

/* setup board info structure
    将包含 DM9000 相关信息的结构体 board_info 赋值给 net_device 的成员 priv, 即 board in-
    fo 成员 dev、ndev、lock、addr_lock、phy_poll(函数 dm9000_poll_work), addr_res(地址寄
    存器)、data_res(数据寄存器)、irq_res(中断号)
*/
db = netdev_priv(ndev);

db -> dev = &pdev -> dev;                   //父设备
db -> ndev = ndev;                          //初始化锁

spin_lock_init(&db -> lock);                //初始化地址锁
mutex_init(&db -> addr_lock);

//初始化工作队列和定时器, 需要填充一个 work_struct 结构 db -> phy_poll
INIT_DELAYED_WORK(&db -> phy_poll,dm9000_poll_work);

/*
    获取 addr_res 地址大小, 调用 request_mem_region(作用: 检查申请的资源是否可用, 如
    果可用则申请成功, 并标志为已经使用, 其他驱动想再次申请该资源就会失败)向内核
    申请 I/O 内存; 调用 ioremap 将 I/O 内存映射到虚拟内存, 将其保存在 board_info 的成
    员 io_addr 中
*/
db -> addr_res = platform_get_resource(pdev,IORESOURCE_MEM,0);

/*
    获取 data_res 地址大小, 调用 request_mem_region 向内核申请 I/O 内存; 调用 ioremap 将
    I/O 内存映射到虚拟内存, 将其保存在 board_info 的成员 io_data 中
*/
db -> data_res = platform_get_resource(pdev,IORESOURCE_MEM,1);

/*填充结构体 net_device 成员 base_addr(为 io_addr)、irq */
db -> irq_res  = platform_get_resource(pdev,IORESOURCE_IRQ,0);

if(db -> addr_res == NULL || db -> data_res == NULL ||
```

```
    db -> irq_res == NULL) {
    dev_err( db -> dev, "insufficient resources\n" );
    ret = - ENOENT;
    goto out;
}


iosize = resource_size( db -> addr_res );
db -> addr_req = request_mem_region( db -> addr_res -> start, iosize,
                    pdev -> name );    //为寄存器地址申请 I/O 内存

if( db -> addr_req == NULL) {                //失败
    dev_err( db -> dev, "cannot claim address reg area\n" );
    ret = - EIO;
    goto out;
}


/ *
ioremap 建立新页表;不同于 vmalloc,它实际上不分配任何内存
ioremap 的返回值是一个特殊的虚拟地址可用来存取特定的物理地址范围。
获得的虚拟地址应当最终通过调用 iounmap 来释放。
在许多系统中 I/O 内存根本不是可以这种方式直接存取的,
因此必须首先设置一个映射,这是 ioremap 函数的功能
*/
db -> io_addr = ioremap( db -> addr_res -> start, iosize );    //动态映射地址

if( db -> io_addr == NULL) {                //失败
    dev_err( db -> dev, "failed to ioremap address reg\n" );
    ret = - EINVAL;
    goto out;
}


iosize = resource_size( db -> data_res );
db -> data_req = request_mem_region( db -> data_res -> start, iosize,
                    pdev -> name );        //为数据 I/O 地址申请 I/O 内存

if( db -> data_req == NULL) {                //失败
    dev_err( db -> dev, "cannot claim data reg area\n" );
    ret = - EIO;
    goto out;
}


db -> io_data = ioremap( db -> data_res -> start, iosize );
```

```
        if(db -> io_data == NULL){        //失败
            dev_err(db -> dev,"failed to ioremap data reg\n");
            ret = - EINVAL;
            goto out;
        }


        /* fill in parameters for net - dev structure */
        ndev -> base_addr = (unsigned long)db -> io_addr;    //初始化设备 I/O 地址
        ndev -> irq       = db -> irq_res -> start;          //初始化设备中断号


        /* ensure at least we have a default set of I/O routines
```
设置 DM9000 默认的传输字节宽度:设置结构体 board info 成员 dumpblk、outblk、inblk
的值(默认为 32bit);根据 iosize 设定网卡 I/O 数据线宽度和 I/O 操作函数
```
        */
        dm9000_set_io(db,iosize);                    //没有定义私有数据作为默认值


        /* check to see if anything is being over - ridden */
        if(pdata!= NULL){
```
/* 根据设备平台私有数据成员 flags 的值调用函数 dm9000_set_io 判定设置 DM9000 传输
字节宽度 */
```
            if(pdata -> flags & DM9000_PLATF_8BITONLY)
                dm9000_set_io(db,1);


            if(pdata -> flags & DM9000_PLATF_16BITONLY)  //使用 16 位宽度
                dm9000_set_io(db,2);


            if(pdata -> flags & DM9000_PLATF_32BITONLY)
                dm9000_set_io(db,4);


            /* check to see if there are any I/O routine
             * over - rides */


            if(pdata -> inblk!= NULL)                    //若没有赋值则使用默认函数
                db -> inblk = pdata -> inblk;


            if(pdata -> outblk!= NULL)                   //若没有赋值则使用默认函数
                db -> outblk = pdata -> outblk;


            if(pdata -> dumpblk!= NULL)                  //若没有赋值则使用默认函数
                db -> dumpblk = pdata -> dumpblk;
```

```
    db -> flags = pdata -> flags;//DM9000_PLATF_16BITONLY│DM9000_PLATF_NO_EEPROM
    }
/ * 如果配置 DM9000 物理轮询，则将 DM9000_PLATF_SIMPLE_PHY 赋值给 board info 成员 flags
 * /
#ifdef CONFIG_DM9000_FORCE_SIMPLE_PHY_POLL        //使用片内 PHY 判断连接状态
    db -> flags │= DM9000_PLATF_SIMPLE_PHY;        //使用片内 PHY
#endif

    dm9000_reset(db);                              //复位后选择 EEPROM


    / *
    VID (28H～29H)：生产厂家序列号（Vendor ID）
    7～0：VIDL：低半字节（28H），只读，默认 46H
    7～0：VIDH：高半字节（29H），只读，默认 0AH


    PID (2AH～2BH)：产品序列号（Product ID）
    7～0：PIDL：低半字节（2AH），只读，默认 00H
    7～0：PIDH：高半字节（2BH），只读，默认 90H
    * /
    / *
    读取 DM9000 的寄存器 VID（vendor ID）和 PID（产品 ID），并与 DM9000_ID（0x90000A46）
    比对，正确则继续
    * /
    for(i = 0;i < 8;i ++){                         //读取多次，有时可能读错
        id_val = ior(db,DM9000_VIDL);
        id_val │= (u32)ior(db,DM9000_VIDH) << 8;   //读取 Vendor ID
        id_val │= (u32)ior(db,DM9000_PIDL) << 16;
        id_val │= (u32)ior(db,DM9000_PIDH) << 24;  //读取 Product ID

        if(id_val == DM9000_ID)
            break;
        dev_err(db -> dev,"read wrong id 0x%08x\n",id_val);
    }

    if(id_val!= DM9000_ID){                        //芯片不符合程序
        dev_err(db -> dev,"wrong id: 0x%08x\n",id_val);
        ret = - ENODEV;
        goto out;
    }

    / * Identify what type of DM9000 we are working on
```

读取 DM9000 的 CHIPR（芯片版本）寄存器，并将其赋值给 board_info 的成员 type，（type
有三个值：TYPE_DM9000A、TYPE_DM9000B、TYPE_DM9000E)

```
*/
id_val = ior( db, DM9000_CHIPR) ;
dev_dbg( db -> dev, "dm9000 revision 0x% 02x\n", id_val) ;

switch( id_val) {                                  //判断芯片版本
case CHIPR_DM9000A:
    db -> type = TYPE_DM9000A;                     //A 型
    break;
case CHIPR_DM9000B:
    db -> type = TYPE_DM9000B;                     //B 型
    break;
default:
    dev_dbg( db -> dev, "ID % 02x => defaulting to DM9000E\n", id_val) ;
    db -> type = TYPE_DM9000E;
}
```

/ * DM9000A 和 DM9000B 具有硬件检验和的能力，如果 type 是 DM9000A 或 DM9000B，将
board_info 的成员 can_csum, rx_csum 置为 1（表示要进行数据校验），将 ndev 的成员
features 置为 NETIF_F_IP_CSUM

```
*/
if( db -> type == TYPE_DM9000A || db -> type == TYPE_DM9000B) {
    db -> can_csum = 1;
    db -> rx_csum = 1;
    ndev -> features | = NETIF_F_IP_CSUM;   //设备传输层使能校验和
}

/ * from this point we assume that we have found a DM9000 */
```

/ * driver system function 以下为初始化网络设备数据结构的私有成员
为结构体 ndev 的部分成员（header_ops, type, hard_header_len, mtu, addr_len, tx_queue_
len, flags, broadcast）填充通用值

```
*/
```
/ * 借助 ether_setup()函数来部分初始化 ndev。对以太网设备来讲，很多操作与属性是固
定的，内核可以帮助其完成

```
*/
ether_setup( ndev) ;

ndev -> netdev_ops = &dm9000_netdev_ops;           //网络设备操作集
ndev -> watchdog_timeo = msecs_to_jiffies( watchdog) ;   //看门狗溢出时间
```

```
    / *
        对 Ethtool 支持的相关声明可在 < linux/ethtool. h > 中找到。
        它的核心是一个 ethtool_ops 类型的结构，里面包含全部 24 种不同方法来支持 Ethtool
    */
    ndev -> ethtool_ops = &dm9000_ethtool_ops;            //Ethtool 框架


    db -> msg_enable = NETIF_MSG_LINK;                    //连接消息


    / * 以下为使用片外 PHY 时 MII 接口芯片的信息
        PHY 地址寄存器，5～0:EROA:EEPROM 字地址或 PHY 寄存器地址。
        结构体 board_info 的成员为 msg_enable、mii. phy_id_mask、mii. reg_num_mask、mii. force_
        media、mii. full _ duplex、mii. dev、mii. mdio _ read ( dm9000 _ phy _ read )、mii. mdio _write
        ( dm9000_phy_write )
    */
    db -> mii. phy_id_mask  = 0x1f;                       //PHY ID 掩码
    db -> mii. reg_num_mask = 0x1f;                       //寄存器数量掩码
    db -> mii. force_media  = 0;                          //关闭自适应功能
    db -> mii. full_duplex  = 0;                          //非全双工
    db -> mii. dev          = ndev;


    //对介质无关接口的支持
    db -> mii. mdio_read  = dm9000_phy_read;              //MII 接口读取函数
    db -> mii. mdio_write = dm9000_phy_write;             //MII 接口写函数


    mac_src = " eeprom" ;                                 //MAC 地址来源为 EEPROM


    / * try reading the node address from the attached EEPROM */
    //在 EEPROM 的 0～5 这 6 个字节里放着 MAC 地址
    for( i = 0;i < 6;i += 2)                              //读取 MAC 到 dev_addr 数组
        dm9000_read_eeprom( db,i /2,ndev -> dev_addr + i) ;


    if( !is_valid_ether_addr(ndev -> dev_addr)&& pdata!= NULL) {   //非有效以太网地址时
        mac_src = " platform data" ;            //MAC 码保存器件名称为平台设备
        memcpy( ndev -> dev_addr,pdata -> dev_addr,6) ;  //此处没有设置 pdata -> dev_addr
    }


    if( !is_valid_ether_addr(ndev -> dev_addr)) {  //非有效以太网地址时
        / * try reading from MAC */
        / *
            PAR (10H～15H)：物理地址（MAC）寄存器
            7～0：PAD0～PAD5：物理地址字节 0～字节 5 (10H～15H)。
```

用来保存 6 个字节的 MAC 地址

```
        */
        mac_src = "chip" ;              //MAC 码保存器件名称为网络设备
        for( i = 0 ;i < 6 ;i + + )         //读取物理地址寄存器(10H～15H)
            ndev -> dev_addr[ i ] = ior( db,i + DM9000_PAR) ;
    }


    /*将 MAC 地址传给结构体 ndev 的成员 dev_addr*/
    memcpy( ndev -> dev_addr," \x08\x90\x90\x90\x90\x90" ,6) ;


    /*物理地址可以自己通过 pdata -> dev_addr 设定或直接读取芯片中的物理地址*/
    if( !is_valid_ether_addr( ndev -> dev_addr) )
        dev_warn( db -> dev," % s：Invalid ethernet MAC address. Please "
            "set using ifconfig\n" ,ndev -> name) ;


    /*将驱动结构数据 ndev 传给平台设备 pdev 的成员,所以将驱动数据与平台设备关联
        起来*/
    platform_set_drvdata( pdev,ndev) ;
    ret = register_netdev( ndev) ;             //注册网络驱动,将其加入到数组链表注册


    if( ret = = 0)
        printk( KERN_INFO " % s：dm9000% c at % p,% p IRQ % d MAC：% pM( % s) \n" ,
            ndev -> name,dm9000_type_to_char( db -> type) ,
            db -> io_addr,db -> io_data,ndev -> irq,
            ndev -> dev_addr,mac_src) ;
    return 0 ;

out:
    dev_err( db -> dev," not found( % d). \n" ,ret) ;


    dm9000_release_board( pdev,db) ;
    free_netdev( ndev) ;


    return ret ;
}
```

▶ 11. 4. 7   remove 函数：设备的删除函数

```
static int dm9000_drv_resume( struct device * dev) //恢复函数
{
    struct platform_device * pdev = to_platform_device( dev) ;
```

```
struct net_device * ndev = platform_get_drvdata(pdev);
board_info_t * db = netdev_priv(ndev);

if(ndev){
    /*测试网卡是否在工作,唤醒上次未发送的数据发送队列,调用函数_netdev_watch-
        dog_up 开启网络数据传输超时定时器
    */
    if(netif_running(ndev)){                    //正在运行
        dm9000_reset(db);
        dm9000_init_dm9000(ndev);               //初始化芯片

        /*内核恢复接口,该函数实际完成工作是把工作队列重新唤醒,并唤醒网络接
            口的看门狗*/
        netif_device_attach(ndev);
    }

    db -> in_suspend = 0;                       //清除挂起标志
}
return 0;
}
```

▶ 11.4.8　打开、关闭函数和操作函数

1. open 函数:设备的打开函数

open 函数的主要作用是获取中断号;申请中断。

```
/*
 * Open the interface.
 * The interface is opened whenever "ifconfig" actives it
 */
static int
dm9000_open(struct net_device * dev)                //打开设备
{
    board_info_t * db = netdev_priv(dev);
    unsigned long irqflags = db -> irq_res -> flags & IRQF_TRIGGER_MASK;  //上升触发中断

    if(netif_msg_ifup(db))
        dev_dbg(db -> dev,"enabling % s\n",dev -> name);  //判断设备使能否,输出调试信息

    /* If there is no IRQ type specified,default to something that
     * may work,and tell the user that this is a problem */
```

```
        if( irqflags == IRQF_TRIGGER_NONE)              //无中断设置
            dev_warn( db -> dev,"WARNING：no IRQ resource flags set. \n" ) ;

        irqflags │ = IRQF_SHARED;                        //读写共享中断号

        //注册一个中断，中断处理函数为 dm9000_interrupt，传入参数 dev
        if( request_irq( dev -> irq,&dm9000_interrupt, irqflags, dev -> name, dev) )   //申请中断
            return - EAGAIN;

        / * Initialize DM9000 board * /
        dm9000_reset( db) ;                              //复位 DM9000
        dm9000_init_dm9000( dev) ;                       //初始化 DM9000

        / * Init driver variable * /
        db -> dbug_cnt = 0 ;

        / *
            假如发生链路变化的情况，则需要检查介质无关接口（MII）的载波状态是否同样也发生
            变化，否则就要准备重新启动 MII 接口
        * /
        mii_check_media( &db -> mii, netif_msg_link( db) ,1) ;    //检测 MII 是否改变，未使用
        netif_start_queue( dev) ;//启动发送队列，告诉上层网络协定这个驱动程序还有空的缓冲区
                                  //可用

/ * 如果 DM9000E 触发工作队列 struct delayed_work phy_poll，检测网络连接状态是否发生变
化 * /
        dm9000_schedule_poll( db) ;                      //初始化定时器来调度工作队列

        return 0 ;
    }
```

2. stop( )函数：设备的关闭函数

由于在函数 dm9000_probe( )中调用如下函数：

```
        / * Init network device * /
        ndev = alloc_etherdev( sizeof( struct board_info) ) ;//分配 net_device 结构，初始化公共成员
```

而 alloc_etherdev(sizeof(struct board_info)) 又被定义如下：

```
        #define alloc_etherdev( sizeof_priv) alloc_etherdev_mq( sizeof_priv,1)
```

alloc_netdev_mq( )中分配 net_device 和网卡的私有数据是一起分配的，函数的实现代码
如下所示。

```
struct net_device * alloc_netdev_mq(int sizeof_priv, const char * name,
                                    void( * setup)(struct net_device * ),
                                    unsigned int queue_count)
{
    ⋮

    alloc_size = sizeof(struct net_device);
    if(sizeof_priv) {
        / * ensure 32 - byte alignment of private area * /
        alloc_size = ALIGN(alloc_size, NETDEV_ALIGN);
        alloc_size += sizeof_priv;
    }

    / * ensure 32 - byte alignment of whole construct * /
    alloc_size += NETDEV_ALIGN - 1;

    p = kzalloc(alloc_size, GFP_KERNEL);
    if(!p) {
        printk(KERN_ERR "alloc_netdev: Unable to allocate device. \n");
        return NULL;
    }

    tx = kcalloc(queue_count, sizeof(struct netdev_queue), GFP_KERNEL);
    if(!tx) {
        printk(KERN_ERR "alloc_netdev: Unable to allocate " "tx qdiscs. \n");
        goto free_p;
    }

#ifdef CONFIG_RPS
    rx = kcalloc(queue_count, sizeof(struct netdev_rx_queue), GFP_KERNEL);
    if(!rx) {
        printk(KERN_ERR "alloc_netdev: Unable to allocate " "rx queues. \n");
        goto free_tx;
    }
    ⋮
}
```

因此，使用函数 netdev_priv( )函数返回的是网卡的私有数据的地址，函数的实现代码如下所示。

```
/ *
 * netdev_priv - access network device private data
 * @dev: network device
```

```
 * Get network device private data
 */
static inline void * netdev_priv(const struct net_device * dev)
{
    return(char * )dev + ALIGN(sizeof(struct net_device),NETDEV_ALIGN);
}


static int dm9000_stop(struct net_device * ndev)          //停止设备
{
    board_info_t * db = netdev_priv(ndev);                //获取结构体 board_info_t

    if(netif_msg_ifdown(db))                              //判断接口是否结束
        dev_dbg(db -> dev,"shutting down %s\n",ndev -> name);

    cancel_delayed_work_sync(&db -> phy_poll);  //终止 phy_poll 队列中被延迟的任务

    netif_stop_queue(ndev);        //通知内核停止发送包,告诉上层网络协定驱动程序没有空的
                                   //缓冲区可用

    / *设置为断开状态,通知该内核设备载波丢失(注:大部分涉及实际物理连接的网络技术
        提供一个载波状态;若存在载波则说明硬件存在并准备好) */
    netif_carrier_off(ndev);

    / * free interrupt */
    free_irq(ndev -> irq,ndev);                          //注销中断

    dm9000_shutdown(ndev);                               //关闭设备

    return 0;
}
```

下面调用 dm9000_shutdown(ndev)函数,该函数的功能是复位 PHY,配置寄存器 GPR 位 0 为 1,关闭 DM9000 电源,配置寄存器 IMR 第 7 位为 1,disable 中断,配置寄存器 RCR,disable 接收函数如下所示。

```
static void dm9000_shutdown(struct net_device * dev)   //关闭设备
{
    board_info_t * db = netdev_priv(dev);

    / * RESET device */

    //BMCR(00H):基本模式控制寄存器
```

```
//15：reset：1PHY 软件复位，0 正常操作。复位操作使 PHY 寄存器的值为默认值
//复位操作完成后，该位自动清零。
dm9000_phy_write(dev,0,MII_BMCR,BMCR_RESET);        //PHY 复位
iow(db,DM9000_GPR,0x01);                           //Power – Down PHY
iow(db,DM9000_IMR,IMR_PAR);                        //Disable all interrupt
iow(db,DM9000_RCR,0x00);                           //Disable RX
}
```

3. start_xmit 函数：发送函数 dm9000_start_xmit

从图 11.11 可以看出 DM9000 的 SRAM 中地址 0x0000 到 0x0BFF 是 TX Buffer，从 0x0C00 到 0x3FFF 是 RX Buffer，包的有效数据必须提前放到 TX Buffer 缓冲区，使用端口命令来选择 MWCMD 寄存器。最后通过设置 TX-CR 寄存器的 bit[0]TXREQ 来自动发送包。

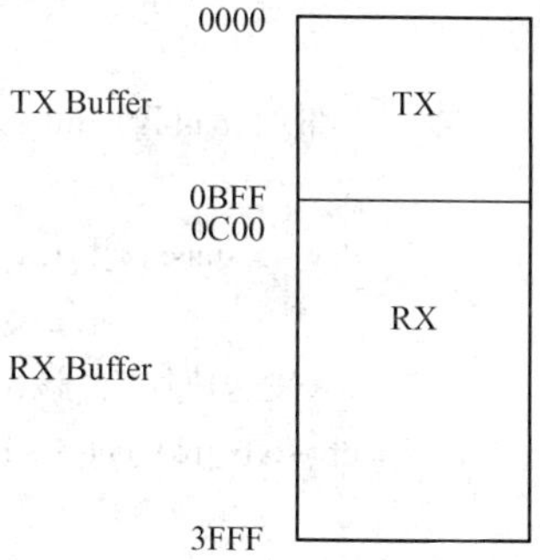

发送包的步骤如下所示。

（1）检查存储器宽度，通过读取 ISR 的 bit[7:6]来确定位数。

（2）写数据到 TXSRAM。

（3）写传输长度到 TXPLL 和 TXPLH 寄存器。

（4）设置 TXCR 的 bit[0]TXREQ 来发送包。

图 11.11　DM9000 发送和接收缓冲区

```
/* 从上层向硬件发送数据包，最终调用此函数，硬件启动数据包发送，由于该网卡一次配置两
    个数据包，所以在第一个数据包发送完成之前调用两次
 */
static int dm9000_start_xmit(struct sk_buff * skb,struct net_device * dev)
{
    unsigned long flags;
    board_info_t * db = netdev_priv(dev);         //获取结构体 board_info_t

    dm9000_dbg(db,3,"%s:\n",__func__);

    /* 发送队列已启动（如果 board_info_t 的成员 tx_pkt_cnt（发送数据包计数）大于 1，表明
        TX 正忙，返回）
     */
    if(db -> tx_pkt_cnt >1)
        return NETDEV_TX_BUSY;

    spin_lock_irqsave(&db -> lock,flags);

    /* 将 io_addr 写入寄存器 MWCMD 中；进行这个 command 操作后，向 io_data 写入的数据会
    传输到 DM9000 内部 TX SRAM 中；
```

MWCMD（F8H）：存储器读地址自动增加的读数据命令。

7～0：MWCMD：写数据到发送 SRAM 中，之后指向内部 SRAM 的读指针自动增加 1、2 或 4，根据处理器的操作模式而定（8 位、16 位或 32 位）

```
*/
writeb(DM9000_MWCMD,db -> io_addr);


/*
    调用函数 db -> outblk（该函数有 8bit、16bit、32bit）将内核网络套接字结构体 sk_buff 的
    数据 skb -> data 写入 db -> io_data 中，写完后将结构体 net_device 成员 stats. tx_bytes 加
    上新发送的字节数
*/
(db -> outblk)(db -> io_data,skb -> data,skb -> len);    //将套接字缓冲数据复制
                                                         //到 SRAM

dev -> stats. tx_bytes += skb -> len;


/* 发送值加 1。该网卡共有 2 个包，第 1 个包立即发送，第 2 个包加入到队列中 */
db -> tx_pkt_cnt ++;


/*
    如果是第 1 个数据包，则调用函数 dm9000_send_packet(dev,skb -> ip_summed,skb ->
    len)立即发送；如果是第 2 个数据包(表明队列中此时有包发送)，则将其加入队列中，
    将 skb -> len 和 skb -> ip_summed(控制校验操作)赋值给 board_info_t 中有关队列的相关
    成员。调用函数 netif_stop_queue(dev)，通知内核现在 queue 已满，不能再将发送数据传
    到队列中。注：第 2 个包的发送将在 tx_done 中实现
*/
if(db -> tx_pkt_cnt == 1){            //第 1 个包发送
    dm9000_send_packet(dev,skb -> ip_summed,skb -> len);
} else {                             //第 2 次调用时保存长度和 IP 校验和
    /* 发送第 2 个数据包 */
    db -> queue_pkt_len = skb -> len;
    db -> queue_ip_summed = skb -> ip_summed;

    /* 只能同时存在 2 个待发数据包。调用函数告知网络系统不要再启动发送 */
    netif_stop_queue(dev);           //停止队列
}

spin_unlock_irqrestore(&db -> lock,flags);


/*
    每个数据包写入网卡 SRAM 后都要释放 skb
    如果有 2 个数据包，则要将第 2 个数据包的长度存入 db -> queue_pkt_len = skb -> len
*/
```

```
        dev_kfree_skb(skb);              //释放套接字缓冲

        return NETDEV_TX_OK;
}
```

上面函数调用下面的函数 dm9000_send_packet 来发送数据。

```
static void dm9000_send_packet(struct net_device * dev,
                                int ip_summed,
                                u16 pkt_len)
{
    board_info_t * dm = to_dm9000_board(dev);

    / * The DM9000 is not smart enough to leave fragmented packets alone * /
    if(dm -> ip_summed != ip_summed){
        if(ip_summed == CHECKSUM_NONE)
            iow(dm,DM9000_TCCR,0);
        else
            iow(dm,DM9000_TCCR,TCCR_IP | TCCR_UDP | TCCR_TCP);
        dm -> ip_summed = ip_summed;
    }

    / * 设置 TX 数据的长度到寄存器 TXPLL 和 TXPLH * /
    iow(dm,DM9000_TXPLL,pkt_len);
    iow(dm,DM9000_TXPLH,pkt_len > >8);

    / * 设置发送控制寄存器的发送请求位 * /
    iow(dm,DM9000_TCR,TCR_TXREQ); / * Cleared after TX complete * /
}
```

4. 中断处理函数 dm9000_tx_done

```
/ *
 * DM9000 interrupt handler 一个数据包发送结束后的处理函数
注:DM9000 可以发送两个数据包,当发送 1 个数据包产生中断后,要确认队列中有没有第 2
 个包需要发送
 * /
static void dm9000_tx_done(struct net_device * dev,board_info_t * db)
{
    int tx_status = ior(db,DM9000_NSR);      / * Got TX status * /
```

```
/* 读取 DM9000 寄存器 NSR（Network Status Register）获取发送的状态。如果发送状态为
   NSR_TX2END（第 2 个包发送完毕）或者 NSR_TX1END（第 1 个包发送完毕），则将待
   发送的数据包数量（db -> tx_pkt_cnt）减 1，已发送的数据包数量（dev -> stats. tx_
   packets）加 1
*/
if(tx_status &(NSR_TX2END | NSR_TX1END))|        //是否为 1 或 2 数据包从上层提交到
                                                 //链路层

    /* One packet sent complete */
    db -> tx_pkt_cnt -- ;               //如果 1 个数据包发送结束，数据包计数减 1

    dev -> stats. tx_packets ++ ;

    if( netif_msg_tx_done( db) )        //输出成功发送调试信息
        dev_dbg( db -> dev,"tx done,NSR %02x\n",tx_status) ;

    /*
        检查变量 db -> tx_pkt_cnt（待发送的数据包）是否大于 0（表明还有数据包要发
        送），如果网卡 SRAM 中还存在 1 个待发数据包，则将该数据包长度 db -> queue_
        pkt_len 写入 TXPLL 和 TXPLH 中。置位发送请求，调用函数 dm9000_send_packet
        发送队列中的数据包
    */
    /* 检查队列中的包及发送队列中的包 */
    if( db -> tx_pkt_cnt >0)            //发送第 2 个包
        dm9000_send_packet( dev,db -> queue_ip_summed,db -> queue_pkt_len) ;

    /* 调用函数 netif_wake_queue(dev)通知内核可以将待发送的数据包进入发送队列 */
    netif_wake_queue( dev) ;           //重新启动队列
    |
}
```

5. DM9000 网卡驱动的数据接收函数

每接收到一个包，DM9000 都会在包的前面加上 4 字节，包括 01H；status 与 RSR（RX Status Register）的内容相同；LENL（数据包底 8 位）；LENH（数据包高 8 位）。首先要读取这 4 字节来确定数据包的状态，第 1 字节"01H"表示接下来的是有效的数据包；"00H"表示没有数据包；若为其他值则表示网卡没有正确初始化，需要重新初始化。这 4 个字节封装在一起，如下所示。

```
struct dm9000_rxhdr |
    u8 RxPktReady;
    u8 RxStatus;
    _le16 RxLen;
|_attribute_((_packed_)) ;
```

DM9000 网卡接收数据包的存储结构如图 11.12 所示。

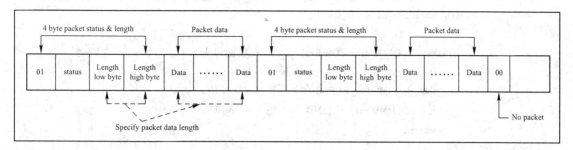

图 11.12　DM9000 网卡接收数据包的存储结构

根据数据包的结构可以知道接收一个包应该按照下面的步骤进行。

第一步：判断包是否已经接收过来了，这需要用到 MRCMDX 寄存器。MRCMDX 寄存器是存储数据读命令寄存器（地址不增加）。这个寄存器只是用来读取接收的包标志位"01"。

第二步：检查包的状态和长度，这需要用到 MRCMDX 寄存器（存储数据读命令，读指针自动增加）。

第三步：读包的数据。在这步中也需要 MRCMDX 寄存器。

下面这个例子用来读取 RX 状态和长度。其中，dm9000_rx( ) 函数实际上是按照上面这三个步骤来实现的。注意，这里按照 DM9000 接收包的格式定义了一个结构体 dm9000_rx-hdr，用来表示头部的 4 字节。

```
/*
 * 接收一个数据包存入缓存 skb，并通过函数 netif_rx 将该缓存交给上层
 */
static void dm9000_rx(struct net_device * dev)        //将数据提交到网络层
{
    board_info_t * db = netdev_priv(dev);
    struct dm9000_rxhdr rxhdr;
    struct sk_buff * skb;
    u8 rxbyte, * rdptr;                               //保存读取数据（在 SRAM 中地址值）
    bool GoodPacket;                                  //数据包标志位
    int RxLen;

    /* Check packet ready or not */
    do {

        /*
        MRCMDX（F0H）：存储器地址不变的读数据命令
        始终读取数据包的第 1 字节，直到读到 01H（即有效数据包）为止
        */
        ior(db, DM9000_MRCMDX);                       /* Dummy read */
```

```
/* 读取接收数据（设置 IMR_PAR，读取 SRAM 地址从 0C00 开始）*/
rxbyte = readb(db -> io_data);

if(rxbyte & DM9000_PKT_ERR) {          //数据包头第 1 字节为 1，为 0 则错
    dev_warn(db -> dev,"status check fail: %d\n",rxbyte);
    iow(db,DM9000_RCR,0x00);           /* Stop Device */
    iow(db,DM9000_ISR,IMR_PAR);        /* Stop INT request */
    return;
}

if(! (rxbyte & DM9000_PKT_RDY))        //如果数据包第 1 字节为 00H 则为无效数据包
    return;

/* A packet ready now & Get status/length */
GoodPacket = true;

/* MRCMD（F2H）：存储器读地址自动增加的读数据命令 */
writeb(DM9000_MRCMD,db -> io_addr);

/* 读取数据包的前 4 字节，即有效标志、接收状态、数据包长度，并存于结构体 rxhdr
   中 */
(db -> inblk)(db -> io_data,&rxhdr,sizeof(rxhdr));   //读取 4 字节保存到 rxhdr

RxLen = le16_to_cpu(rxhdr. RxLen);     //或 RxLen = rxhdr. RxLen

if(netif_msg_rx_status(db))            //读取信息
    dev_dbg(db -> dev,"RX: status %02x, length %04x\n",
        rxhdr. RxStatus,RxLen);

/* Packet Status check */
if(RxLen < 0x40) {                     //数据大于 64
    GoodPacket = false;
    if(netif_msg_rx_err(db))
        dev_dbg(db -> dev,"RX: Bad Packet(runt)\n");
}

if(RxLen > DM9000_PKT_MAX) {           //数据小于 1536(1.5K)
    dev_dbg(db -> dev,"RST: RX Len:%x\n",RxLen);
}

/* rxhdr. RxStatus 的值即是 RSR（06H）：接收状态寄存器 */
/* 对各种错误进行判断和记录。有 1 位永远表明发生错误      */
```

```
if( rxhdr. RxStatus & ( RSR_FOE | RSR_CE | RSR_AE |
                        RSR_PLE | RSR_RWTO |
                        RSR_LCS | RSR_RF ) ) {
    GoodPacket = false;

    if( rxhdr. RxStatus & RSR_FOE) {
        if( netif_msg_rx_err( db) )
            dev_dbg( db -> dev," fifo error \n" );
        dev -> stats. rx_fifo_errors ++ ;        //状态计数
    }

    if( rxhdr. RxStatus & RSR_CE) {
        if( netif_msg_rx_err( db) )
            dev_dbg( db -> dev," crc error \n" );
        dev -> stats. rx_crc_errors ++ ;         //状态计数
    }

    if( rxhdr. RxStatus & RSR_RF) {
        if( netif_msg_rx_err( db) )
            dev_dbg( db -> dev," length error \n" );
        dev -> stats. rx_length_errors ++ ;      //状态计数
    }

}


//数据包正常时分配套接字和长度为 RxLen +4 的数据缓冲区
/ * 如果是 1 个好的数据包则分配 skb 结构体和足够的缓存，并将数据读入缓存 */
if( GoodPacket&&( ( skb = dev_alloc_skb( RxLen +4 )) != NULL ) ) {
    skb_reserve( skb,2 );        //IP 头为 16 字节对齐，而以太网头为 14B 需要 2B
    rdptr = ( u8 * ) skb_put( skb,RxLen -4 );//去掉 FCS 的 4 字节, rdptr = data = head +2


    / * Read received packet from RX SRAM */
    //虽然 FCS 无用但是还是复制到缓冲区，只是不提交给上层网络
    ( db -> inblk) ( db -> io_data,rdptr,RxLen );
    dev -> stats. rx_bytes += RxLen;            //更新状态


    / *
```

这个函数抽取协议标志（ETH_P_IP，在这个情况下），它也赋值 skb -> mac. raw，从报文 data（使用 skb_pull）删除硬件头部，并且设置 skb -> pkt_type。最后一项在 skb 分配默认为 PACKET_HOST（指示报文是发向这个主机的），eth_type_trans 改变它来反映以太网目的地址：如果这个地址不匹配则接收它的接口地址，pkt_type 成员被设置为 PACKET_OTHERHOST。除非接口处于混杂模式或者内核打开了报文转发，否则 netif_rx 丢弃任何类型为 PACKET _OTHERHOST 的报文

```
        //union {//} h;
        //union {//} nh;
        //union {//} mac;
        //指向报文中包含的各级的头的指针,包含在结构体 struct net_device * dev 中。
        获取上层(即网络层协议,一般为 IP 协议)协议 */
        skb -> protocol = eth_type_trans(skb, dev);

        if(db -> rx_csum){
            if((((rxbyte & 0x1c) <<3) & rxbyte) ==0)
                skb -> ip_summed = CHECKSUM_UNNECESSARY;   //不要做任何校验

              else          //校验和还未被验证,由系统软件来完成这个任务
                skb -> ip_summed = CHECKSUM_NONE;
        }

        /*
            递交 socket 缓存给上层,实际上 netif_rx 返回一个整数;
            NET_RX_SUCCESS(0)意思是报文成功接收;任何其他值指示错误。
            有 3 个返回值(NET_RX_CN_LOW、NET_RX_CN_MOD 和 NET_RX_CN_
            HIGH)
            指出网络子系统的递增的堵塞级别;NET_RX_DROP 意思是报文被丢弃
        */
        netif_rx(skb);        //将数据链路头去掉后从链路层提交到网络层
        dev -> stats. rx_packets ++;     //更新状态
    } else {                 //如果该数据包是坏的,则清除该数据包的数据
        /* need to dump the packet's data */
        (db -> dumpblk)(db -> io_data, RxLen);
    }
} while(rxbyte & DM9000_PKT_RDY);      //如果是有效数据包则退出
}
```

6. 中断服务程序

DM9000 的驱动程序采用了中断方式而非轮询方式。触发中断的时机包括 DM9000 接收到一个包以后、DM9000 发送完了一个包后、链路状态改变。中断处理函数在 open 的时候被注册进内核。代码清单如下所示。

```
/* 发生中断的情况有 3 种:接收到数据;发送完数据;链路状态改变
    在一个数据包发送完、一个数据包接收到或网络链路状态改变,则触发中断,并调用该中断
    处理函数
    在非中断模式下,被函数 dm9000_poll_controller 调用
```

```
*/
static irqreturn_t dm9000_interrupt(int irq, void * dev_id)        //中断函数
{
    struct net_device * dev = dev_id;
    board_info_t * db = netdev_priv(dev);          //获取结构体 board_info_t
    int int_status;
    unsigned long flags;
    u8 reg_save;

    dm9000_dbg(db, 3, "entering %s\n", __func__);

    /* A real interrupt coming */

    /* holders of db->lock must always block IRQs */
    spin_lock_irqsave(&db->lock, flags);

    /* Save previous register address */
    reg_save = readb(db->io_addr);

    /* Disable all interrupts IMR(FFH): 中断屏蔽寄存器。屏蔽所有中断 */
    iow(db, DM9000_IMR, IMR_PAR);

    /* ISR (FEH): 中断状态寄存器。ISR 寄存器各状态写 1 清除 */
    /* Got DM9000 interrupt status */
    int_status = ior(db, DM9000_ISR);        /* Got ISR */
    iow(db, DM9000_ISR, int_status);         /* Clear ISR status */

    if(netif_msg_intr(db))                   //输出终端调试信息
        dev_dbg(db->dev, "interrupt status %02x\n", int_status);

    /* 检查 Interrupt Status Register 的第 0 位, 检查是否有接收数据 */
    if(int_status & ISR_PRS        //若读取中断, 则调用函数 dm9000_rx(dev)接收数据包
        dm9000_rx(dev);

    /* 检查 Interrupt Status Register 的第 1 位, 检查是否有发送完的数据 */
    if(int_status & ISR_PTS)                 //传送中断则调用函数 dm9000_tx_done(dev, db)
        dm9000_tx_done(dev, db);

    /* DM9000E 在链路状态发生改变时不触发中断 */
    if(db->type != TYPE_DM9000E){
        /* 检查 Interrupt Status Register 的第 5 位, 检查链路状态有没有变化 */
        if(int_status & ISR_LNKCHNG){        //为 A、B 型时还需判断是否为连接状态改变引
                                             //发中断
```

```
                    / * fire a link – change request * /
                    schedule_delayed_work( &db –> phy_poll,1) ;        //调度定时工作队列以通知内核
                                                                       //链接情况

                }

            }

            / * 重新使能相应中断 * /
            iow( db,DM9000_IMR,db –> imr_all) ;

            / * 还原原先的 I/O 地址 * /
            writeb( reg_save,db –> io_addr) ;

            / * 还原中断状态 * /
            spin_unlock_irqrestore( &db –> lock,flags) ;

            return IRQ_HANDLED;

}
```

7. 发送一个包后的处理函数：dm9000_tx_done

DM9000 可以发送 2 个数据包，当发送第 1 个数据包产生中断后，要确认一下队列中有没有第 2 个包需要发送。

（1）读取 DM9000 寄存器 NSR（Network Status Register）获取发送的状态，存在变量 tx_status 中。

（2）如果发送状态为 NSR_TX2END（第 2 个包发送完毕）或者 NSR_TX1END（第 1 个包发送完毕），则将待发送的数据包数量（db –> tx_pkt_cnt）减 1，已发送的数据包数量（dev –> stats. tx_packets）加 1。

（3）检查变量 db –> tx_pkt_cnt（待发送的数据包）是否大于 0（表明还有数据包要发送），如果是则调用函数 dm9000_send_packet 发送队列中的数据包。

（4）调用函数 netif_wake_queue(dev)通知内核可以将待发送的数据包放入发送队列。

代码清单如下所示。

```
    / *
    * 1 个数据包发送结束后的处理函数
    * receive the packet to upper layer,free the transmitted packet
       注:DM9000 可以发送 2 个数据包，当发送第 1 个数据包产生中断后，要确认一下队列中有
       没有第 2 个数据包需要发送
    * /
    static void dm9000_tx_done( struct net_device * dev,board_info_t * db)
    {
        int tx_status = ior( db,DM9000_NSR) ;                   / * Got TX status * /
```

```
/* 读取 DM9000 寄存器 NSR（Network Status Register）获取发送的状态，如果发送状态为
   NSR_TX2END（第 2 个包发送完毕）或者 NSR_TX1END（第 1 个包发送完毕），则将待
   发送的数据包数量（db -> tx_pkt_cnt）减 1，已发送的数据包数量（dev -> stats. tx_
   packets）加 1
*/
if(tx_status &(NSR_TX2END | NSR_TX1END)){       //判断 1 和 2 数据包是否从上层提交
                                                //到链路层

    /* One packet sent complete */
    db -> tx_pkt_cnt -- ;           //如果第 1 个数据包发送结束，数据包计数减 1
    dev -> stats. tx_packets ++ ;

    if( netif_msg_tx_done( db))     //若输出成功则发送调试信息
        dev_dbg( db -> dev,"tx done,NSR %02x\n",tx_status);

    /*
        检查变量 db -> tx_pkt_cnt（待发送的数据包）是否大于 0（表明还有数据包要发送），
        如果网卡 SRAM 中还存在 1 个待发数据包，则将该数据包长度 db -> queue_pkt_len
        写入 TXPLL 和 TXPLH 中。置位发送请求，调用函数 dm9000_send_packet 发送队列中
        的数据包
    */
    /* Queue packet check & send */
    if( db -> tx_pkt_cnt >0)        //发送第 2 个包
        dm9000_send_packet( dev,db -> queue_ip_summed,
                                  db -> queue_pkt_len);

    //调用函数 netif_wake_queue( dev)通知内核可以将待发送的数据包进入发送队列
    netif_wake_queue( dev);         //重新启动队列

    }

}
```

8. 一些操作硬件细节的函数

在查看函数之前需要首先查看 DM9000 CMD Pin 和 Processor 并行总线的连接关系，如图 11.13 所示。CMD 管脚用来设置命令类型。当 CMD 管脚拉高时，这个命令周期访问 DATA_PORT。如果拉低，则这个命令周期访问 ADDR_PORT。

当然，内存映射的 I/O 空间读写还是采用最基本的函数，包括 readb( )、readw( )、readl( )、writeb( )、writew( )、writel( )、readsb( )、readsw( )、readsl( )、writesb( )、writesw( ) 和 writesl( )。此外，在 DM9000 的驱动中还自定义了如下几个函数，以方便操作。

（1）ior( )：从 I/O 端口读 1 字节。代码清单如下：

第 11 章

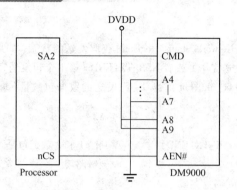

图 11.13　DM9000 CMD Pin 和 Processor 并行总线的连接关系

```
static u8 ior(board_info_t * db, int reg)
{
    writeb(reg, db -> io_addr);      /* 写 reg 到 ADDR_PORT, 用来选择寄存器 */
    return readb(db -> io_data);      /* 从 DATA_PORT 读 1 字节, 用来读寄存器 */
}
```

（2）iow( )：向 I/O 端口写 1 字节。代码清单如下：

```
static void iow(board_info_t * db, int reg, int value)
{
    writeb(reg, db -> io_addr);
    writeb(value, db -> io_data);
}
```

此外，还有 dm9000_outblk_8bit( )、dm9000_outblk_16bit( )、dm9000_outblk_32bit( )、dm9000_inblk_8bit( )、dm9000_inblk_16bit( )和 dm9000_inblk_32bit( )等。

基于Qt Creator 环境的 Qt 开发

12.1 概要说明

（1）运行环境：Red Had Enterprise Linux 5。
（2）Qt Creator 版本：qt – sdk – linux – x86 – opensource – 2010. 05。

12.2 安装步骤

（1）安装需要库文件：libstdc ++. so. 6. 0. 10。

把库文件 libstdc ++. so. 6. 0. 10 复制到/usr/lib/目录下，删除 libstdc ++. so. 6 软链接。在/usr/lib/目录中打开终端，输入 rm – rf/usr/lib/libstdc ++. so. 6，按下回车键；重做 libstdc ++. so. 6 软链接，在终端输入 ln – s /usr/lib/libstdc ++. so. 6. 0. 10 /usr/lib/libstdc ++. so. 6。

（2）安装主程序 qt – sdk – linux – x86 – opensource – 2010. 05。双击运行 bin 文件，按照图 12. 1 至图 12. 10 所示进行操作。

图 12. 1　安装欢迎界面

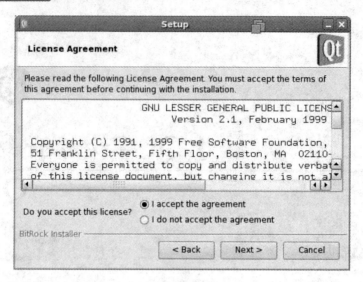

图 12.2　安装许可

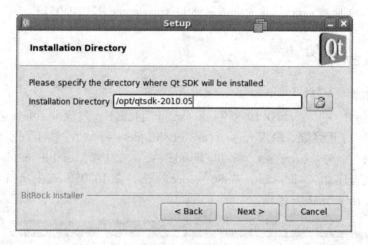

图 12.3　选择安装目录

图 12.4　选择安装的组件

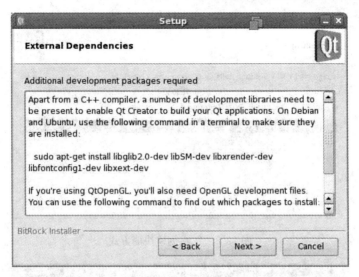

图 12.5 外部依赖

图 12.6 准备安装

图 12.7 正在安装

第
12
章

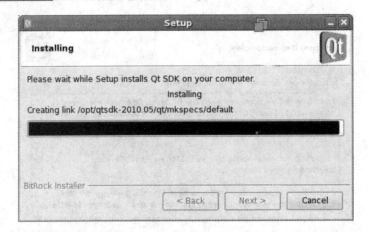

图 12.8　正在创建快捷方式

图 12.9　安装完成，单击"Finish"按钮结束

图 12.10　安装完成后桌面出现快捷方式

12.3　Qt Creator 测试

双击 Linux 桌面上的 Qt Creator 快捷方式图标，进入 IDE 集成开发环境，Qt Creator 欢迎界面如图 12.11 所示。

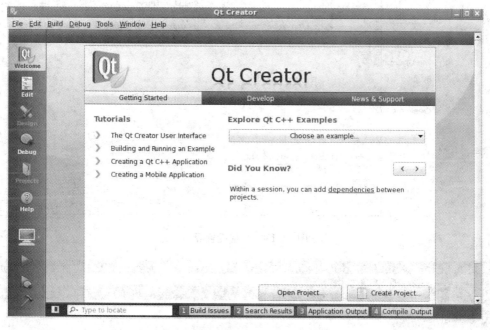

图 12.11　Qt Creator 欢迎界面

按照图 12.12 至图 12.16 所示，逐步测试。

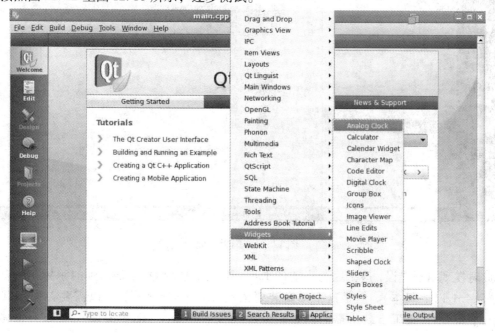

图 12.12　示例工程

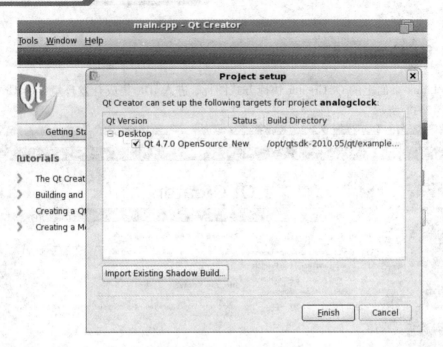

图 12.13　工程设置界面

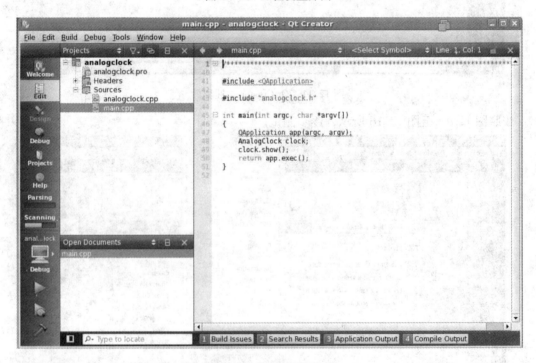

图 12.14　编辑界面

　　此时发现出现错误，这是因为当前的 Linux 系统中缺少 Qt 需要用到的字体工具（font-config 2.4.1 以上版本），但是这个库安装要依赖 freetype 字体库，所以需要首先下载安装 freetype – 2.4.4。这里下载所需的两个软件源码包：freetype – 2.4.4. tar. bz2 和 fontconfig – 2.8.0. tar. gz。安装步骤如下。

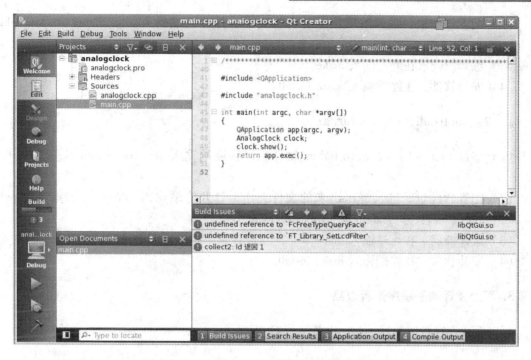

图 12.15 编译工程

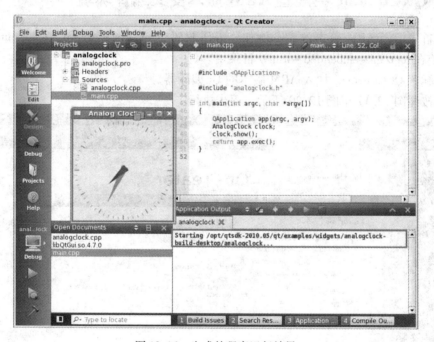

图 12.16 生成的程序运行效果

1. 安装 freetype – 2. 4. 4. tar. bz2

（1）解压 freetype – 2. 4. 4. tar. bz2 软件包。在终端输入 tar – jxvf freetype – 2. 4. 4. tar. bz2 。

327

（2）配置软件包。进入解压出来的文件夹中，打开终端输入 ./configure −− sysconfdir = /etc −− prefix = /usr −− mandir = /usr/share/man。

（3）编译源码。在终端输入 make。

（4）安装软件。在终端输入 make install。

2. 安装 fontconfig − 2.8.0. tar. gz

（1）解压 fontconfig − 2.8.0. tar. gz 软件包。在终端输入 tar − xvf fontconfig − 2.8.0. tar. gz。

（2）配置软件包。进入解压出来的文件夹中，打开终端输入 ./configure −− sysconfdir = /etc −− prefix = /usr −− mandir = /usr/share/man。

（3）编译源码。在终端输入 make。

（4）安装软件。在终端输入 make install。

3. 再次编译例子程序查看效果

可以发现现在可以编译通过，也能运行 Qt 程序了。

12.4　Qt Ctreator 中配置 ARM 版本交叉编译环境

（1）首先编译 ARM 版本的库。例如，编译源码包 qt − everywhere − opensource − src − 4.6.3 安装在/opt/qt − embedded − arm9/目录中。

（2）配置 Qt Ctreator，加入 ARM 版本的 Qt 编译器。

（3）按照图 12.17 至图 12.20 所示，逐步执行。

图 12.17　选择配置选项

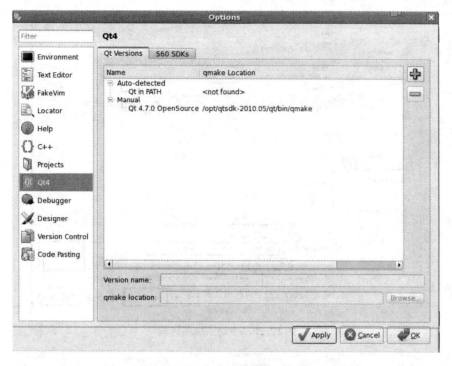

图 12. 18　Qt 编译器管理

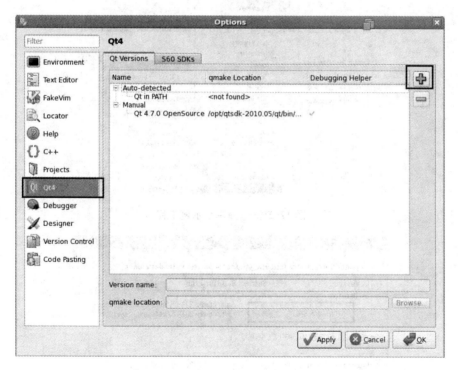

图 12. 19　管理编译器版本

（4）测试打开一个 Qt Creator 工程，测试步骤如图 12.21 至图 12.25 所示。程序运行效果如图 12.26 所示。

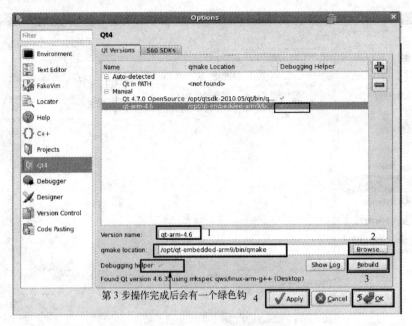

图 12.20　手动添加编译器

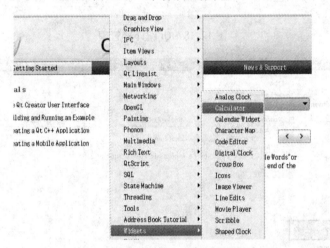

图 12.21　选择一个示例工程

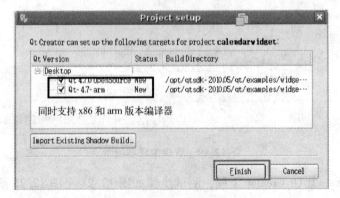

图 12.22　工程配置

图 12.23 选择生成本地项目

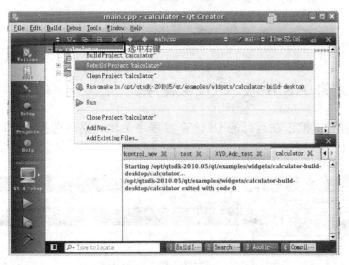

图 12.24 重新构建工程

图 12.25 运行生成的程序

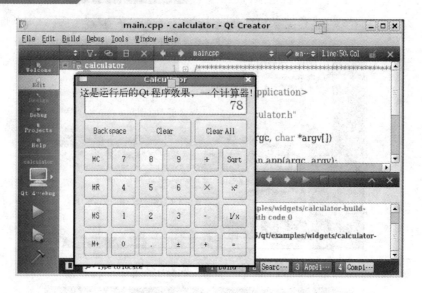

图 12.26　程序运行效果

12.5　交叉编译 ARM 版本 Qt 4 程序

接着上一步操作，把正在运行的 Qt 计算器程序关闭，重新选择 ARM 版本 Qt 编译器，如图 12.27 至图 12.29 所示。

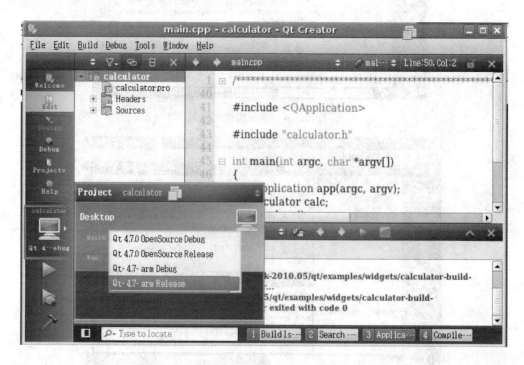

图 12.27　选择交叉编译

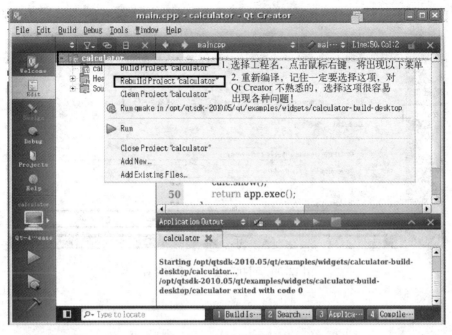

图 12.28　重新编译工程

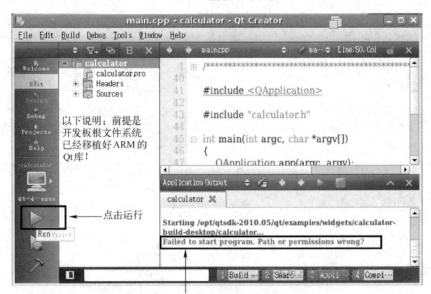

点击运行后可以看到右边红色提示：启动程序失败，这是因为现在
编译出为的 Qt 程序是 ARM 版本的程序，不能在 x68 平台上运行，
这时需要把编译好程序放到开发板根文件系统中，开发板终端运行
Qt 程序（格式为：./qt 程序名 -qws）即可在开发板上看到运行效果

图 12.29　交叉编译的程序不能本地运行

　　Qt Creator 编译出来的可执行程序路径可以通过 Projects 选项中 Build directory 栏目中找
到，如图 12.30 所示。

　　在 Build directory 栏目中找到编译好的可执行程序复制到开发板根文件系统中，在开发
板终端运行 Qt 程序即可，运行命令格式为 ./＜Qt 程序名＞－qws（运行前提是开发板文件
系统中已经移植好 ARM 版本的 Qt 库了）。

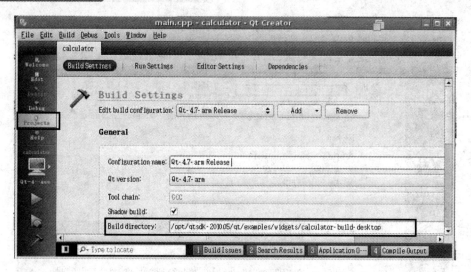

图 12.30 可执行程序的生成路径

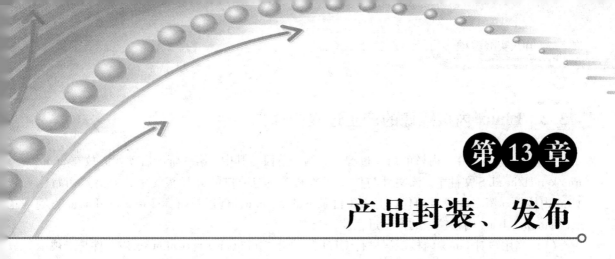

第13章

产品封装、发布

13.1 Linux 内核镜像格式

Linux 内核有多种格式的镜像，包括 vmlinux、Image、zImage、bzImage、uImage、xipImage、bootpImage 等。

1. Kernel 镜像格式：vmlinux

vmlinux 是可引导的、可压缩的内核镜像，vm 代表 Virtual Memory，Linux 支持虚拟内存，因此得名 vm。它是由用户对内核源码编译得到的，实质是 ELF 格式的文件。也就是说，vmlinux 是编译出来的最原始的内核文件，且未压缩。这种格式的镜像文件多存放在 PC 上。ELF 格式文件（Executable and Linkable Format）可执行可链接格式，是 UNIX 实验室作为应用程序二进制接口而发布的，扩展名为 elf。可以简单地认为，在 ELF 格式的文件中，除二进制代码外，还包括该可执行文件的某些信息，如符号表等。

2. Kernel 镜像格式：Image

GNU 使用工具程序 objcopy 作用是复制一个目标文件的内容到另一个目标文件中。也就是说，可以将一种格式的目标文件转换成另一种格式的目标文件。通过使用 binary 作为输出目标（–o binary），可产生一个原始的二进制文件，实质上是所有的符号和重定位信息都将被抛弃，只剩下二进制数据。Image 就是经过 objcopy 处理的只包含二进制数据的内核代码，它已经不是 ELF 格式了，但这种格式的内核镜像还没有经过压缩。

3. Kernel 镜像格式：zImage

zImage 是 ARM Linux 常用的一种压缩镜像文件，它是由 vmlinux 加上解压代码经 gzip 压缩而成，生成该文件的命令格式是#make zImage。这种格式的 Linux 镜像文件多存放在 NAND 上。

4. Kernel 镜像格式：uImage

uImage 是 U–Boot 专用的镜像文件，它是在 zImage 之前加上一个长度为 0x40 的头信息（tag），在头信息内说明了该镜像文件的类型、加载 位置、生成时间和大小等信息。换句话说，若直接从 uImage 的 0x40 位置开始执行，则 zImage 和 uImage 没有任何区别。中断生成的命令格式是#make uImage。这种格式的 Linux 镜像文件多存放在 NAND 上。

13.2 Linux 内核镜像的产生过程

在嵌入式 Linux 中，内核的启动过程分为两个阶段。其中，第一阶段启动代码放在 arch/arm/kernel/head. S 文件中，该文件与体系架构相关，与用户的开发板无关，主要是初始化 ARM 内核等。第二阶段启动代码是 init 目录下的 main. c。现以执行命令#make zImage 为例来说明 arm－linux 内核镜像的产生过程。

（1）当用户对 Linux 内核源码进行编译时，会生成可执行文件 vmlinux，该文件是未被压缩的镜像文件，非常大，不能直接下载到 NAND 中，通常放在 PC 上，这也是最原始的 Linux 镜像文件。试验时该文件约 50M。

（2）镜像文件 vmlinux 由于很大，肯定不能直接烧入 NAND 中，因此需要进行二进制化，即经过 objcopy 处理，使之只包含二进制数据的内核代码，并删除不需要的文件信息。这样就制作成了 Image 镜像文件。该镜像文件也是未压缩，只是经过了二进制化而变小。试验时该文件约 5M。

（3）通常，内存 SDRAM 中的内核镜像是经过压缩的，只是在运行时再将其解压。所以，编译时会先使用 gzip 将镜像文件 Image 进行压缩（压缩比约为 2∶1），再将压缩后的镜像文件和源码中的两个文件 arch/arm/boot/compressed/head. S、arch/arm/boot/compressed/misc. c 一起链接生成压缩后的镜像文件 compress/vmlinux。试验时该文件约为 2. 5M。注意，这两个源码文件是解压程序，用于将内存 SDRAM 中的压缩镜像 zImage 进行解压。

（4）在内存 SDRAM 中运行压缩镜像文件 zImage 时，会首先调用两个解压程序 arch/arm/boot/compressed/head. S、arch/arm/boot/compressed/misc. c 将自身解压，然后再执行 Kernel 的第一阶段启动代码 arch/arm/kernel/head. S。

简而言之，在内存中运行内核时，Kernel 先自身解压，再执行第一阶段启动代码。试验时运行在内存中的镜像文件约为 5M，与 Image 镜像文件大小相同。

13.3 嵌入式 Linux 常用文件系统

Linux 启动时，第一个挂载的文件系统称作根文件系统，若系统不能从指定设备上挂载根文件系统，则系统会出错而退出启动。挂载上根文件系统以后，可以自动或手动挂载其他的文件系统。因此，一个系统中可以同时存在不同的文件系统。不同的文件系统类型有不同的特点，因而根据存储设备的硬件特性、系统需求等用于不同的应用场合。在嵌入式 Linux 应用中，主要的存储设备为 Flash 存储器，常用的基于存储设备的文件系统类型包括 jffs2、yaffs、cramfs 等。

Flash（闪存）作为嵌入式系统的主要存储媒介，有其自身的特性。Flash 的写入操作只能把对应位置的 1 修改为 0，而不能把 0 修改为 1（擦除 Flash 就是把对应存储块的内容恢复为 1）。因此，一般情况下，向 Flash 写入内容时，需要先擦除对应的存储区间，这种擦除是以块（block）为单位进行的。闪存主要有 NOR 和 NAND 两种类别，并且 Flash 存储器的擦写次数是有限的，NAND 闪存还有特殊的硬件接口和读写时序。因此，必须针对 Flash 的硬件特性设计符合应用要求的文件系统。

在嵌入式 Linux 下，存储技术设备（Memory Technology Device，MTD）为底层硬件和上层文件系统之间提供一个统一的抽象接口，即 Flash 的文件系统都是基于 MTD 驱动层的。使用 MTD 驱动程序的主要优点在于，它是专门针对各种非易失性存储器（以闪存为主）设计的，因而它对 Flash 基于扇区的擦除、读/写操作接口有更好的支持和管理。一块 Flash 芯片可以被划分为多个分区，各分区可以采用不同的文件系统，而两块 Flash 芯片也可以合并为一个分区使用，采用一个文件系统。即文件系统是针对于存储器分区而言的，而非存储芯片。

常用文件系统介绍如下。

（1）JFFS2（Journalling Flash File System Version 2）。

JFFS2 中文全名是日志闪存文件系统第二版，是 Red Hat 公司开发的闪存文件系统，其前身是 JFFS，最早只支持 NOR Flash，自 2.6 版以后开始支持 NAND Flash，极适合使用于嵌入式系统。

JFFS2 文件系统的实现是基于 MTD 驱动层的，它的特点是：可读写的、支持数据压缩的、基于哈希表的日志型文件系统，并提供了崩溃/掉电安全保护，提供"写平衡"支持等。缺点主要是当文件系统已满或接近满时，因为垃圾收集的关系而使 JFFS2 的运行速度大大放慢。

（2）YAFFS（Yet Another Flash File System）。

YAFFS/YAFFS2 是专为嵌入式系统使用 NAND 型闪存而设计的一种日志型文件系统。与 JFFS2 相比，它减少了一些功能（如不支持数据压缩），所以速度更快，挂载时间很短，对内存的占用较小。另外，它还是跨平台的文件系统，除了 Linux 和 eCos，还支持 Windows CE 和 pSOS 等。

YAFFS/YAFFS2 自带 NAND 芯片的驱动，并且为嵌入式系统提供了直接访问文件系统的 API，用户可以不使用 Linux 中的 MTD 与 VFS，直接对文件系统操作。当然，YAFFS 也可与 MTD 驱动程序配合使用。

YAFFS 与 YAFFS2 的主要区别在于，前者仅支持小页（512B）NAND 闪存，后者则可支持大页（2KB）NAND 闪存。同时，YAFFS2 在内存空间占用、垃圾回收速度、读/写速度等方面的性能均有大幅提升。

（3）Cramfs（Compressed ROM File System）。

Cramfs 文件系统是专门针对闪存设计的只读压缩的文件系统，它也是基于 MTD 驱动程序的，其容量上限为 256M，采用 zlib 压缩，文件系统类型可以是 EXT2 或 EXT3。在 Cramfs 文件系统中，每一页（4KB）被单独压缩，可以随机页访问，其压缩比高达 2:1，为嵌入式系统节省大量的 Flash 存储空间，使系统可通过更低容量的 Flash 存储相同的文件，从而降低系统成本。另外，它的速度快，效率高，其只读的特点有利于保护文件系统免受破坏，提高了系统的可靠性。

由于以上特性，Cramfs 在嵌入式系统中应用广泛。但是它的只读属性同时又是它的一大缺陷，使得用户无法对其内容对进扩充。

（4）网络文件系统 NFS（Network File System）。

NFS 是由 Sun 开发并发展起来的一项在不同机器、不同操作系统之间通过网络共享文件

第13章

的技术。在嵌入式 Linux 系统的开发调试阶段，可以利用该技术在主机上建立基于 NFS 的根文件系统，挂载到嵌入式设备，可以很方便地修改根文件系统的内容。

13.4 制作常用的文件系统镜像

▶ 13.4.1 制作 Cramfs 文件系统和部署

（1）在官网下载 cramfs – 1.1. tar. gz 工具包 。下载地址如下。

```
http://nchc. dl. sourceforge. net/project/cramfs/cramfs/1. 1/cramfs – 1. 1. tar. gz
```

（2）解压并编译。

```
[root@ localhost tool]# tar xf cramfs – 1. 1. tar. gz
[root@ localhost cramfs – 1. 1]# make
[root@ localhost cramfs – 1. 1]# ls mkcramfs – l
– rwxr – xr – x. 1 root root 33643 7 月 14 14:32 mkcramfs
```

（3）把生成的 mkcramfs 文件复制到 /bin 目录下。

```
[root@ localhost cramfs – 1. 1]# cp mkcramfs /bin/
```

（4）将 NFS 文件系统用这工具打包。

```
[root@ localhost cramfs – 1. 1]# cd /opt/s3c2440/
[root@ localhost s3c2440]# mkcramfs root_nfs root_nfs. cramfs
Directory data：10848 bytes
Everything：6480 kilobytes
Super block：76 bytes
CRC：b43f4957
```

（5）复制生成的 Cramfs 文件系统文件到 TFTP 共享目录下，开发板上电，进入 U – Boot 的命令模式。

```
tftp 32000000 root_nfs. cramfs                //下载镜像到开发板内存
nand erase 60000 3000000                      //擦除 NAND Flash
nand write. cramfs 32000000 600000 654000     //把内存中的内容写入 NAND Flash
//修改 U – Boot 启动的环境变量，注意 root = /dev/mtdblock2 要根据自己的内核分区信息而定
setenv bootargs noinitrd root = /dev/mtdblock2 init = /linuxrc console = ttySAC0 rootfstype = cramfs
```

（6）测试是否能挂接 Cramfs 文件系统。
① 配置内核，选择对 Cramfs 文件系统的支持。

```
Symbol：CRAMFS [ = y]
```

```
| Prompt: Compressed ROM file system support(cramfs)          |
|    Defined at fs/cramfs/Kconfig:1                            |
|        Depends on: MISC_FILESYSTEMS [ = y] && BLOCK [ = y]   |
|    Location:                                                 |
|      -> File systems                                         |
|        -> Miscellaneous filesystems(MISC_FILESYSTEMS [ = y]) |
|    Selects: ZLIB_INFLATE [ = y]                              |
```

② 重新编译。

③ 下载新内核，并且启动测试。

```
[@ root /]# mkdir kkkk
mkdir: can't create directory kkkk': Read - only file system
```

没有成功创建 kkkk，正好符合 Cramfs 文件系统只读的特性。

13.4.2 制作 JFFS2 文件系统镜像和部署

（1）配置内核，支持 JFFS2 文件系统，并且重新编译。

```
| Symbol: JFFS2_FS [ = y]                                      |
| Prompt: Journalling Flash File System v2(JFFS2)support       |
|    Defined at fs/jffs2/Kconfig:1                             |
|    Depends on: MISC_FILESYSTEMS [ = y] && MTD [ = y]         |
|    Location:                                                 |
|      -> File systems                                         |
|        -> Miscellaneous filesystems(MISC_FILESYSTEMS [ = y]) |
|    Selects: CRC32 [ = y]                                     |
```

（2）下载 JFFS2 制作工具：mtd - utils - 05. 07. 23. tar. bz2。

mtd - utils - 05. 07. 23. tar. bz2 是 MTD 设备的工具包，编译生成 mkfs. jffs2 工具，用它将一个目录制作成 JFFS2 文件系统映像。这个工具包需要 zlib 压缩包，需要有 zlib 源码zlib - 1. 2. 3. tar. gz。

（3）编译安装编译安装 zlib - 1. 2. 3. tar. gz，再编译安装 mtd - utils - 05. 07. 23 工具。

```
[root@ localhost tool]# tar xf zlib - 1. 2. 3. tar. gz
[root@ localhost tool]# cd zlib - 1. 2. 3
[root@ localhost tool]# make
[root@ localhost tool]# make install

[root@ localhost tool]# tar xf mtd - utils - 05. 07. 23. tar. bz2
[root@ localhost tool]# cd mtd - utils - 05. 07. 23
```

```
[root@ localhost mtd – utils – 05. 07. 23 ]# cd util/
[root@ localhost util]# make
[root@ localhost util]# make install
```

（4）打包前面做好的 NFS 根文件系统为 JFFS2 格式的文件系统。

```
[root@ localhost util]# cd /opt/s3c2440/
[root@ localhost s3c2440 ]#mkfs. jffs2 – n – s 2048 – e 128KiB – d/opt/s3c2440/root_nfs – o/opt/
s3c2440/root_nfs. jffs2
```

说明："– n"表示不要在每个擦写块上都加清除标志；"– s 2048"表示指明一页大小为 2048 字节；"– e 128KiB"指明一个擦除块大小为 128KB；"– d"表示要被压缩的根文件系统目录；"– o"表示输出文件。

运行以上命令后可以在/opt/s3c2440/下生成一个 root_nfs. jffs2 文件，这个就是 JFFS2 文件系统镜像文件。

（5）复制 JFFS 文件系统到 TFTP32 共享目录中。

```
[root@ localhost s3c2440 ]# cp root_nfs. jffs2 /tftpboot
```

（6）下载 JFFS2 文件系统到 NAND Flash 文件系统分区中。
① xyd2440#tftp 32000000 root_nfs. jffs2。
② 擦除 NAND Flash 根文件系统分区。
③ 把内存中的内容写入 NAND Flash。

```
xyd2440 # nand write. jffs2 32000000 3600000 17ef360（注意:此处要写准确的大小）
```

（7）修改 U – Boot 环境变量，注意：root = /dev/mtdblock2，要根据自己的内核分区信息而定。

```
xyd2440 # setenv bootargs noinitrd root = /dev/mtdblock2 init = /linuxrc console = ttySAC0 rootfstype =
jffs2
```

（8）测试是否能挂接 JFFS2 文件系统。

▶ 13. 4. 3　制作 YAFFS2 文件系统镜像和部署

（1）下载 mkyaffs2image. tgz，并解压缩。

```
[root@ localhost tool]# tar xf mkyaffs2image. tgz
```

（2）把解压出来的 mkyaffs2image – 128M 复制到/bin/目录中。

```
[root@ localhost tool]# cd usr/sbin/
[root@ localhost sbin]# cp mkyaffs2image – 128M /bin/
```

（3）打包前面做的 NFS 文件系统为 YAFFS2 格式文件系统。

```
［root@ localhost sbin］# cd /opt/s3c2440/
root@ localhost s3c2440］# ls
root_nfs                     root_nfs_new
［root@ localhost s3c2440］# mkyaffs2image – 128M root_nfs root_nfs. yaffs2
Object 761 ,/opt/s3c2440/root_nfs_new/usr/bin/find is a symlink to "../../bin/busybox"
Object 762 ,/opt/s3c2440/root_nfs_new/usr/bin/readahead is a symlink to "../../bin/busybox"
Object 763 ,/opt/s3c2440/root_nfs_new/usr/bin/tr is a symlink to "../../bin/busybox"
Object 764 ,/opt/s3c2440/root_nfs_new/usr/bin/lpr is a symlink to "../../bin/busybox"
Object 765 ,/opt/s3c2440/root_nfs_new/mnt is a directory
.....................................................................................
```

查看生成文件大小：

```
［root@ localhost s3c2440］# du root_nfs. yaffs2 – sh
27M     root_nfs. yaffs2
```

（4）复制 YAFFS2 文件系统到 tftp32 共享目录中。

```
［root@ localhost s3c2440］# cp root_nfs. yaffs2 /tftpboot
```

（5）下载 YAFFS2 文件系统到 NAND Flash 文件系统分区中。

① xyd2440#tftp 32000000 root_nfs. yaffs2。

② 擦除 NAND Flash 根文件系统分区。

③ 把内存中的内容写入 NAND Flash。

```
xyd2440#nand write. yaff2 32000000 3600000 1a57580（注意此处要写准确的大小）
```

（6）修改 U – Boot 环境变量，注意 root =/dev/mtdblock2 要根据自己的内核分区信息
而定。

```
xyd2440 # setenv bootargs noinitrd root =/dev/mtdblock2 init =/linuxrc console = ttySAC0 rootfstype =
yaffs
```

（7）重启开发板测试是否能挂接 YAFFS 文件系统。

第14章

S3C6410平台Linux 环境搭建

14.1　概述

（1）安装环境：VMware 9.01，Linux 环境 Red Hat Enterprise Linux 5。
（2）嵌入式内核版本 Linux – 2.6.36。
（3）目标机：OK6410（256M 内存）。
（4）GCC 编译器版本：arm – linux – gcc 4.3.2。

14.2　编译器的安装

arm – linux – gcc – 4.3.2 编译器的安装请参考前面相关内容。

14.3　编译 U – Boot 和内核

14.3.1　编译 U – Boot

步骤 1： 把 uboot1.1.6_FORLINX_6410 复制到 Linux 虚拟机中。
步骤 2： 解压 uboot1.1.6_FORLINX_6410。
解压到哪里，由用户自定。本书解压到/home/fyyy/fl6410forlinux/目录中。
步骤 3： 修改 Makefile。
OK6410 提供的 U – Boot 的 Makefile 中指定使用 4.2.2 – eabi 编译器编译内核，但当前虚拟机中安装的编译器为 arm – linux – gcc – 4.3.2，所以对 Makefile 进行如下修改。
将代码：

    161CROSS_COMPILE = /usr/local/arm/4.2.2 – eabi/usr/bin/arm – linux –

修改为：

    CROSS_COMPILE = arm – linux –

步骤 4： 编译 U – Boot。

    [root@ localhost uboot1.1.16_256M – for36 – – – v1.01]# make clean
    [root@ localhost uboot1.1.16_256M – for36 – – – v1.01]# make smdk6410_config
    [root@ localhost uboot1.1.16_256M – for36 – – – v1.01]# make

编译完成后可以看到如图 14.1 所示信息。

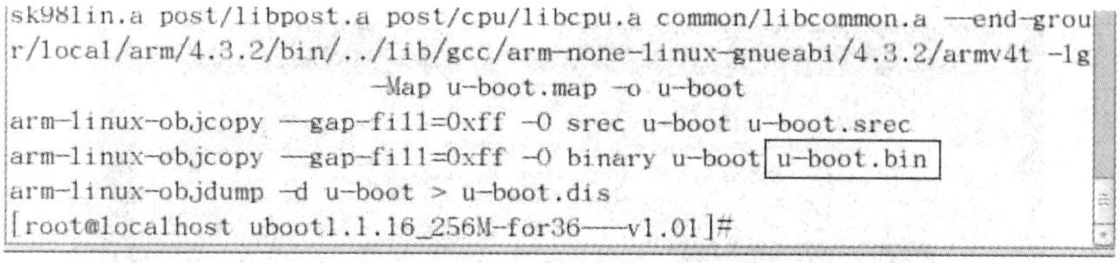

```
sk98lin.a post/libpost.a post/cpu/libcpu.a common/libcommon.a —end-grou
r/local/arm/4.3.2/bin/../lib/gcc/arm-none-linux-gnueabi/4.3.2/armv4t -lg
                        -Map u-boot.map -o u-boot
arm-linux-objcopy —gap-fill=0xff -O srec u-boot u-boot.srec
arm-linux-objcopy —gap-fill=0xff -O binary u-boot  u-boot.bin
arm-linux-objdump -d u-boot > u-boot.dis
[root@localhost ubootl.1.16_256M-for36——v1.01]#
```

图 14.1   编译 U – Boot 的输出信息

▶ 14.3.2   编译内核

步骤 1：把 FORLINX_linux – 2. 6. 36. 2. tar. gz 复制到 Linux 虚拟机中。

```
[root@ localhost Linux – 2. 6. 36 ]# cd kernel_sourcecode/
[root@ localhost kernel_sourcecode]# ls
FORLINX_linux – 2. 6. 36. 2. tar. gz
```

步骤 2：解压 FORLINX_linux – 2. 6. 36. 2. tar. gz 到/home/fyyy/目录中。

```
[root@ localhost kernel_sourcecode]# tar – xvf FORLINX_linux – 2. 6. 36. 2. tar. gz – C /home/fyyy/
[root@ localhost kernel_sourcecode]# cd /home/fyyy/
[root@ localhost fyyy]# ls
linux – 2. 6. 36. 2 – v1. 05
[root@ localhost fyyy]# cd linux – 2. 6. 36. 2 – v1. 05/
[root@ localhost linux – 2. 6. 36. 2 – v1. 05]# gedit Makefile
```

步骤 3：修改 Makefile 文件。

OK6410 提供的内核 Makefile 中指定使用 4. 2. 2 – eabi 编译器编译内核，但当前虚拟机中安装的编译器为 arm – linux – gcc – 4. 3. 2，所以对 Makefile 进行如下修改：

```
161CROSS_COMPILE = /usr/local/arm/4. 2. 2 – eabi/usr/bin/arm – linux –
```

修改为：

```
CROSS_COMPILE = arm – linux –
```

步骤 4：配置内核。

配置内核方法和前面 2440 Linux 内核配置方法相同，在此不再重复讲解。内核配置菜单如图 14.2 所示。

```
[root@ localhost linux – 2. 6. 36. 2 – v1. 05]# make menuconfig
```

步骤 5：编译内核。

```
[root@ localhost linux – 2. 6. 36. 2 – v1. 05]# make
```

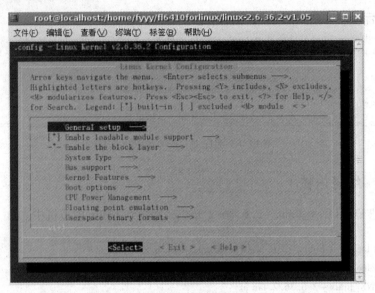

图 14.2　内核配置菜单

编译完成后可以看到以下信息：

LD	. tmp_vmlinux2
KSYM	. tmp_kallsyms2. S
AS	. tmp_kallsyms2. o
LD	vmlinux
SYSMAP	System. map
SYSMAP	. tmp_System. map
OBJCOPY	arch/arm/boot/Image
Kernel：	arch/arm/boot/Image is ready
AS	arch/arm/boot/compressed/head. o
GZIP	arch/arm/boot/compressed/piggy. gzip
AS	arch/arm/boot/compressed/piggy. gzip. o
CC	arch/arm/boot/compressed/misc. o
CC	arch/arm/boot/compressed/decompress. o
SHIPPED	arch/arm/boot/compressed/lib1funcs. S
AS	arch/arm/boot/compressed/lib1funcs. o
LD	arch/arm/boot/compressed/vmlinux
OBJCOPY	arch/arm/boot/zImage
Kernel：	arch/arm/boot/zImage is ready

14.4　烧写内核到 NAND Flash

14.4.1　制作用于一键烧写 Linux 的 SD 卡

步骤 1：将 SD 卡格式化为 FAT32 格式。

将 SD 卡接入 SD 读卡器中，把 SD 读卡器插在 PC 的 USB 端口。SD 卡和格式化 SD 卡界面如图 14.3 所示。

图 14.3　SD 卡和格式化 SD 卡界面

等到 PC 能够正常识别出 SD 卡，把 SD 卡格式化为 FAT32 格式。

步骤 2：通过 SD_Writer. exe 将 mmc. bin 烧写到 SD 卡中。

打开 SD_Writer. exe。Windows XP 系统中 SD_Writer 主界面截图如图 14.4 所示。

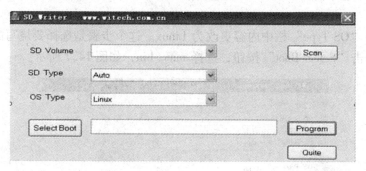

图 14.4　SD_Writer 主界面

如图 14.5 至图 14.6 所示是 Windows 7 系统中使用 SD_Writer. exe 程序的截图（一定要按照这个方法操作，否则有可能不成功）。

图 14.5　选择以管理员运行

345

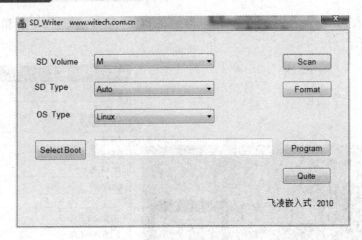

图 14.6　配置烧写选项

步骤 3：单击"Scan"按钮，这个步骤用于自动搜寻 SD 卡所在盘符。

如果"Scan"没有正确设置 SD 卡所在盘符，就需要手动调整 SD Volume，把盘符号调整为 SD 卡所在盘符（如果 PC 的 USB 端口连接了两个或者两个以上的 U 盘或者 SD 卡，就有可能错误到扫描 SD 卡盘符）。

步骤 4：将"SD Type"栏中内容更改为 Auto。这个步骤是为了使 SD_Writer 自动识别 SD 卡类型。

如果 PC 系统是 Windows 7，还需要单击"Format"来格式化 SD 卡。Windows XP 用户看不到"Formart"，也不需要"Format"。这一点，是 Windows XP 和 Windows 7 用户操作中唯一的区别。

步骤 5：将"OS Type"栏中内容更改为 Linux。这个步骤是选择要烧写的系统类型。

步骤 6：单击"Select Boot"按钮，选择 mmc. bin，如图 14.7 所示。

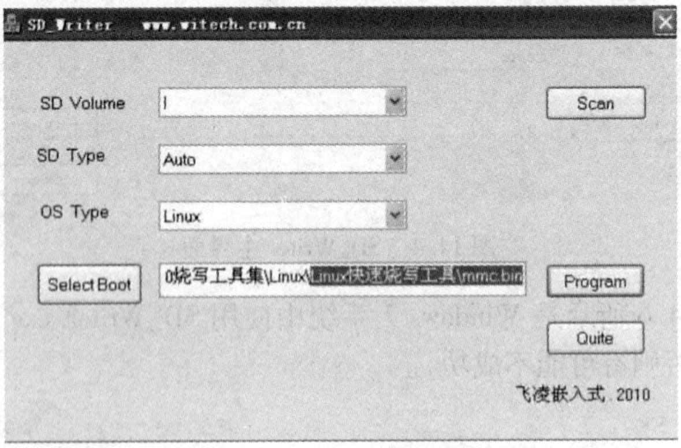

图 14.7　选择烧写文件

步骤 7：单击"Program"按钮，如果出现"It's OK"则表示操作成功，成功后如图 14.8 所示。

步骤 8：单击"确定"按钮，然后单击"Quite"按钮，退出 SD_Writer. exe。

步骤 9：首先，将前面编译得到的 U – Boot. bin 复制到 SD 卡中。然后，将前面编译得到的

SD_Writer www.witech.com.cn
SD Volume
SD Type
Auto
OS Type
Linux
Select Boot
Scan
Program
Quite
SD_Writer
It's OK
确定
飞凌嵌入式, 2010

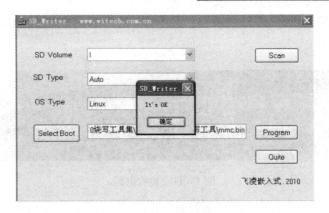

图 14.8　烧写成功

zImage 复制到 SD 卡中。zImage 是 Linux 的内核映像文件。最后，将 Cramfs 复制到 SD 卡中。

Cramfs 分为两种，FORLINX_6410_mouse. cramfs 对应 USB 鼠标输入；FORLINX_6410_touch. cramfs 对应触摸屏输入。只需根据用户自己的需求，选择其中一种 Cramfs 复制到 SD 卡中即可。接着在 SD 卡中将文件名改为 Cramfs。

经过上述步骤操作后，正确的文件和文件名如图 14.9 所示。

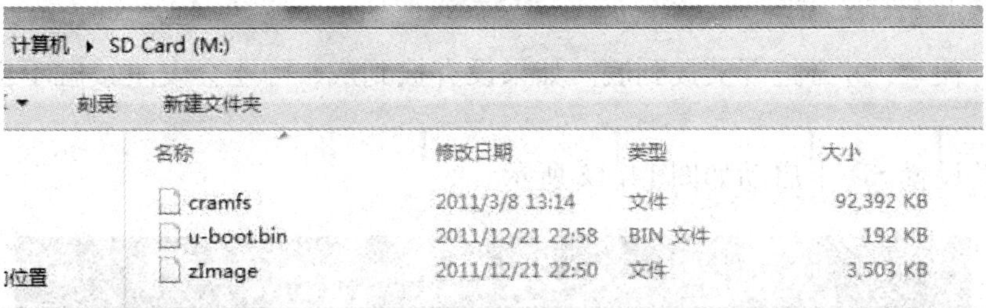

计算机 ▸ SD Card (M:)
刻录
新建文件夹
名称
修改日期
类型
大小
cramfs
2011/3/8 13:14
文件
92,392 KB
u-boot.bin
2011/12/21 22:58
BIN 文件
192 KB
zImage
2011/12/21 22:50
文件
3,503 KB

图 14.9　正确操作后 SD 卡中的文件

14.4.2　烧写 Linux 到开发板的 NAND Flash 中

步骤 1：将制作好的 SD 卡插入开发板 SD 的插槽。如下图 14.10 所示。

4GB
Kingston
SD4/4GB

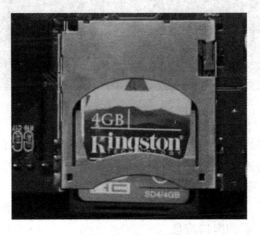

图 14.10　插入 SD 卡

步骤 2：接好 5V 直流电源（飞凌提供此电源，请使用飞凌提供的电源）。开发板电源连接如图 14.11 所示。

图 14.11　接入电源

步骤 3：拨码开关设置为 SD 卡启动。拨码开关在底板 SD 卡启动的拨码开关设置见表 14.1。

表 **14.1**　拨码开关的配置定义

引脚号	Pin 8	Pin 7	Pin 6	Pin 5	Pin 4	Pin 3	Pin 2	Pin 1
引脚定义	SELNAND	OM4	OM3	OM2	OM1	GPN15	GPN14	GPN13
SD 卡启动	1	1	1	1	1	0	0	0

注：表中 1 表示拨码需要调整到 On；0 表示拨码需要调整到 Off。

在拨动开关时，务必把开关拨到底。如果没有拨到底，可能会发生接触不良，将导致烧写失败。

拨码开关设置 SD 卡启动如图 14.12 所示。

图 14.12　拨码开关设置 SD 卡启动

步骤 4：将飞凌提供的串口延长线连接开发板的 COM0 和 PC 的串口（飞凌提供的串口线仅限于开发板和 PC 的连接，连接其他设备请先确定串口的线序），如图 14.13 所示。

步骤 5：打开超级终端软件，设置 DNW 的串口。

步骤 6：拨动电源开关，给开发板上电。会出现如下所示的串口信息，因为信息较多，本书仅贴出开始时和结束后的串口信息。

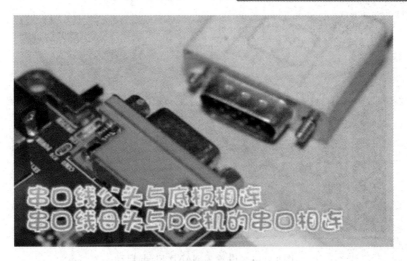

图 14.13　将串口连接在一起

开始时：

U – Boot 1. 1. 6(Jan 1811 – 17：03：38)for SMDK60

```
*****************************************
**        ot 1. 1. 6                  **
**        Updated forE6410 Board      **
*         Uersion 1. 0(10 – 01 – 1)   **
**        OEMlinx Embedded
**        Web：http://wwwtech. com. cn **
*****************************************
CPU：     S3C6410 32MHz
          Fclk = 5MHz，Hclk = 133MHz，Pclk 66MHz，Serial = CLKUART(SYNC Mode)
Board：   SMK6410
DRAM：    128MR
```

结束时：

```
Writing data at 0x2266000  – –   95
Writing data at 0x2268000  – –   96
Writing data at 0x230a000  – –   97
Writing data at 0x235c000  – –   98
Writing data at 0x23ae000  – –   99
Writing data at 0x23ff800  – –       100 bytes written：OK
SMDK6410 #
```

步骤 7：拨动电源开关，开发板断电，将拨码开关设置为 NAND Flash 启动。
拨码开关设置为 NAND Flash 启动如图 14. 14 所示。

步骤 8：重新开启电源，Linux 系统可以正常启动了。

第
14
章

图 14.14 设置为 NAND Flash 启动

14.5 文件程序或文件下载到开发板中

14.5.1 通过超级终端下载

步骤 1：连接串口线，打开超级终端，启动 Linux 系统。启动 Linux 系统后输出的信息如图 14.15 所示。

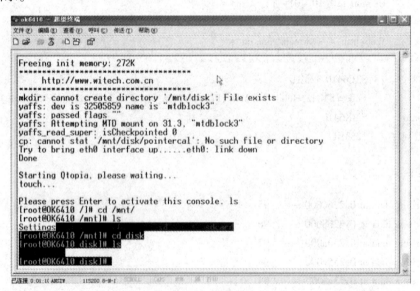

图 14.15 启动 Linux 系统后输出的信息

步骤 2：在超级终端空白处，点击鼠标右键，在弹出的菜单中选择"发送文件"，如图 14.16 所示。

步骤 3：按图 14.17 所示选择文件并发送文件，如图 14.18 所示为正在发送文件，如图 14.19 所示为查看收到的文件。

图 14.16 选择发送文件

图 14.17 选择文件并发送

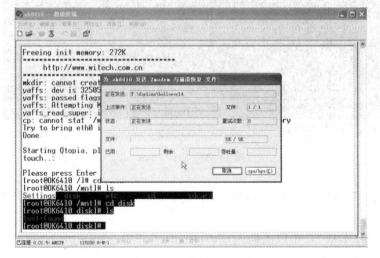

图 14.18 正在发送文件

图 14. 19　查看收到的文件

▶ 14. 5. 2　通过 SD 卡复制

步骤 1：连接串口线，打开超级终端，启动 Linux 系统，如图 14. 20 所示。

图 14. 20　启动 Linux

　　步骤 2：把要下载的文件复制到 SD 卡中，这里演示把 helloworld 文件下载到开发板中，如图 14. 21 所示。

　　步骤 3：把 SD 卡从 PC 中取出插入 OK6410 SD 卡槽中，如图 14. 22 所示。复制文件到文件系统中，如图 14. 23 所示。

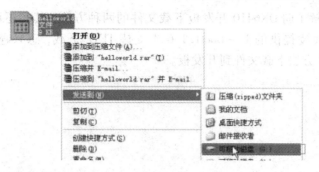

图 14.21　复制文件到 SD 卡

```
ok6410 - 超级终端
文件(F) 编辑(E) 查看(V) 呼叫(C) 传送(T) 帮助(H)

*************************************
       http://www.witech.com.cn
*************************************
mkdir: cannot create directory '/mnt/disk': File exists
yaffs: dev is 32505859 name is "mtdblock3"
yaffs: passed flags ""
yaffs: Attempting MTD mount on 31.3, "mtdblock3"
yaffs_read_super: isCheckpointed 0
cp: cannot stat '/mnt/disk/pointercal': No such file or directory
Try to bring eth0 interface up......eth0: link down
Done

Starting Qtopia, please waiting...
touch...

Please press Enter to activate this console.
[root@OK6410 /]# cd /mnt/disk/
[root@OK6410 disk]# ls
lost+found
[root@OK6410 disk]# mmc0: new high speed SD card at address b368
mmcblk0: mmc0:b368 SD     970 MiB
 mmcblk0: p1

[root@OK6410 disk]#

已连接 0:08:01 ANSIW     115200 8-N-1     SCROLL     CAPS     NUM     捕     打印
```

图 14.22　插入 SD 卡到开发板

```
ok6410 - 超级终端
文件(F) 编辑(E) 查看(V) 呼叫(C) 传送(T) 帮助(H)

yaffs_read_super: isCheckpointed 0
cp: cannot stat '/mnt/disk/pointercal': No such file or directory
Try to bring eth0 interface up......eth0: link down
Done

Starting Qtopia, please waiting...
touch...

Please press Enter to activate this console.
[root@OK6410 /]# cd /mnt/disk/
[root@OK6410 disk]# ls
lost+found
[root@OK6410 disk]# mmc0: new high speed SD card at address b368
mmcblk0: mmc0:b368 SD     970 MiB
 mmcblk0: p1

[root@OK6410 disk]# cd /sdcard/
[root@OK6410 /sdcard]# ls
cramfs      helloworld   u-boot.bin   zImage
[root@OK6410 /sdcard]# cp helloworld  /mnt/disk
[root@OK6410 /sdcard]# cd /mnt/disk/
[root@OK6410 disk]# ls
helloworld   lost+found
[root@OK6410 disk]# _

已连接 0:09:01 ANSIW     115200 8-N-1     SCROLL     CAPS     NUM     捕     打印
```

图 14.23　复制文件到文件系统中

　　至此，本书讲解了向 OK6410 开发板下载文件的两种方法，其实还可以通过 TFTP 服务进行下载，只不过飞凌提供的 U – Boot1.1.6 不支持 TFTP 下载，感兴趣的读者可以自行添加，完成通过 TFTP 方法下载文件到开发板。

Linux开发平台 硬件介绍

A.1 S3C2440 系列芯片介绍

三星公司推出的 16/32 位 RISC 微处理器 S3C2440A, 为手持设备和一般类型应用提供了低价格、低功耗、高性能的小型微控制器的解决方案。为了降低整体系统成本, S3C2440A 提供了丰富的内部设备。

（1）S3C2440A 采用了 ARM920t 的内核, 0.13um 的 CMOS 标准宏单元和存储器单元, 低功耗、简单、优雅且全静态设计, 特别适合于对成本和功率敏感型的应用。它采用了新的总线架构 AMBA (Advanced Micro controller Bus Architecture)。

（2）S3C2440A 的杰出的特点是其核心处理器（CPU）, 是一个由 Advanced RISC Machines 有限公司设计的 16/32 位 ARM920T 的 RISC 处理器。ARM920T 实现了 MMU、AMBA、BUS 和 Harvard 高速缓冲体系结构。这一结构具有独立的 16KB 指令 Cache 和 16KB 数 Cache, 每个都是由具有 8 字节长的行组成。通过提供一套完整的通用系统外设, S3C2440A 减少了整体系统成本, 并无须配置额外的组件。

（3）综合对芯片的功能描述, 本书将介绍 S3C2440A 集成的以下片上功能。

1.2V 内核供电, 1.8V/2.5V/3.3V 存储器供电, 3.3V 外部 I/O 供电。

具备 16KB 的 I–Cache 和 16KBDCache/MMU 微处理器。

外部存储控制器（SDRAM 控制和片选逻辑）。

LCD 控制器（最大支持 4K 色 STN 和 256K 色 TFT）提供 1 通道 LCD 专用 DMA。

4 通道 DMA 并有外部请求引脚。

3 通道 UART（IrDA1.0, 64 字节 Tx FIFO, 和 64 字节 Rx FIFO）。

2 通道 SPI。

1 通道 IIC–BUS 接口（多主支持）。

通道 IIS–BUS 音频编解码器接口。

AC 97 解码器接口。

兼容 SD 主接口协议 1.0 版和 MMC 卡协议 2.11 兼容版。

2 端口 USB 主机/1 端口 USB 设备（1.1 版）。

4 通道 PWM 定时器和 1 通道内部定时器/看门狗定时器。

8 通道 10 比特 ADC 和触摸屏接口。

具有日历功能的 RTC。

相机接口（最大 4096×4096 像素的投入。2048×2048 像素的投入，支持缩放）。

130 个通用 I/O 口和 24 通道外部中断源。

具有普通，慢速，空闲和掉电模式，具有 PLL 片上时钟发生器。

（4） S3C2440A 结构框图如图 A.1 所示。

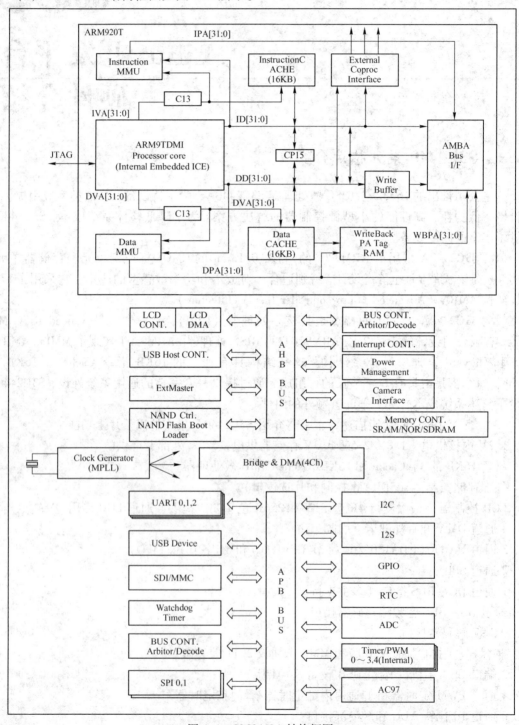

图 A.1　S3C2440A 结构框图

A.2 S3C2440 开发板硬件设计说明

A.2.1 电源设计

电源原理如图 A.2 所示。考虑到整个系统耗电情况，采用电源适配器输入：AC220V，输出：DC5V，2A 供电。

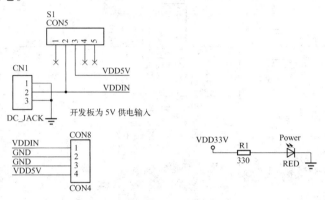

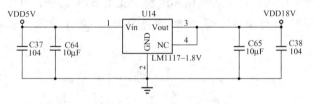

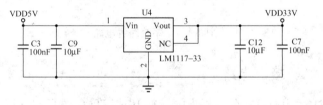

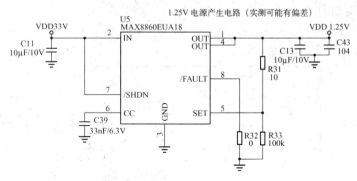

图 A.2 电源原理图

附录A

A.2.2 复位电路

由于 ARM 芯片的高速度、低功耗、低工作电压导致其噪声容限低，对电源的纹波、瞬态响应性能、时钟源的稳定性、电源监控等诸多方面的要求较高。该开发板的复位电路采用一颗微处理器专用的电源监控芯片 MAX811，如图 A.3 所示。该芯片在初次上电和系统电压小于 3V 时会输出复位信号，同时此芯片不需要任何外围电路，且带有手动复位功能。

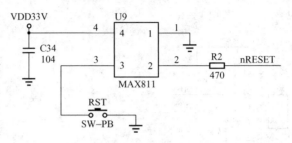

图 A.3　复位电路

A.2.3 系统时钟电路

S3C2440 系列 ARM9 微控制器可使用外部晶振或外部时钟源，片外晶振频率范围：1 ～ 25MHz，如图 A.4 所示中 X1 为内部锁相环电路 PLL 可调整系统时钟，通过片内 PLL 可实现最大为 60MHz 的 CPU 操作频率，实时时钟具有独立的时钟源，如图 A.4 所示中 X2 为 32.768kHz 晶振。

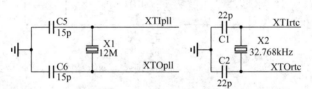

图 A.4　系统时钟电路

A.2.4 JTAG 接口电路

S3C2440 开发版采用 ARM 公司提出的标准 10 脚 JTAG 仿真调试接口，JTAG 信号的定义和 S3C2440 的连接如图 A.5 所示。

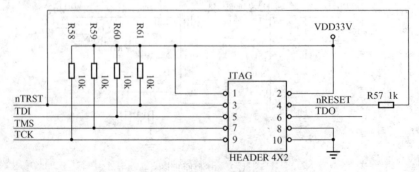

图 A.5　JTAG 接口电路

▶ A.2.5　GPIO 电路、指示灯电路、按键电路

按键及 LED 灯显示电路如图 A.6 所示。

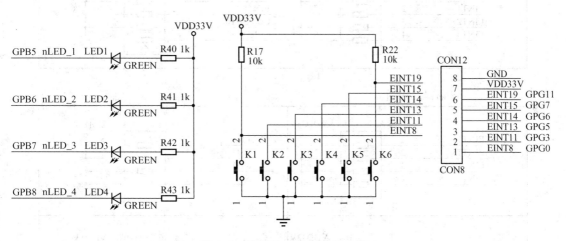

图 A.6　按键及 LED 灯显示电路

S3C2440 开发板具有 6 个按键、4 个 LED 灯。4 个 LED 灯与 I/O 口的 GPB5-8 相连，当相应的 I/O 端口输出低电平时，相应的 LED 灯亮；反之，灯灭。6 个按键与 I/O 端口的 GPG0、GPG3、GPG5、GPG6、GPG7、GPG11 相连，当有 I/O 端口检测到低电平，则说明有按键按下。

中断及 GPIO 电路如图 A.7 所示。

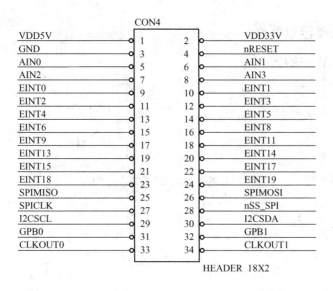

图 A.7　中断及 GPIO 电路

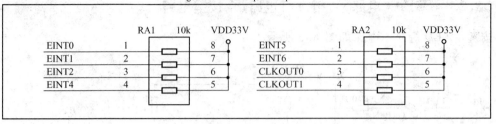

图 A.7　中断及 GPIO 电路（续）

A.2.6　蜂鸣器电路

蜂鸣器电路如图 A.8 所示。

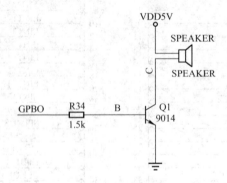

图 A.8　蜂鸣器电路

A.2.7　串口电路

S3C2440 芯片有 3 个串口。由于系统采用 3.3V 供电，本书选取了 MAX3232 进行 RS232 电平转换，MAX3232 是在 3V 工作电压下的 RS232 电平转换芯片，串口电路如图 A.9 所示，串口接口电路如图 A.10 所示。

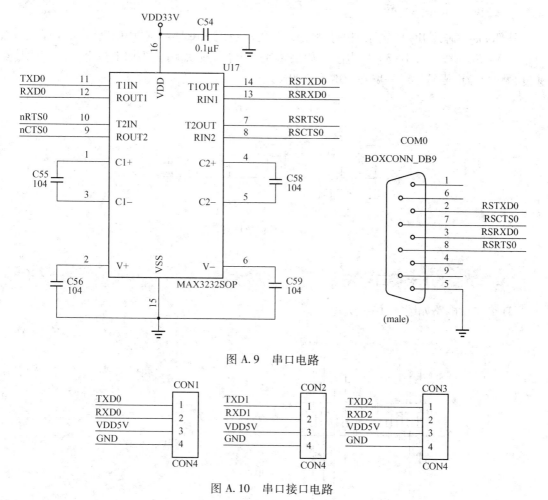

图 A.9　串口电路

图 A.10　串口接口电路

▶ A.2.8　A/D 和 D/A 电路

A/D 电路如图 A.11 所示：W1 为精密可调电阻，通过调节该电阻可以改变 AD 测量的值。

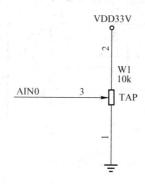

图 A.11　A/D 电路

▶ A. 2. 9 外部 Flash 芯片

外部 Flash 芯片 IIC 模块原理图如图 A. 12 所示。因 S3C2440 芯片 GPIO 口有内部上拉，所以 SCL、SDA 线上可不接上拉电阻。如果芯片无上拉，则线路上要加上拉电阻。一般传输速度越快上拉电阻越小。一般在 10K ～ 100K 之间。

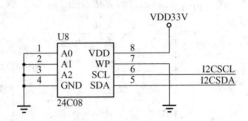

图 A. 12　IIC 模块原理图

▶ A. 2. 10　SD 卡接口电路

SD 卡接口电路如图 A. 13 所示。

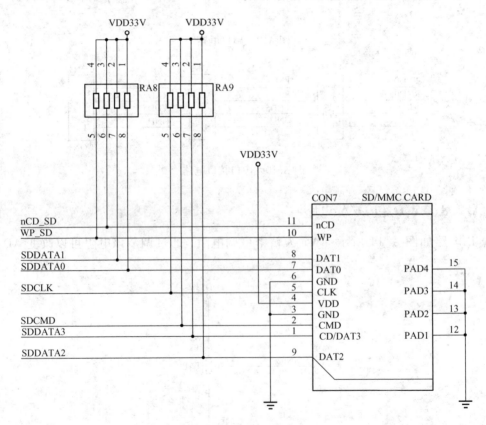

图 A. 13　SD 卡接口电路

A. 2. 11　SDARM 芯片模块

SDARM 芯片模块电路如图 A. 14 所示。

图 A. 14　SRAM – HY57V561620（32M）

A. 2. 12 NOR Flash 芯片模块

NOR Flash 芯片模块如图 A. 15 所示。

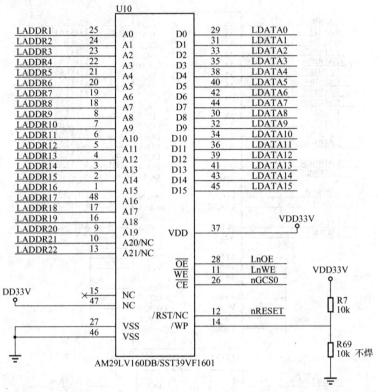

图 A. 15 NOR Flash

A. 2. 13 NAND Flash 芯片模块

NAND Flash 芯片模块如图 A. 16 所示。

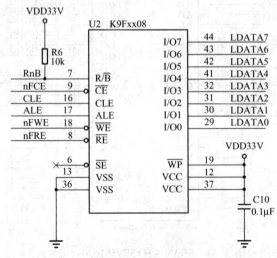

图 A. 16 NAND Flash

▶ A.2.14　USB 接口

USB 接口电路如图 A.17 所示。

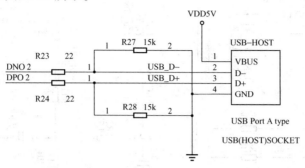

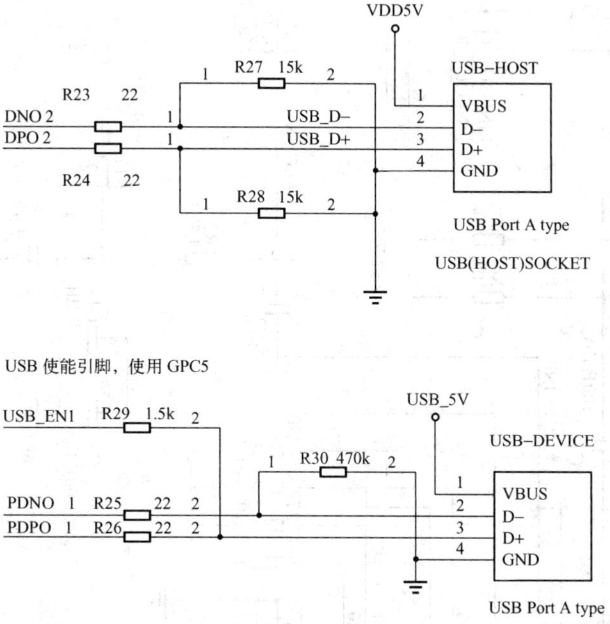

图 A.17　USB 接口电路

▶ A.2.15　网络模块

网络驱动芯片模块如图 A.18 所示。网络驱动芯片模块配套电源如图 A.19 所示。

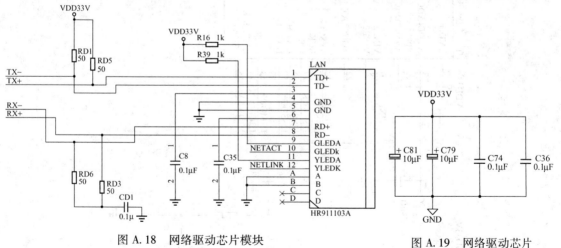

图 A.18　网络驱动芯片模块

图 A.19　网络驱动芯片
模块配套电源

▶ A.2.16　音频输入与输出电路

音频输入与输出电路如图 A.20 所示。

附录
A

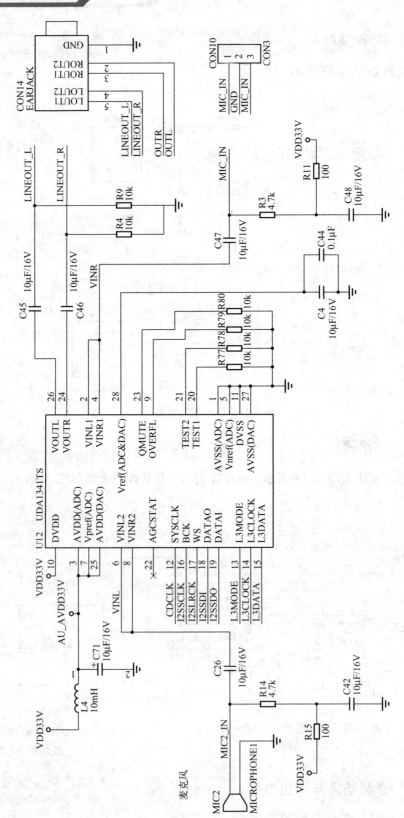

图 F1.20 音频输入与输出电路

A. 2. 17 LCD 接口和 CMOS 摄像接口

LCD 接口和 CMOS 摄像接口分别如图 A. 21、图 A. 22 所示。

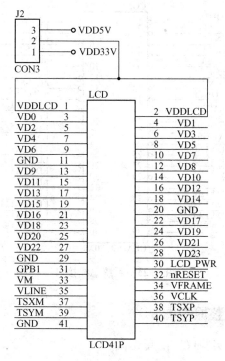

图 A. 21 LCD 接口

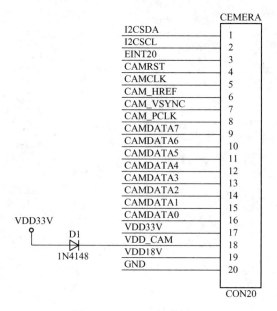

图 A. 22 CMOS 摄像接口

附录 A

▶ A. 2. 18 系统总线接口

系统总线接口详见图 A. 23 所示。

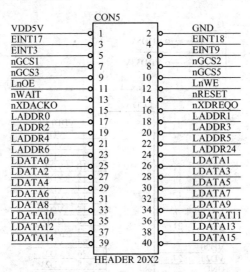

图 A. 23　系统总线接口

▶ A. 2. 19 开发板完整原理图

开发板完整原理图详见实验仪器配套光盘。

JTAG仿真调试器下载程序的过程

（1）打开 H – JTAG Server 软件弹出如图 B.1 所示界面。

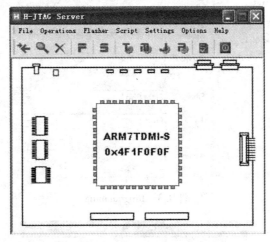

图 B.1　H – JTAG Server 软件主界面

① 将 ZA – 1 型开发板上 JT3 排针用跳线帽右连接。

② 仿真调试器与电脑通过并口线连接。

③ 仿真调试器与 ZA – 1 型开发板用配套排线连接，打开电源开关。

④ 单击 Detect target，如果检测到芯片即可关闭该软件，如果检测不到，则请重新检查是否按上述步骤顺序进行，注意以上步骤顺序不能改变！

（2）打开 H – Flasher 软件按照 Program Wizard 步骤进行。

① Flash Selection 选择 NXP 中的 LPC2132 芯片（如图 B.2 所示）。

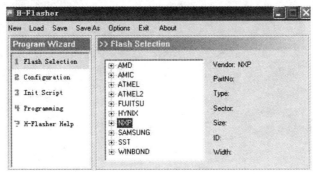

图 B.2　H – Flasher 界面

② Configuration 直接跳过。

③ Init Script 直接跳过。

④ Programming 这一步需要首先 Check，然后选择 Type 中的 Intel Hex Format。在 Src File 栏中选择要烧写的程序，单击 Program 按钮（如图 B.3 所示）即可下载程序。关闭电源后重新打开电源程序即可运行，如图 B.4 所示为烧写成功。

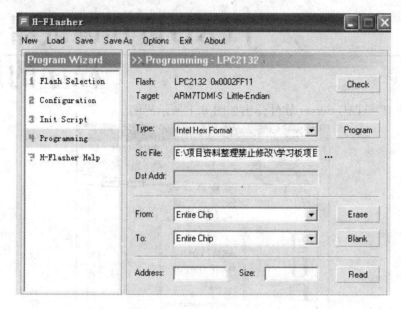

图 B.3 Programming

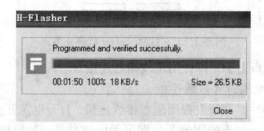

图 B.4 烧写成功

注意：如果不能烧写，则首先要检查硬件是否连接正确，然后从第一步开始重新设置。

J-Link仿真调试器的使用

J-Link 只能对 NOR Flash 进行烧写。下面以如何使用 J-Link 将 U-Boot 烧写到 NOR Flash 为例讲解 J-Link 的用法。假定已经装好了 J-Link 驱动程序。

在如图 C.1 所示中检测 J-Link 是否和计算机连接上，用 USB 线连接 J-Link 和计算机，打开 J-Link Commander 观察相关信息，看到如图 C.1 所示信息证明 J-Link 已经和计算机连接上。

```
J-Link Commander
SEGGER J-Link Commander V4.081 ('?' for help)
Compiled Sep 17 2009 09:42:18
DLL version V4.081, compiled Sep 17 2009 09:41:55
Firmware: J-Link ARM V8 compiled Dec  1 2009 11:42:48
Hardware: V8.00
S/N : 20166006
Feature(s) : RDI,FlashDL,FlashBP,JFlash,GDBFull
VTarget = 0.000V
JTAG speed: 5 kHz
J-Link>
```

图 C.1 检测到 J-Link

关掉上面的窗口，将 J-Link 和目标板连接，再次打开 J-Link Commander 观察相关信息，看到如图 C.2 所示信息证明 J-Link 已经找到目标板的芯片。

```
J-Link Commander
SEGGER J-Link Commander V4.081 ('?' for help)
Compiled Sep 17 2009 09:42:18
DLL version V4.081, compiled Sep 17 2009 09:41:55
Firmware: J-Link ARM V8 compiled Dec  1 2009 11:42:48
Hardware: V8.00
S/N : 20166006
Feature(s) : RDI,FlashDL,FlashBP,JFlash,GDBFull
VTarget = 3.196V
Info: TotalIRLen = 4, IRPrint = 0x01
Info: CP15.0.0: 0x41129200: ARM, Architecure 4T
Info: CP15.0.1: 0x0D172172: ICache: 16kB (64*8*32), DCache: 16kB (64*8*32)
Info: Cache type: Separate, Write-back, Format A
Found 1 JTAG device, Total IRLen = 4:
 #0 Id: 0x0032409D, IRLen:  4, Unknown device
Found ARM with core Id 0x0032409D (ARM9)
JTAG speed: 5 kHz
J-Link>
```

图 C.2 显示插入的 J-Link 的信息

打开 J – Flash – ARM，选择 Options Project Settings 或者直接按 Alt + F7 进入工程设置。在 CPU 选项中按照如图 C.3 和图 C.4 所示选择相关设置信息。内核选择为 ARM9，选择 Use target RAM（faster），并在 Addr 栏中填入 40000000(4KB)。

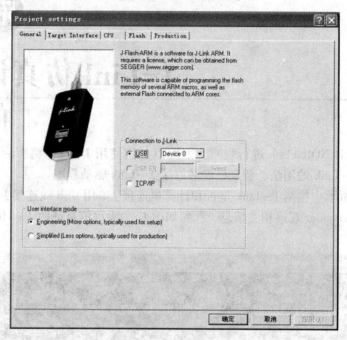

图 C.3　工程设置

在如图 C.4 所示中，如果是 ARM7 芯片则可直接选择 DEVICE 中相应芯片即可（Value1：时间可选择为 0 ～ 10ms 之间，用于作为复位时间）。

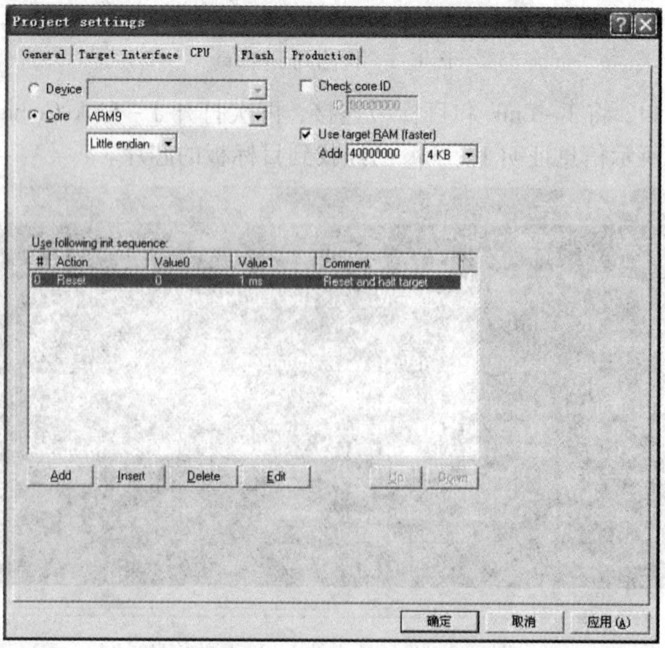

图 C.4　配置 CPU

在 Flash 选项中进行如下设置：首先勾掉 Automatically detect flash memory，看到如图 C.5 所示界面后单击 select flash device 选择 SST39VF1601。设置完以后单击"确定"按钮。

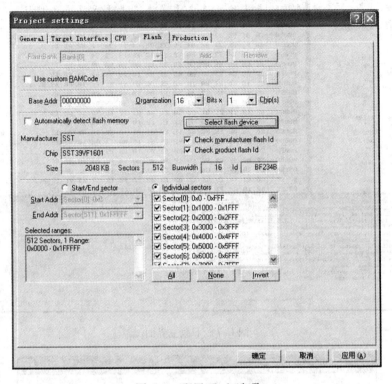

图 C.5　配置 Flash 选项

选择 file→open 或直接按 Ctrl + O 找到已经生成好的 uboot. bin 的文件，并打开 uboot. bin。此时软件会提示输入 Start address 的值，使用默认的 0，单击 OK 按钮，单击 OK 后的界面如图 C.6 所示。

图 C.6　单击 OK 后的界面

按 F7 键使 J - Link 软件实现自动下载，下载主界面如图 C.7 所示。程序下载完成后的界面如图 C.8 所示。

整个过程到此结束，需要注意的是下载完成后必须拔掉 J - Link，程序才会跑起来。

附录 C

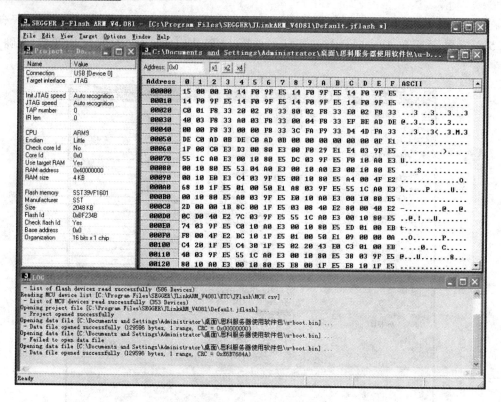

图 C.7　下载主界面

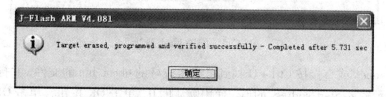

图 C.8　程序下载完成

附录 **D**

Linux常用命令介绍

（1）date：查找日期。

（2）cp \ mv \ rm：复制、移动、删除命令。

（3）tar cf/cjf/czf：打包/打包并压缩成 bz2 格式/打包并压缩成 gz；

tar xf/xjf/xzf：解包/解压缩。

（4）make（make all）。

（5）make zImage：（编译到内核，这个 uboot 不能识别）/make modules。

make uImage：编译 uboot 能够识别的内核镜像（uboot 可以识别）。

（6）make menuconfig：进入 linux 菜单配置模式，就可以进行裁剪、配置；

make xconfig：进入 linux 图形配置模式。

（7）make clean：清除文件；

make clobber：解除各个文件之间的关联；

make distclean：彻底清除（相当于 make clean 和 make clobber）。

（8）find：查找命令。

（9）cd：目录跳转命令。

（10）常用 vi 命令。

vi 命令是字符终端下的一个文本编辑工具。对文本进行少量修改时使用 vi 命令很方便，特别是在使用 SecureCRT 等工具远程登录 Linux 时。

vi 可以执行输出、删除、查找、替换、块操作等众多文本操作，它没有菜单，只有命令，且命令繁多。

1）文本插入命令。

① i：在光标前开始插入文本。

② a：在光标后开始插入文件。

③ o：在当前行之下新开一行。

④ O：在当前行之上新开一行。

2）文本删除命令。

① d0：删至行首。

② d$ 或者 D：删至行尾。

③ x：删除光标后的一个字符。

④ X：删除光标前的一个字符。

⑤ ndd：删除当前行及其后 n − 1 行。

3）搜索及替换命令。

:s/hello/xyd/：替换当前行第一个 hello 为 xyd。

:s/hello/xyd/g：替换当前行所有 hello 为 xyd。

:n，$s/hello/xyd/：替换第 n 行开始到最后一行中每一行的第一个 hello 为 xyd。

:n，$s/hello/xyd/g：替换第 n 行开始到最后一行中每一行所有 hello 为 xyd。

n 为数字，若 n 为 . ，则表示从当前行开始到最后一行。

:％s/hello/xyd/：（等同于:g/hello/s//xyd/）替换每一行的第一个 hello 为 xyd。

:％s/hello/xyd/g：（等同于:g/hello/s//xyd/g）替换每一行中所有 hello 为 xyd。

4）退出/保存命令。

① :w：保存文件。

② :wq：保存文件并退出 vi。

③ :q：退出 vi。

④ :q!：退出 vi，但是不保存文件。

本教程到此结束。本教程由深圳信盈达电子有限公司研发部工程师编写，因时间比较仓促，难免会有错误。读者如发现错误之处请发邮件到 superc51@163.com。谢谢。

参 考 文 献

［1］ Jonathan Corbet，Alessandro Rubini，Greg Kroah Hartman. Linux 设备驱动程序（第三版）
　　　［M］. 北京：中国电力出版社，2006.

［2］ W. Richard Stevents. UNIX 环境高级编程［M］. 北京：机械工业出版社，2000.

［3］ 赵炯. Linux 内核完全剖析：基于0.12内核［M］. 北京：机械工业出版社，2009.

［4］ 毛德操，胡希明. linux 内核源代码情景分析［M］. 杭州：浙江大学出版社，2001.

［5］ 杨宗德. Linux 高级程序设计（第三版）［M］. 北京：人民邮电出版社，2012.

［6］ Robert Love. Linux 内核设计与实现［M］. 北京：机械工业出版社，2011.

［7］ 宋宝华. Linux 设备驱动开发详解（第二版）［M］. 北京：人民邮电出版社，2010.

［8］ Wolfgang Mauerer. 深入 Linux 内核架构［M］. 北京：人民邮电出版社. 2010.

［9］ William E. Shotts. Linux 命令行大全［M］. 北京：人民邮电出版社. 2013.

［10］ 韦东山. 嵌入式 Linux 应用开发完成手册［M］. 北京：人民邮电出版社. 2008.

反侵权盗版声明

电子工业出版社依法对本作品享有专有出版权。任何未经权利人书面许可，复制、销售或通过信息网络传播本作品的行为；歪曲、篡改、剽窃本作品的行为，均违反《中华人民共和国著作权法》，其行为人应承担相应的民事责任和行政责任，构成犯罪的，将被依法追究刑事责任。

为了维护市场秩序，保护权利人的合法权益，本社将依法查处和打击侵权盗版的单位和个人。欢迎社会各界人士积极举报侵权盗版行为，本社将奖励举报有功人员，并保证举报人的信息不被泄露。

举报电话：(010) 88254396；(010) 88258888

传　　真：(010) 88254397

E-mail：dbqq@ phei. com. cn

通信地址：北京市海淀区万寿路 173 信箱

　　　　　电子工业出版社总编办公室

邮　　编：100036